# Einführung in partielle Differential-gleichungen

3. Auflage

vdf
vdf Hochschulverlag AG

Norbert Hungerbühler

# Einführung in partielle Differentialgleichungen

## für die Studiengänge der Ingenieur- und Naturwissenschaften

**3. Auflage**

Departement Mathematik
Eidgenössische Technische Hochschule
Zürich

**Hersteller**
vdf Hochschulverlag AG
Schwendenhaustrasse 16
CH – 8702 Zollikon
verlag@vdf.ch
Verantwortlich: Ernst Schärer

**Verantwortlich in der EU**
Brockhaus Kommissionsgeschäft GmbH
Kreidlerstrasse 9
DE – 70806 Kornwestheim bei Stuttgart
info@brocom.de

**Bibliografische Information Der Deutschen Bibliothek**
Die Deutsche Bibliothek verzeichnet diese Publikation in der Deutschen Nationalbibliografie; detaillierte bibliografische Daten sind im Internet über http://dnb.dnb.de abrufbar.



ISBN 978-3-7281-4131-6

1. Auflage 1997
2., durchgesehene Auflage 2011
3., überarbeitete Auflage 2022
**unveränderter Nachdruck 2025**



www.vdf.ch
verlag@vdf.ch

# Inhaltsverzeichnis


**Vorwort zur dritten Auflage** **VII**

**1 Einführung in partielle Differentialgleichungen** **1**

1.1 Gewöhnliche Differentialgleichungen . . . . . . . . . . . . . . . . . 1

1.2 Partielle Differentialgleichungen . . . . . . . . . . . . . . . . . . . . 2

1.3 Klassifizierungen von PDEs . . . . . . . . . . . . . . . . . . . . . . 4

1.3.1 Klassifizierung nach der Ordnung . . . . . . . . . . . . . . 4

1.3.2 Klassifizierung nach Typen . . . . . . . . . . . . . . . . . . 4

1.4 Quasilineare PDEs erster Ordnung in zwei Variablen . . . . . . . 5

1.5 Verfeinerte Klassifikation linearer PDEs zweiter Ordnung . . . . 9

1.6 Das Superpositionsprinzip . . . . . . . . . . . . . . . . . . . . . . . 11

Übungsaufgaben zum Kapitel 1 . . . . . . . . . . . . . . . . . . . . . . 12

**2 Fourier-Reihen** **13**

2.1 Orthogonalitätsrelationen trigonometrischer Funktionen . . . . . 15

2.2 Fourier-Reihe $2\pi$-periodischer Funktionen . . . . . . . . . . . . . 16

2.3 Fourier-Reihen gerader und ungerader Funktionen . . . . . . . . 17

2.4 Fourier-Reihe von Funktionen allgemeiner Periode . . . . . . . . 19

2.5 Entwicklung in reine Sinus- oder Cosinus-Reihen . . . . . . . . . 21

2.6 Komplexe Schreibweise der Fourier-Reihen . . . . . . . . . . . . . 22

2.7 Distributionen . . . . . . . . . . . . . . . . . . . . . . . . . . . . . 24

2.8 Diskrete Fourier-Transformation (DFT) . . . . . . . . . . . . . . 32

2.8.1 Die Trapezregel . . . . . . . . . . . . . . . . . . . . . . . . 32
2.8.2 Approximation der Fourier-Koeffizienten . . . . . . . . . . 35
2.8.3 Trigonometrische Interpolation . . . . . . . . . . . . . . . 36
2.8.4 Schnelle Fourier-Transformation (FFT) . . . . . . . . . . . 37
2.9 Ergänzung: Das Gibbs-Phänomen . . . . . . . . . . . . . . . . . . 39
Übungsaufgaben zum Kapitel 2 . . . . . . . . . . . . . . . . . . . . . 39

**3 Die Wärmeleitungsgleichung 47**

3.1 Herleitung der Wärmeleitungsgleichung . . . . . . . . . . . . . . 47
3.2 Wärmeleitung im geschlossenen Draht . . . . . . . . . . . . . . . . 50
3.2.1 A priori Abschätzungen . . . . . . . . . . . . . . . . . . . 53
3.3 Wärmeleitung in einer Wand . . . . . . . . . . . . . . . . . . . . 55
3.4 Wärmeleitung in einer Kugel . . . . . . . . . . . . . . . . . . . . 57
Übungsaufgaben zum Kapitel 3 . . . . . . . . . . . . . . . . . . . . . 60

**4 Das Fourier-Integral 63**

4.1 Definition der Fourier-Transformation . . . . . . . . . . . . . . . 63
4.2 Der Fouriersche Integralsatz . . . . . . . . . . . . . . . . . . . . 64
4.3 Fourier-Transformation und PDEs . . . . . . . . . . . . . . . . . . 66
4.3.1 Lösung der Wellengleichung . . . . . . . . . . . . . . . . . 66
4.3.2 Rechenregeln für die Fourier-Transformation . . . . . . . 68
4.4 Das Sampling-Theorem von Shannon . . . . . . . . . . . . . . . . 73
Übungsaufgaben zum Kapitel 4 . . . . . . . . . . . . . . . . . . . . . 75

**5 Die Laplace-Transformation 79**

5.1 Definition und Rechenregeln . . . . . . . . . . . . . . . . . . . . . 79
5.2 Anwendungen . . . . . . . . . . . . . . . . . . . . . . . . . . . . . 91
5.2.1 Gewöhnliche Differentialgleichungen . . . . . . . . . . . . 91
5.2.2 Partielle Differentialgleichungen . . . . . . . . . . . . . . . 94
5.3 Die Übertragungsfunktion . . . . . . . . . . . . . . . . . . . . . . 95
5.3.1 Rechnen mit Übertragungsfunktionen . . . . . . . . . . . 98

5.3.2 Die Stossantwort . . . . . . . . . . . . . . . . . . . . . . . . 100

5.3.3 Stabilität . . . . . . . . . . . . . . . . . . . . . . . . . . . . 101

5.3.4 Die Faltung . . . . . . . . . . . . . . . . . . . . . . . . . . . 102

5.3.5 Rechenregeln für die Faltung . . . . . . . . . . . . . . . . 104

5.4 Rücktransformation . . . . . . . . . . . . . . . . . . . . . . . . . 105

5.5 Die Gamma-Funktion . . . . . . . . . . . . . . . . . . . . . . . . 107

Übungsaufgaben zum Kapitel 5 . . . . . . . . . . . . . . . . . . . . . . 107

**6 Die Potentialgleichung 111**

6.1 Randbedingungen . . . . . . . . . . . . . . . . . . . . . . . . . . 111

6.2 Lösbarkeit von Dirichlet- und Neumann-Problemen . . . . . . . . . 112

6.3 Beispiele für Dirichlet-Probleme . . . . . . . . . . . . . . . . . . . 113

6.3.1 Potentialproblem für zwei konzentrische Kreiszylinder . . 113

6.3.2 Der Kugelkondensator . . . . . . . . . . . . . . . . . . . . 115

6.3.3 Das Dirichlet-Problem auf der Kreisscheibe . . . . . . . . 116

6.4 Mittelwertsatz und Maximumprinzip . . . . . . . . . . . . . . . . 120

Übungsaufgaben zum Kapitel 6 . . . . . . . . . . . . . . . . . . . . . . 122

**7 Einführung in die Variationsrechnung 125**

7.1 Der Variationssatz . . . . . . . . . . . . . . . . . . . . . . . . . . 125

7.2 Die Euler-Lagrange-Gleichung . . . . . . . . . . . . . . . . . . . . 126

7.3 Dynamik: Das Prinzip der kleinsten Wirkung . . . . . . . . . . . 129

Übungsaufgaben zum Kapitel 7 . . . . . . . . . . . . . . . . . . . . . . 132

**8 Numerik der PDEs 135**

8.1 Differenzenverfahren . . . . . . . . . . . . . . . . . . . . . . . . . 135

8.1.1 Das Verfahren von Richardson . . . . . . . . . . . . . . . 136

8.1.2 Das Gauss-Seidel-Relaxationsverfahren . . . . . . . . . . . 138

8.2 Die Methode der finiten Elemente . . . . . . . . . . . . . . . . . . 141

8.2.1 Das Verfahren von Ritz . . . . . . . . . . . . . . . . . . . 141

8.2.2 Das Verfahren von Galerkin . . . . . . . . . . . . . . . . . 144

8.3 Taylor-Methoden . . . . . 144
Übungsaufgaben zum Kapitel 8 . . . . . 145

**9 Die Poisson-Gleichung 147**

9.1 Allgemeine Lösungsstrategie . . . . . 147
9.2 Potential auf einer rechteckigen Platte . . . . . 148
9.3 Die Greensche Funktion des Poisson-Problems . . . . . 152
Übungsaufgaben zum Kapitel 9 . . . . . 156

**10 Die Wellengleichung 159**

10.1 Die Methode von d'Alembert . . . . . 159
10.2 Die Charakteristiken hyperbolischer PDEs . . . . . 165
10.3 Beispiel einer hyperbolischen Gleichung . . . . . 166
10.4 Das Richardson-Verfahren für die Wellengleichung . . . . . 170
10.5 Die Charakteristikenmethode (Numerik) . . . . . 172
Übungsaufgaben zum Kapitel 10 . . . . . 174

**11 Die Schwingungsgleichung 179**

11.1 Die eingespannte Saite . . . . . 180
11.2 Schwingungen einer rechteckigen Membran . . . . . 183
11.3 Fundamentalsatz über Schwingungsprobleme . . . . . 187
11.4 Diffusionsprobleme . . . . . 189
Übungsaufgaben zum Kapitel 11 . . . . . 192

**Lösungen der Übungsaufgaben 197**

**Literaturverzeichnis 215**

**Symbolverzeichnis 219**

**Stichwortverzeichnis 221**

# Vorwort zur dritten Auflage

Die vorliegende dritte Auflage des Buches orientiert sich an den aktuellen Syllabi der Vorlesungen über partielle Differentialgleichungen in den Studiengängen der Natur- und Ingenieurwissenschaften. Zu den klassischen Themen gehören

1. Theorie der Fourier-Reihen und des Fourier-Integrals.

2. Partielle Differentialgleichungen als Modell von Zuständen und Vorgängen in kontinuierlichen Medien, Rand- und Anfangswertprobleme. Verschiedene Lösungsansätze, insbesondere Separation der Variablen.

3. Laplace-Transformation: Grundbegriffe, Rechenregeln sowie Anwendungen. Berücksichtigung numerischer Aspekte.

Daneben wurden moderne Teile aus der Theorie und den Anwendungen der partiellen Differentialgleichungen in den Stoff aufgenommen, die den Bedürfnissen einer zeitgemässen, fundierten Ausbildung entsprechen. Dazu gehören namentlich eine Einführung in die Theorie der Distributionen, Variationsrechnung, Greensche Funktionen und a priori Aussagen über Lösungen. Daneben hat auch der Begriff der Charakteristik einer partiellen Differentialgleichung seinen Platz in der Vorlesung erhalten. Die Theorie wird durch ein Kapitel über die Numerik der partiellen Differentialgleichungen komplettiert. Unter anderem wird auch die schnelle Fourier-Transformation besprochen.

Für die dritte Auflage wurden sämtliche Figuren neu erstellt und Tippfehler entfernt. Das Layout wurde modernisiert, der Text überarbeitet und zahlreiche Ergänzungen wurden angebracht. Farbe erleichtert jetzt die Orientierung und das Nachverfolgen der Argumente und Rechnungen.

Hinweise: Das Ende eines Beweises wird mit □ markiert. Sätze, Lemmata, Definitionen und Beispiele sind innerhalb jedes Kapitels durchgehend nummeriert, Figuren, Rechenregeln und Gleichungen sind separat nummeriert. Am Schluss jedes Kapitels befinden sich Aufgaben zum behandelten Stoff. Die Lösungen sind am Schluss des Buches gesammelt. Vektoren werden nicht besonders bezeichnet, weder durch Fettdruck noch durch einen Pfeil oder Unterstreichung.

# Dank

Ich möchte mich bei Jörg Waldvogel herzlich bedanken. Auf seiner Vorlage basiert der Abschnitt über die diskrete Fourier-Transformation. Weitere Teile des Buches stützen sich auf Manuskripte von Alfred Huber und Christian Blatter. An dieser Stelle möchte ich auch Norbert Bollow, Lutz Wilhelmy und Paolo Vanini erwähnen, denen ich zahlreiche inhaltliche Verbesserungen verdanke. Danke auch an Sébastien Garmier und Patrick Bütler, die einige Figuren beigesteuert haben. Die Assistenten der Gruppe 8 am Mathematikdepartement der ETH haben als Korrekturteam wesentlich dazu beigetragen, Tippfehler zu beseitigen. Auch meiner Frau, Ulrike, sei an dieser Stelle für den sprachlichen Feinschliff gedankt.

# Kapitel 1

# Einführung in die partiellen Differentialgleichungen

Warum betrachtet man partielle Differentialgleichungen (PDEs[1]) und wo kommen sie vor? Wir stellen zunächst in den Abschnitten 1.1 und 1.2 einen ersten Vergleich zwischen gewöhnlichen und partiellen Differentialgleichungen an.

## 1.1 Gewöhnliche Differentialgleichungen

Betrachten wir ein physikalisches System mit einer endlichen Zahl $n$ von Freiheitsgraden. Der Momentanzustand des Systems zur Zeit $t$ wird durch $n$ Koordinaten

$$\big(x_1(t), x_2(t), \ldots, x_n(t)\big)$$

beschrieben. Die Bewegungsgleichungen sind dann ein System von gewöhnlichen Differentialgleichungen mit Anfangsbedingungen.

**Beispiel 1: Federpendel**

Eine Masse $m$ hängt an einer Feder mit Federkonstante $f$ wie in Abbildung 1. Das zweite Newtonsche Gesetz (Kraft = Masse mal Beschleunigung) beschreibt dann die Dynamik des Systems. Die Auslenkung $x(t)$ der Masse aus der Ruhelage gehorcht folgender Bewegungsgleichung:

$$\begin{array}{ll} \text{Differentialgleichung:} & -fx = m\ddot{x} \\ \text{Anfangsbedingungen:} & x(0) = x_0,\ \dot{x}(0) = v_0 \end{array}$$

Die Federkraft $fx$ ist nach dem Hookeschen Gesetz proportional zur Auslenkung, und da die Kraft rücktreibend ist, wird sie mit dem Minuszeichen versehen. Die Anfangsposition der Masse zur Zeit $t = 0$ ist $x_0$, die Anfangsgeschwindigkeit ist $v_0$.

[1] Sprich "pidi-iis", vom englischen "Partial Differential Equations".

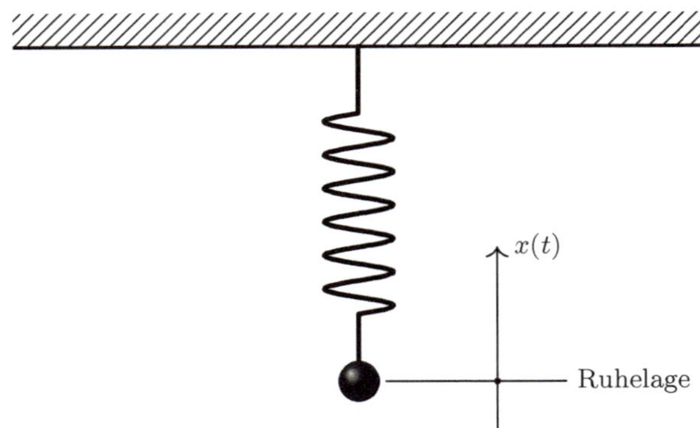


Abbildung 1: Federpendel

## 1.2 Partielle Differentialgleichungen

Schauen wir nun auf ein kontinuierliches physikalisches System, zum Beispiel eine schwingende Saite. Der Momentanzustand eines kontinuierlichen Systems wird durch Funktionen beschrieben, in diesem Fall durch die Auslenkung $u(x,t)$ der Saite am Ort $x$ zur Zeit $t$ (siehe Abbildung 2).

**Beispiel 2: Schwingende Saite**

Die Bewegungsgleichungen der schwingenden Saite sind partielle Differentialgleichungen mit Anfangs- und Randbedingungen.

PDE: $$\frac{\partial^2 u}{\partial t^2} = c^2 \frac{\partial^2 u}{\partial x^2}$$

Anfangsbedingungen: $$u(x,0) = u_0(x), \quad \frac{\partial u}{\partial t}(x,0) = v_0(x).$$

Randbedingungen: $$u(0,t) = 0, \quad u(L,t) = 0.$$

Diese PDE heisst Wellengleichung. Wir werden sie im Kapitel 10 untersuchen. Die PDE ist 2. Ordnung in $t$, daher braucht man zwei Anfangsbedingungen. Die PDE ist 2. Ordnung in $x$, daher braucht man zwei Randbedingungen.

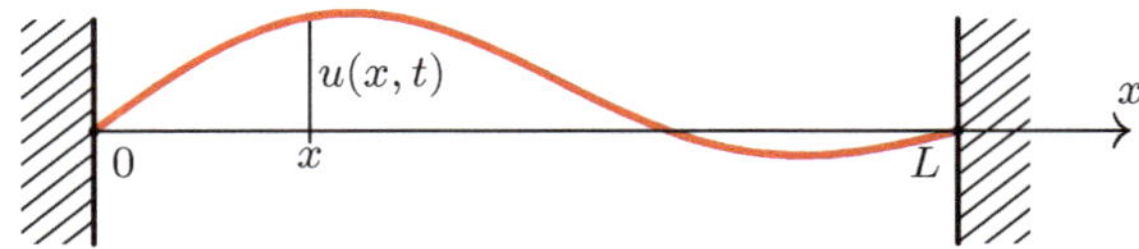


Abbildung 2: Schwingende Saite zur Zeit $t$

**Beispiel 3: Wärmeleitung in einer Platte $P$**

Die rechteckige Platte $P$ mit Rand $\partial P$ ist in Abbildung 3 dargestellt. Zur Zeit $t = 0$ ist die Temperatur $u$ der Platte im Punkt $(x, y)$ beschrieben durch eine Funktion $u_0(x, y)$. Der Rand der Platte wird während des Experiments geheizt oder gekühlt und zwar so, dass in einem Randpunkt $(x, y)$ zur Zeit $t$ die Temperatur $f(x, y, t)$ herrscht. Die Frage ist dann, wie sich die Temperatur in der Platte im Laufe der Zeit entwickelt. Mathematisch wird die Wärmeleitung in $P$ beschrieben durch:

$$\begin{array}{ll} \text{PDE:} & \dfrac{\partial u}{\partial t} = a^2\left(\dfrac{\partial^2 u}{\partial x^2} + \dfrac{\partial^2 u}{\partial y^2}\right) =: a^2 \Delta u \\ \text{Anfangsbedingung:} & u(x, y, 0) = u_0(x, y) \quad \text{für } (x, y) \in P \\ \text{Randbedingung:} & u(x, y, t) = f(x, y, t) \text{ für } (x, y) \in \partial P \end{array}$$

Hierbei bezeichnet $u(x, y, t)$ die Temperatur im Punkt $(x, y)$ zur Zeit $t$. Die Zahl $a$ ist eine Materialkonstante. Wir werden die Wärmeleitungsgleichung im Kapitel 3 behandeln. Die PDE ist von 1. Ordnung in $t$, daher braucht man eine Anfangsbedingung, von 2. Ordnung in $x$, daher braucht man zwei Randbedingungen für jedes $(y_0, t)$ und von 2. Ordnung in $y$, daher braucht man zwei Randbedingungen für jedes $(x_0, t)$.

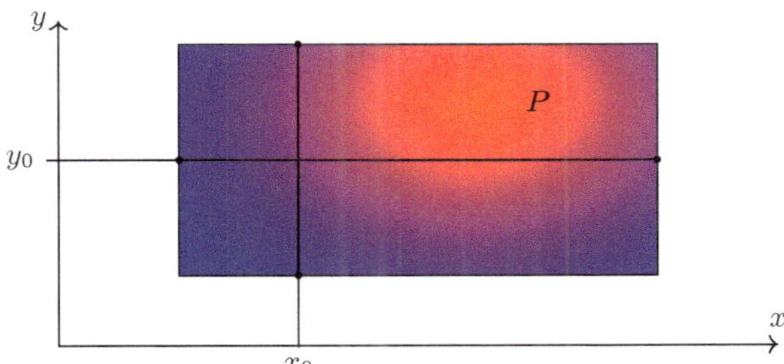


Abbildung 3: Wärmeleitung in einer Platte. Die Temperatur $u(x, y, t)$ zur Zeit $t$ ist hier durch einen Farbcode dargestellt: blau bedeutet kalt, rot bedeutet heiss.

**Beispiel 4: Potentialgleichung im Gebiet $G$**

Das elektrostatische Potential in einem Gebiet $G$, an dessen Rand $\partial G \subset \mathbb{R}^2$ die elektrische Spannung $\varphi$ angelegt ist, wird beschrieben durch:

$$\begin{array}{ll} \text{PDE:} & \Delta u = 0 \qquad \text{in } G \\ \text{Randbedingung:} & u(x, y) = \varphi(x, y) \text{ für } (x, y) \in \partial G \end{array}$$

Die beschriebene Situation entspricht einem elektrischen Kondensator. Den Laplace-Operator $\Delta$ werden wir später kennenlernen. Die Potentialgleichung wird im Kapitel 6 untersucht.

Wie viele und welche Rand- oder Anfangsbedingungen an eine PDE gestellt werden müssen, um eine eindeutige Lösung zu erhalten, ist nicht immer offensichtlich. Heuristische (wie in den obigen Beispielen) oder physikalische Überlegungen helfen jedoch meistens, diese Frage zu entscheiden.

## 1.3 Klassifizierungen von PDEs

PDEs können nach verschiedenen Kriterien klassifiziert werden.

### 1.3.1 Klassifizierung nach der Ordnung

Die **Ordnung einer PDE** ist (wie bei gewöhnlichen Differentialgleichungen) als die höchste auftretende Ableitung definiert. So ist etwa die Wärmeleitungsgleichung im Beispiel 3 von 2. Ordnung.

### 1.3.2 Klassifizierung nach Typen

Man unterscheidet:

**Homogene lineare PDEs:** zum Beispiel

$$\frac{\partial u}{\partial t} = a^2 \Delta u, \quad \frac{\partial^2 u}{\partial t^2} = c^2 \Delta u, \quad a u_t + b u_x = 0, \ \ldots$$

Jeder Summand enthält $u$ oder partielle Ableitungen von $u$ in der 1. Potenz.

**Inhomogene lineare PDEs:** zum Beispiel

$$\Delta u = f \quad (f \text{ eine gegebene Funktion}), \ \ldots$$

Ein Summand ist frei von $u$ und partiellen Ableitungen von $u$; wenn man diesen Summanden entfernt respektive null setzt, bleibt eine homogene lineare PDE übrig. Der betreffende Summand kann beispielsweise eine Wärmequelle, ein externes Feld oder Ähnliches beschreiben.

**Nichtlineare PDEs:** Das sind alle übrigen PDEs. Sie stellen ein mathematisch anspruchsvolles Gebiet dar. Es gibt keine „geschlossene“ Theorie dieser PDEs, aber über viele der wichtigen Gleichungen existiert eine umfangreiche Literatur.

Ganz analog unterscheidet man homogene lineare, inhomogene lineare und nichtlineare Anfangs- und Randbedingungen:

**Beispiel 5: Randbedingungen**

Eine PDE (etwa die Potentialgleichung $\Delta u = 0$) soll in einem Gebiet $\Omega \subset \mathbb{R}^3$ mit Rand $\partial\Omega$ gelöst werden (siehe Abbildung 4). Auf dem Rand kann man zum Beispiel verlangen:

(i) $u(x,y,z) = 0$ (homogen, linear) oder

(ii) $u(x,y,z) = f(x,y,z)$ (inhomogen, linear) oder

(iii) $\dfrac{\partial u}{\partial n} = 0$ (homogen linear) oder

(iv) $\alpha \dfrac{\partial u}{\partial n} + \beta u = f$ (inhomogen linear) usw.

Bei Vorgabe der Werte auf dem Rand (wie etwa in (i) und (ii) oben) spricht man von **Dirichlet-Randdaten**, bei Vorgabe der Normalenableitung wie in (iii) von **Neumann-Randdaten**. Auch **gemischte Randdaten** wie etwa in (iv) treten auf. Bei anderen Beispielen kommen auch Randbedingungen der Form

(v) $u(x,t) = u(x+L,t)$ (homogen, linear) oder

(vi) $\lim\limits_{x\to\pm\infty} u(x,t) = 0$ (homogen, linear)

usw. vor.

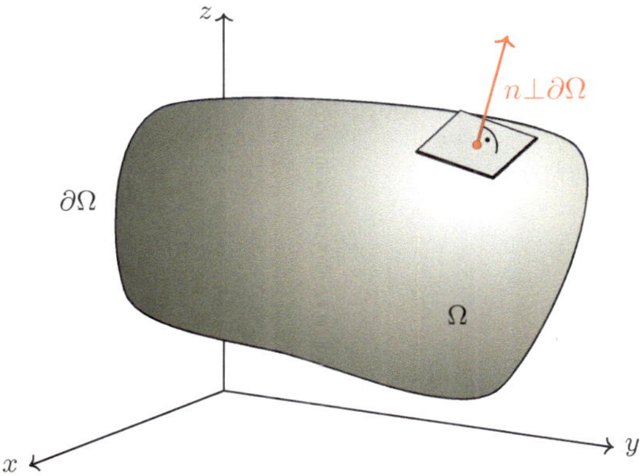


Abbildung 4: Neumann Randbedingung

## 1.4 Quasilineare PDEs erster Ordnung in zwei Variablen

Diese Gleichungen sind von der Form

$$a(x,y,u)u_x + b(x,y,u)u_y = c(x,y,u). \tag{1}$$

Dabei ist $u(x,y)$ die gesuchte Funktion und wir verwenden die Kurzschreibweise

$$u_x := \frac{\partial u}{\partial x}, \qquad u_y := \frac{\partial u}{\partial y}$$

für die partiellen Ableitungen. Die Funktionen $a, b$ und $c$ sind gegeben. Eine Lösung $u(x, y)$ von (1) kann als Fläche $z = u(x, y)$ (die sogenannte **Integralfläche**) in $\mathbb{R}^3$ aufgefasst werden (siehe Abbildung 5).

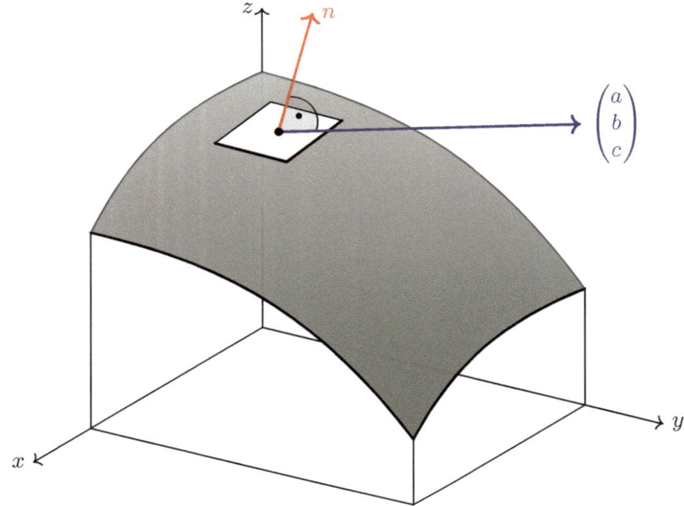


Abbildung 5: Dargestellt ist die graue Integralfläche $z = u(x, y)$ und ein Stücklein der Tangentialebene in einem Punkt der Fläche, zusammen mit dem Normalenvektor $n$ und dem Tangentialvektor $(a, b, c)^\top$.

Die Gleichung der Integralfläche lautet

$$\varphi(x, y, z) := u(x, y) - z = 0.$$

Die Normale $n$ auf die Integralfläche können wir demnach schreiben als

$$n = \begin{pmatrix} \varphi_x \\ \varphi_y \\ \varphi_z \end{pmatrix} = \begin{pmatrix} u_x \\ u_y \\ -1 \end{pmatrix}.$$

Wegen Gleichung (1) gilt in jedem Punkt der Integralfläche für das Skalarprodukt

$$n \cdot \begin{pmatrix} a \\ b \\ c \end{pmatrix} = au_x + bu_y - c = 0,$$

das heisst, der Vektor $(a, b, c)^\top$ ist in jedem Punkt der Integralfläche ein Tangentialvektor der Fläche. Oder anders gesagt, die Vektoren $(a, b, c)^\top$ bilden ein tangentiales Vektorfeld auf der Integralfläche. Interessant sind nun die Kurven auf der Integralfläche, welche tangential an dieses Vektorfeld verlaufen:

**Definition 6: Charakteristische Kurve**

Eine Kurve $\gamma : \mathbb{R} \to \mathbb{R}^3$, $t \mapsto \gamma(t)$ heisst **charakteristische Kurve** (oder **Charakteristik**) der Gleichung (1), wenn sie Integralkurve des Vektorfeldes

$$\begin{pmatrix} a(x,y,z) \\ b(x,y,z) \\ c(x,y,z) \end{pmatrix}$$

ist, das heisst, wenn gilt

$$\dot{\gamma}(t) = \begin{pmatrix} a(\gamma(t)) \\ b(\gamma(t)) \\ c(\gamma(t)) \end{pmatrix}. \tag{2}$$

Aufgrund unserer Betrachtungen vermuten wir das folgende Lemma:

**Lemma 7: Charakteristik auf einer Integralfläche**

Falls eine Charakteristik einen Punkt mit der Integralfläche gemeinsam hat, so liegt sie ganz in der Integralfläche.

*Beweis.* Sei $\gamma(t) = \big(x(t), y(t), z(t)\big)$ die charakteristische Kurve. Man betrachte die Funktion $\varphi(\gamma(t)) = u\big(x(t), y(t)\big) - z(t)$. Dann gilt für ihre Ableitung nach $t$

$$\dot{\varphi} = u_x\dot{x} + u_y\dot{y} - \dot{z} = \begin{pmatrix} u_x \\ u_y \\ -1 \end{pmatrix} \cdot \dot{\gamma} = 0.$$

Wenn also $\varphi\big(\gamma(t_0)\big) = 0$ ist, so gilt $\varphi\big(\gamma(t)\big) = 0$ für alle $t$. □

Nun wird klar, wie man die Nebenbedingung zur Gleichung (1) zu stellen hat: Auf jeder Charakteristik darf (und muss) man genau einen Punkt vorgeben. Wir erhalten daher den folgenden Satz:

**Satz 8: Parameterdarstellung der Integralfläche**

Sei $\Gamma : \mathbb{R} \to \mathbb{R}^3$, $s \mapsto \Gamma(s)$, eine vorgegebene Kurve auf der Integralfläche, welche die Charakteristiken transversal schneidet (das heisst, der Winkel zwischen den Kurven ist in den Schnittpunkten nie null). Ferner sei für jedes $s$ die Kurve $\gamma_s(t)$ eine Charakteristik mit $\gamma_s(0) = \Gamma(s)$. Dann ist

$$(s,t) \mapsto \gamma_s(t)$$

eine Parameterdarstellung der Integralfläche in der Umgebung von $\Gamma$ (siehe Abbildung 6).

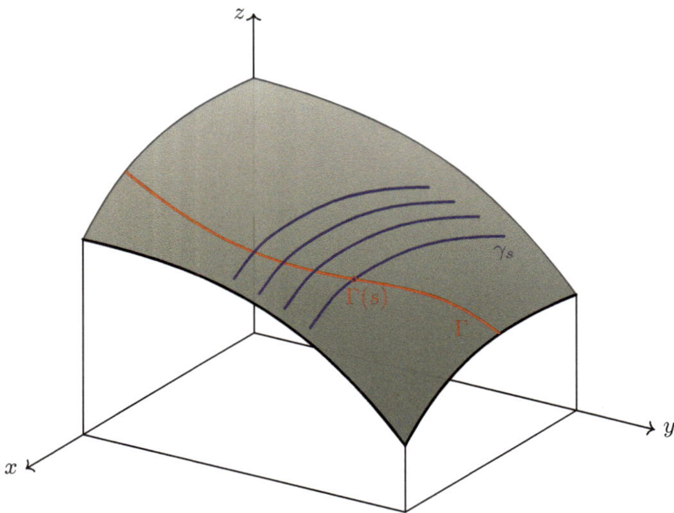


Abbildung 6: Die blaue Charakteristik $\gamma_s$ auf der Integralfläche schneidet die vorgegebene rote Kurve $\Gamma$ im Punkt $\Gamma(s)$.

**Beispiel 9: Charakteristikenmethode zur Lösung einer PDE 1. Ordnung**

Man löse die PDE

$$\begin{cases} xu_x - yu_y = xyu \\ u(1,y) = y^2 \quad \text{für } 1 \leqslant y \leqslant 2. \end{cases} \tag{3}$$

Die Charakteristiken $\gamma(t) = \big(x(t), y(t), z(t)\big)$ sind einfach zu bestimmen:

$$\begin{aligned} \dot{x} &= x & &\Rightarrow & x &= c_1 e^t \\ \dot{y} &= -y & &\Rightarrow & y &= c_2 e^{-t} \\ \dot{z} &= xyz = c_1 c_2 z & &\Rightarrow & z &= c_3 e^{c_1 c_2 t} \end{aligned}$$

Die Nebenbedingung schreiben wir so:

$$\Gamma\colon [1,2] \to \mathbb{R}^3, \quad s \mapsto (1, s, s^2)$$

ist die durch die Nebenbedingung gegebene Kurve auf der Integralfläche. Es muss also gelten

$$\gamma_s(0) = (c_1, c_2, c_3) \overset{!}{=} (1, s, s^2) = \Gamma(s).$$

Somit erhalten wir

$$\gamma_s(t) = \big(e^t, se^{-t}, s^2 e^{st}\big) = \big(x(s,t), y(s,t), z(s,t)\big).$$

Wir eliminieren aus dieser Parameterdarstellung noch $s$ und $t$ und erhalten

$$z = u(x,y) = x^2 y^2 x^{xy}.$$

Man beachte, dass diese Lösung nicht für alle $(x, y)$ einen Sinn hat, sondern nur für diejenigen $(x, y)$, welche durch die Charakteristiken erreicht werden. In unserem Beispiel ist also die Lösung nur in dem Gebiet zwischen den Kurven

$$\gamma_1 : \mathbb{R}_+ \to \mathbb{R}^2,\ x \mapsto \Big(x, \frac{1}{x}\Big), \text{ und } \gamma_2 : \mathbb{R}_+ \to \mathbb{R}^2,\ x \mapsto \Big(x, \frac{2}{x}\Big),$$

festgelegt (siehe Abbildung 7).

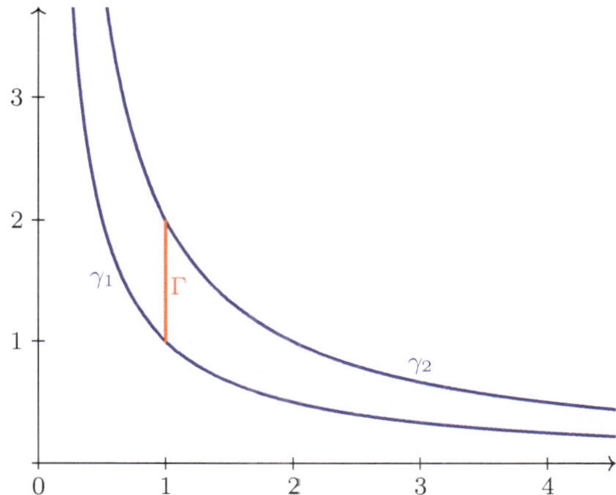


Abbildung 7: Nur das blaue Lösungsgebiet wird von den Charakteristiken erreicht. Nur dort ist somit die Lösung durch die Nebenbedingung festgelegt.

Das Verfahren der Charakteristiken reduziert also die quasilineare PDE auf ein System von gewöhnlichen Differentialgleichungen (eben die Gleichung der Charakterstiken (2)). Es lässt sich erweitern auf allgemeine PDEs 1. Ordnung, das heisst auf Gleichungen vom Typ

$$F\Big(x_1, x_2, \dots, x_n, u, \frac{\partial u}{\partial x_1}, \frac{\partial u}{\partial x_2}, \dots, \frac{\partial u}{\partial x_n}\Big) = 0,$$

jedoch nicht auf PDEs höherer Ordnung.

## 1.5 Verfeinerte Klassifikation von linearen PDEs zweiter Ordnung

Die allgemeine Form einer linearen homogenen PDE 2. Ordnung ist

$$\sum_{i,j=1}^{n} a_{ij} \frac{\partial^2 u}{\partial x_i \partial x_j} + \sum_{i=1}^{n} b_i \frac{\partial u}{\partial x_i} + c\,u = 0 \tag{4}$$

mit symmetrischen[2] Koeffizienten $a_{ij} = a_{ij}(x_1, \dots, x_n) = a_{ji}$ sowie Koeffizienten $b_i = b_i(x_1, \dots, x_n)$ und $c = c(x_1, \dots, x_n)$. Die Gleichung (4) heisst dann

(a) **elliptisch**, wenn die Eigenwerte $\lambda_i$ der Matrix $(a_{ij})$ entweder alle positiv oder alle negativ sind, das heisst alle $\lambda_i > 0$ oder alle $\lambda_i < 0$,

(b) **hyperbolisch**, wenn die Matrix $(a_{ij})$ sowohl positive als auch negative Eigenwerte $\lambda_i$ hat (jedoch kein $\lambda_i = 0$), das heisst $\lambda_i > 0$ für $i = 1, \dots, k$ und $\lambda_i < 0$ für $i = k+1, \dots, n$ für ein $k$ mit $1 \leqslant k < n$, oder

(c) **parabolisch**: Parabolische Gleichungen erkennt man daran, dass eine der Variablen (normalerweise die Zeit $t$) dadurch ausgezeichnet ist, dass nach dieser Variable nur einmal abgeleitet wird, nach den andern Variablen jedoch zweimal. Eine solche Gleichung der Form

$$\frac{\partial u}{\partial t} = \sum_{i,j=1}^{n} a_{ij} \frac{\partial^2 u}{\partial x_i \partial x_j} + \sum_{i=1}^{n} b_i \frac{\partial u}{\partial x_i} + c\, u$$

heisst dann parabolisch, falls alle Eigenwerte der Matrix $(a_{ij})$ positiv sind.

Da die $a_{ij}$ im allgemeinen von $x_1, \dots, x_n$ abhängen, ist auch der Typ vom Punkt $(x_1, \dots, x_n)$ abhängig: So ist z. B. die Tricomische Gleichung $y u_{xx} + u_{yy} = 0$ elliptisch in der Halbebene $y > 0$ und hyperbolisch für $y < 0$.

Man kann sich leicht davon überzeugen, dass der Typ durch eine Variablentransformation (etwa der Übergang von kartesischen in Polarkoordinaten) nicht verändert wird (deshalb hat die Einteilung überhaupt einen Sinn).

Als Faustregel kann man sich Folgendes merken:

- Elliptische PDEs brauchen Randbedingungen.
- Parabolische PDEs brauchen Anfangsbedingungen für die Werte sowie Randbedingungen.
- Hyperbolische PDEs brauchen Anfangsbedingungen für die Werte und für die Ableitungen sowie Randbedingungen.

Die typischen Beispiele sind:

(a) elliptische PDE:

$$\Delta u = 0 \quad \text{(Laplace-Gleichung)}$$
$$\Delta u = f \quad \text{(Poisson-Gleichung)}$$

(b) hyperbolische PDE:

$$u_{tt} = c^2 \Delta u \quad \text{(Wellengleichung)}$$

[2]Falls die Koeffizienten $a_{ij}$ noch nicht symmetrisch sind, kann man sie symmetrisch machen, indem man sie durch $\tilde{a}_{ij} = \frac{1}{2}(a_{ij} + a_{ji})$ ersetzt.

(c) parabolische PDE:

$$u_t = a^2 \Delta u \text{ (Wärmeleitungsgleichung)}$$

Man beachte, dass im parabolischen und im hyperbolischen Fall das $(x, t)$-Gebiet, in dem die Lösung gesucht wird, in $t$-Richtung unbeschränkt ist. Das heisst, man sucht die Lösung für alle Zeiten $t > 0$.

Nach dieser ermüdenden Klassifikation wollen wir uns nun schleunigst nach Lösungsmethoden für lineare PDEs umschauen!

## 1.6 Das Superpositionsprinzip

Als Erstes lernen wir das **Superpositionsprinzip** kennen.

**Satz 10: Superpositionsprinzip**

Genügen $u_0, u_1, \ldots$ derselben homogenen linearen PDE sowie denselben homogenen linearen Nebenbedingungen, so besitzt auch die Reihe

$$u = \sum_{i=0}^{\infty} \alpha_i u_i \quad (\alpha_i \in \mathbb{R})$$

(sofern sie konvergiert) diese Eigenschaft.

Für inhomogene Probleme gilt dieser Satz natürlich nicht!

**Beispiel 11: zum Superpositionsprinzip Satz 10**

Für $n \in \mathbb{N}$ genügen die Funktionen

$$u_n(x,t) := \sin(nx)e^{-nt} \quad (0 \leqslant x \leqslant \pi,\ t > 0)$$

der homogenen linearen PDE

$$u_{xx} + u_{tt} = 0$$

und den homogenen Randbedingungen

$$\begin{cases} u(0,t) = 0,\ u(\pi,t) = 0 \quad (t > 0) \\ \lim\limits_{t \to \infty} u(x,t) = 0. \end{cases}$$

Folglich hat auch die Funktion

$$u(x,t) = \sum_{n=1}^{\infty} \frac{1}{n^3}\, u_n(x,t)$$

diese Eigenschaft. Schauen wir nach, welche Anfangsbedingung durch $u$ erfüllt wird:

$$u(x,0) = \sum_{n=1}^{\infty} \tfrac{1}{n^3} \sin(nx) = \frac{1}{12}(x^3 - 3\pi x^2 + 2\pi^2 x).$$

Die Begründung für das im Moment ziemlich mysteriöse letzte Gleichheitszeichen wird uns im folgenden Kapitel beschäftigen.

Dieses Beispiel legt für homogene lineare PDEs das folgende Vorgehen nahe.

**Lösungsstrategie:**

1. Man finde einen grossen Vorrat an Lösungen des homogenen Teils der Aufgabe (sogenannte **Basislösungen**). Sie erfüllen die gegebene homogene lineare PDE unter den homogenen Nebenbedingungen.
2. Durch geeignete Superposition der Basislösungen versucht man dann noch die inhomogenen Nebenbedingungen zu erfüllen.

Die Basislösungen sucht man in der Form

$$u_n(x,t) = X_n(x)T_n(t)$$

(im Fall von zwei Variablen $x$ und $t$). Die gegebene homogene lineare PDE zerfällt dann nämlich in ein System von gewöhnlichen Differentialgleichungen für die Funktionen $X_n(x)$ und $T_n(t)$. Dies ist die Methode der **Trennung der Variablen**, die wir in den folgenden Kapiteln erlernen werden.

## Übungsaufgaben zum Kapitel 1

1. Wir betrachten eine lineare partielle Differentialgleichung erster Ordnung:

   $$y\,u_x + u_y = 2.$$

   Man berechne mit der Methode der Charakteristiken ihre Lösung unter der Nebenbedingung

   $$u(x,0) = h(x)$$

   für $0 < x < 1$ mit einer gegebenen Funktion $h$. Man skizziere das Gebiet, in dem dann die Lösung durch die Charakteristiken definiert ist.

2. Man löse mithilfe der Charakteristikenmethode die quasilineare partielle Differentialgleichung

   $$yu_x + uu_y = 1$$

   unter der Nebenbedingung

   $$u(0,y) = 0 \text{ für } 0 < y.$$

   Man stelle die Lösung in impliziter Form $F\big(x,y,u(x,y)\big) = 0$ dar und skizziere das Gebiet der $(x,y)$-Ebene, in dem die Lösung eindeutig durch die Nebenbedingung definiert ist.

# Kapitel 2

# Fourier-Reihen

Eine Grundaufgabe der Analysis ist die Darstellung von willkürlichen Funktionen mithilfe von speziellen Funktionen. Bekannte Beispiele sind etwa

- die Interpolation mit Polynomen (Lagrange-Interpolation)
- die Taylorsche Approximation mit Polynomen (siehe Grundkurs Analysis)

Mit **Fourier-Reihen** kann man nun Funktionen approximieren, die

1. entweder **periodisch** sind, das heisst
$$f(x+p) = f(x), \text{ für alle } x \in \mathbb{R},$$
wobei $p$ eine feste positive Zahl ist, genannt **Periode von $f$**,
2. oder nur auf einem gewissen Intervall $[a, b]$ betrachtet werden (ausserhalb von $[a, b]$ denkt man sich die Funktion mit Periode $p = b - a$ fortgesetzt).

**Beispiel 1: Periodische Funktionen und periodische Fortsetzung 1**

1. Es gilt $\sin(x + 2\pi) = \sin x$, $\cos(x + 2\pi) = \cos x$ für alle $x \in \mathbb{R}$. Diese Funktionen besitzen also die Periode $2\pi$. Auch jedes Vielfache $2k\pi, k \in \mathbb{N}$, ist eine Periode. Die kleinste Periode $2\pi$ heisst **Fundamentalperiode**.
2. Die Funktion $f(x) = x^2$, $0 \leqslant x < 1$, kann 1-periodisch fortgesetzt werden (siehe Abbildung 1).
3. Wechselstrom mit Kreisfrequenz $\omega$:
$$f(t) = A\cos(\omega t + \alpha)$$
Hier hat $f$ die Periode $T = \frac{2\pi}{\omega}$, denn es gilt
$$f(t+T) = A\cos(\omega(t + \tfrac{2\pi}{\omega}) + \alpha) = A\cos(\omega t + 2\pi + \alpha) = f(t).$$

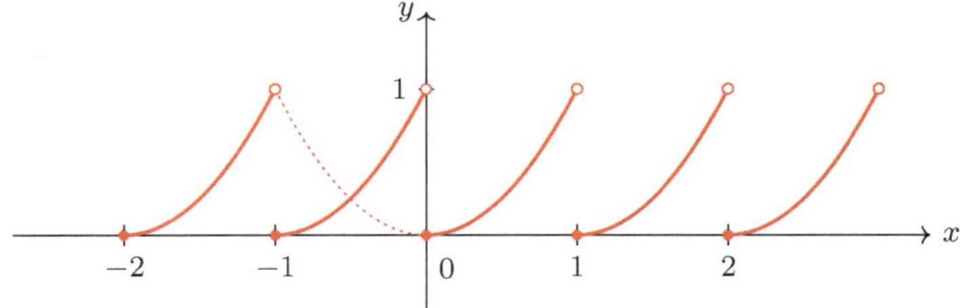


Abbildung 1: $f(x) = x^2$, $0 \leqslant x < 1$, periodisch fortgesetzt

Man beachte, dass Summe und Produkt von Funktionen mit Periode $p$ wieder die Periode $p$ haben (vergleiche die Aufgabe 2 am Ende dieses Kapitels). Dennoch sollte man nicht vorschnell auf eine entsprechende Regel für die Fundamentalperiode schliessen, wie das folgende Beispiel zeigt.

**Beispiel 2: Produkt von zwei periodischen Funktionen**

Die Funktionen $\sin(x)$ und $\cos(x)$ haben die Fundamentalperiode $2\pi$. Ihr Produkt

$$\sin x \cdot \cos x = \tfrac{1}{2}\sin(2x)$$

hat aber die Fundamentalperiode $\pi$.

Ähnlich wie die Monome $x^k$ die Bausteine der Taylor-Reihe sind, so sind die Funktionen $\sin(kx)$ und $\cos(kx)$ die Bausteine der Fourier-Reihen:

**Definition 3: Trigonometrische Polynome und Reihen**

Die $2\pi$-periodische Funktion

$$f(x) = \frac{a_0}{2} + \sum_{k=1}^{N} \big(a_k \cos(kx) + b_k \sin(kx)\big)$$

heisst **trigonometrisches Polynom $N$-ten Grades**. Der Ausdruck

$$\frac{a_0}{2} + \sum_{k=1}^{\infty} \big(a_k \cos(kx) + b_k \sin(kx)\big)$$

heisst **trigonometrische Reihe**. Falls sie konvergiert (z. B. für alle $x$), so ist die Summe ebenfalls $2\pi$-periodisch.

Nun stellen sich folgende Grundfragen:

1. Welche $2\pi$-periodischen Funktionen kann man durch trigonometrische Reihen darstellen?

2. Wie bestimmt man die Koeffizienten $a_k$ und $b_k$?

Die Antwort auf die Grundfrage 1 lautet, etwas salopp gesagt: „Alle praktisch vorkommenden Funktionen lassen sich durch Fourier-Reihen darstellen.“ So bewies z. B. Carleson 1966 in [17] dass die Fourier-Reihe einer stetigen Funktion für fast alle $x$ gegen den Funktionswert konvergiert. Etwas später zeigen wir einen etwas schwächeren Satz, der für unsere Zwecke genügt (siehe Satz 20).

Die Antwort zur Grundfrage 2 geben wir sogleich. Erinnern wir uns zunächst daran, dass man einen Vektor $v$ in der Standard-Orthonormalbasis $e_1, e_2, e_3$ des $\mathbb{R}^3$ mithilfe des euklidischen Skalaprodukts $\langle \cdot, \cdot \rangle$ ganz leicht in seine Komponenten zerlegen kann:

$$v = \langle e_1, v \rangle e_1 + \langle e_2, v \rangle e_2 + \langle e_3, v \rangle e_3 \tag{1}$$

Leonhard Euler hat 1777 entdeckt, dass im Vektorraum der stetigen Funktionen ebenfalls ein Skalarprodukt existiert und dass die trigonometrischen Funktionen $\sin(kx)$ und $\cos(kx)$, geeignet normiert, die Rolle einer Orthonormalbasis in diesem Raum übernehmen können. Damit lässt sich die Formel (1) praktisch direkt auf die Fourier-Reihen übertragen. Aber nun erst mal schön der Reihe nach!

## 2.1 Orthogonalitätsrelationen trigonometrischer Funktionen

**Lemma 4: Eulersche Relationen**

Für $k, n \in \mathbb{N}_0$ gilt:

(i) $$\int_{-\pi}^{\pi} \cos(kx)\cos(nx)\,dx = \begin{cases} 2\pi & \text{falls } n = k = 0 \\ \pi & \text{falls } n = k \neq 0 \\ 0 & \text{falls } n \neq k \end{cases}$$

(ii) $$\int_{-\pi}^{\pi} \sin(kx)\sin(nx)\,dx = \begin{cases} 0 & \text{falls } n = k = 0 \\ \pi & \text{falls } n = k \neq 0 \\ 0 & \text{falls } n \neq k \end{cases}$$

(iii) $$\int_{-\pi}^{\pi} \sin(kx)\cos(nx)\,dx = 0.$$

*Beweis.* (i) Der Fall $k = n = 0$ ist trivial. Sei also $k = n \neq 0$ oder $k \neq n$:

$$\int_{-\pi}^{\pi} \cos(kx)\cos(nx)\,dx = \int_{-\pi}^{\pi} \frac{1}{2}\big(\cos((k+n)x) + \cos((k-n)x)\big)\,dx =$$

$$= \frac{1}{2(k+n)} \underbrace{\sin((k+n)x)\Big|_{-\pi}^{\pi}}_{=0} + \frac{1}{2}\int_{-\pi}^{\pi} \cos((k-n)x)\,dx = \pi\delta_{kn}.$$

Hier haben wir gerade das **Kronecker-$\delta$** eingeführt:

$$\delta_{kn} := \begin{cases} 1 & \text{falls } n = k \\ 0 & \text{falls } n \neq k. \end{cases}$$

Zum Beweis von (ii) und (ii) benutze man entsprechende Additionstheoreme. Altenative Beweise verwenden partielle Integration, oder man rechnet ganz leicht komplex mithilfe der Eulerschen Formeln $\sin(x) = \frac{1}{2i}(e^{ix} - e^{-ix})$ und $\cos(x) = \frac{1}{2}(e^{ix} + e^{-ix})$. □

Der Bezug zum Skalarprodukt wird in Aufgabe 4 am Ende dieses Kapitels diskutiert.

Mit Lemma 4 lässt sich die zuvor aufgeworfene Grundfrage 2 nun konkret beantworten: Nehmen wir an, $f(x)$ werde durch eine trigonometrische Reihe dargestellt, das heisst es gilt

$$f(x) = \frac{a_0}{2} + \sum_{k=1}^{\infty} \big(a_k \cos(kx) + b_k \sin(kx)\big). \tag{2}$$

Man multipliziere Gleichung (2) mit $\cos(nx)$ und integriere von $-\pi$ bis $\pi$:

$$\begin{aligned} \int_{-\pi}^{\pi} f(x)\cos(nx)\,dx &= \frac{a_0}{2} \underbrace{\int_{-\pi}^{\pi} \cos(nx)\,dx}_{=2\pi\delta_{n0}} + \sum_{k=1}^{\infty} a_k \underbrace{\int_{-\pi}^{\pi} \cos(kx)\cos(nx)\,dx}_{=\pi\delta_{kn}} + \\ &\quad + \sum_{k=1}^{\infty} b_k \underbrace{\int_{-\pi}^{\pi} \sin(kx)\cos(nx)\,dx}_{=0} \\ &= \pi a_n. \end{aligned}$$

In dieser Rechnung haben wir stillschweigend die Reihenfolge von Integration und Summation der Reihe vertauscht. Man kann mathematisch streng beweisen, dass man dies im vorliegenden Fall tatsächlich tun darf.

Die Multiplikation von Gleichung (2) mit $\sin(nx)$ und Integration über das Intervall $[-\pi, \pi]$ ergibt analog

$$\int_{-\pi}^{\pi} f(x)\sin(nx)\,dx = \pi b_n.$$

Damit sind die Fourier-Koeffizienten $a_n$ und $b_n$ bestimmt!

## 2.2 Fourier-Reihe $2\pi$-periodischer Funktionen

Wie wir soeben gesehen haben, gilt nach Lemma 4 der folgende Satz.

**Satz 5: Fourier-Reihe $2\pi$-periodischer Funktionen**

Die $2\pi$-periodische Funktion $f(x)$ werde durch die Reihe (2) dargestellt. Dann gilt für die Koeffizienten

$$a_n = \frac{1}{\pi}\int_{-\pi}^{\pi} f(x)\cos(nx)\,dx, \quad b_n = \frac{1}{\pi}\int_{-\pi}^{\pi} f(x)\sin(nx)\,dx. \tag{3}$$

Anstelle von $[-\pi, \pi]$ kann irgendein Intervall der Länge $2\pi$ zur Integration benutzt werden.

Sei $f$ eine beliebige $2\pi$-periodische Funktion. Die mit den durch (3) gegebenen Koeffizienten gebildete Reihe

$$\frac{a_0}{2} + \sum_{k=1}^{\infty}\big(a_k\cos(kx) + b_k\sin(kx)\big)$$

heisst (formale) **Fourier-Reihe von $f$**. Wir schreiben dafür

$$f(x) \rightsquigarrow \frac{a_0}{2} + \sum_{k=1}^{\infty}\big(a_k\cos(kx) + b_k\sin(kx)\big).$$

Die eingangs gestellte Grundfrage 1 lautet also nun:

*Welche Funktionen $f$ werden durch ihre Fourier-Reihe dargestellt?*

In den Übungen wird gezeigt, dass dies zum Beispiel für trigonometrische Polynome der Fall ist (siehe Aufgabe 4 am Ende dieses Kapitels).

Ebenfalls im Übungsteil dieses Kapitels wird das bisher Gesagte in Zusammenhang mit der Linearen Algebra gestellt. Die Aufgabe 4 wird daher besonders empfohlen.

Beispiele von weitere Funktionen, die durch ihre Fourier-Reihe dargestellt werden, sind Potenzen der Sinus- und Cosinus-Funktion:

$$\begin{aligned}\cos^2 x &= \frac{1}{2} + \frac{1}{2}\cos(2x),\\ \sin^3 x &= \frac{3}{4}\sin x - \frac{1}{4}\sin(3x) \quad \text{usw.}\end{aligned}$$

## 2.3 Fourier-Reihen gerader und ungerader Funktionen

Durch Ausnutzen von Symmetrieeigenschaften der Funktionen kann man sich einigen Rechenaufwand beim Bestimmen der Fourier-Koeffizienten ersparen. Gerade Funktionen sind solche, deren Graph spiegelsymmetrisch zur $y$-Achse ist. Ungerade Funktionen haben einen Graphen, der punktsymmetrisch zum Ursprung ist.

Eine gerade Funktion $g$ ist also durch die Eigenschaft $g(x) = g(-x)$ charakterisiert. Entsprechend sind ungerade Funktionen $u$ solche, für die $u(x) = -u(-x)$ gilt. Eine beliebige Funktion $f : \mathbb{R} \to \mathbb{R}$ kann immer als Summe einer geraden Funktion $g$ und einer ungeraden Funktionen $u$ geschrieben werden:

$$f(x) = \underbrace{\frac{1}{2}\big(f(x) + f(-x)\big)}_{=g(x)} + \underbrace{\frac{1}{2}\big(f(x) - (-x)\big)}_{=u(x)}$$

**Satz 6: Gerade und ungerade Funktionen**

(i) Ist $f$ gerade (das heisst, es gilt $f(x) = f(-x)$), so sind alle Koeffizienten $b_n = 0$. Weiter gilt

$$a_n = \frac{2}{\pi}\int_0^\pi f(x)\cos(nx)\,dx.$$

(ii) Ist $f$ ungerade (das heisst, es gilt $f(x) = -f(-x)$), so sind alle Koeffizienten $a_n = 0$, und es gilt

$$b_n = \frac{2}{\pi}\int_0^\pi f(x)\sin(nx)\,dx.$$

*Beweis.* Man rechnet dies direkt mit den Formeln (3) nach. □

**Beispiel 7: Fourier-Reihe der Sägezahnfunktion**

Wir betrachten die „Sägezahnfunktion" in Abbildung 2

$$f(x) = \begin{cases} x - \pi & \text{falls } 0 < x < 2\pi \\ 0 & \text{falls } x = 0 \\ f(x + 2\pi) & \text{für alle } x. \end{cases}$$

Da $f$ eine ungerade Funktion ist, folgt aus Satz 6, dass alle $a_n = 0$ und

$$b_n = \frac{2}{\pi}\int_0^\pi \underset{\downarrow}{(x-\pi)}\underset{\uparrow}{\sin(nx)}\,dx \overset{\text{P.I.}}{=} \frac{2}{\pi}(x-\pi)\,\frac{-\cos(nx)}{n}\Big|_0^\pi + \frac{2}{\pi}\int_0^\pi \frac{\cos(nx)}{n}\,dx$$

$$= -\frac{2}{\pi}(-\pi)(-\frac{1}{n}) + \frac{2}{\pi}\,\frac{\sin(nx)}{n^2}\Big|_0^\pi = -\frac{2}{n}.$$

Man kann zeigen, dass die Reihe für alle $x$ gegen $f(x)$ konvergiert (siehe Satz 20). Die Konvergenz ist jedoch langsam ($1 + \frac{1}{2} + \frac{1}{3} + \frac{1}{4} + \cdots$ ist ja sogar divergent).

**Faustregel:** Je „glatter" $f$ ist (das heisst je öfter $f$ stetig differenzierbar ist), desto schneller konvergieren die $a_n$ und $b_n$ gegen 0 und desto besser konvergiert die Fourier-Reihe. Diese Aussage lässt sich auch quantifizieren. Entsprechende Abschätzungen und Informationen über die Konvergenz der Fourier-Reihen findet man in [18, 19, 21].

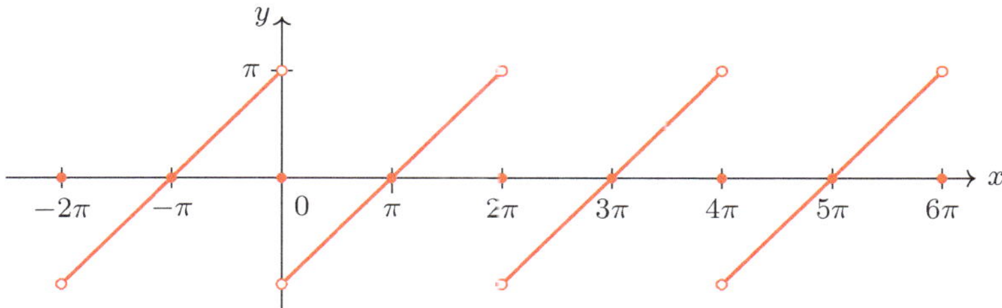


Abbildung 2: Sägezahnfunktion

## 2.4 Fourier-Reihe von Funktionen allgemeiner Periode

Wir wollen nun den Satz 5 auf allgemeine Periodenlänge $T$ ausdehnen. Dies geschieht durch eine einfach Skalierung:

**Lemma 8: Umrechung auf allgemeine Periodenlänge**

Hat $f(x)$ die Periode $T$, so hat $\tilde{f}(x) := f(\frac{Tx}{2\pi})$ die Periode $2\pi$.

*Beweis.*

$$\tilde{f}(x+2\pi) = f\Big(\frac{T(x+2\pi)}{2\pi}\Big) = f\Big(\frac{Tx}{2\pi} + T\Big) = f\Big(\frac{Tx}{2\pi}\Big) = \tilde{f}(x).$$

Damit ist verifiziert, dass $\tilde{f}$ die Periode $2\pi$ hat. □

Dies können wir nun folgendermassen anwenden. Es gilt

$$\tilde{f}(x) \rightsquigarrow \frac{a_0}{2} + \sum_{k=1}^{\infty} \big(a_k \cos(kx) + b_k \sin(kx)\big).$$

Somit ist

$$f(t) = \tilde{f}(\frac{2\pi t}{T}) \rightsquigarrow \frac{a_0}{2} + \sum_{k=1}^{\infty} \Big(a_k \cos\frac{2k\pi t}{T} + b_k \sin\frac{2k\pi t}{T}\Big),$$

wobei

$$\begin{aligned} a_k &= \frac{1}{\pi}\int_0^{2\pi} \tilde{f}(x)\cos(kx)\,dx = \frac{1}{\pi}\int_0^{2\pi} f\Big(\frac{Tx}{2\pi}\Big)\cos(kx)\,dx \\ &= \frac{2}{T}\int_0^{T} f(t)\cos\frac{2k\pi t}{T}\,dt. \end{aligned}$$

Im letzten Schritt haben wir die Substitution $x = \frac{2\pi t}{T}$ benutzt. Für die $b_k$ geht die Rechnung analog. Damit haben wir das folgende Resultat:

**Satz 9: Fourier-Reihe bei Periode $T$**

Eine periodische Funktion $f(t)$ mit der Periode $T$ besitzt die Fourier-Reihe

$$\frac{a_0}{2} + \sum_{k=1}^{\infty}\Big(a_k \cos\frac{2k\pi t}{T} + b_k \sin\frac{2k\pi t}{T}\Big),$$

wobei

$$a_k = \frac{2}{T}\int_0^T f(t)\cos\frac{2k\pi t}{T}\,dt$$

$$b_k = \frac{2}{T}\int_0^T f(t)\sin\frac{2k\pi t}{T}\,dt.$$

Beispiel 10: Eine Fourier-Reihe mit Periode 1

Wir wollen nun die in Abbildung 3 dargestellte Funktion $f$ in eine Fourier-Reihe entwickeln:

$$f(x) = \begin{cases} e^x & \text{falls } 0 \leqslant x < 1 \\ f(x-1) & \text{für alle } x \end{cases}$$

Bei der Berechnung der Koeffizienten verwenden wir partielle Integration:

$$\begin{aligned} a_k &= 2\int_0^1 \underset{\uparrow}{e^x}\underset{\downarrow}{\cos(2k\pi x)}\,dx = 2e^x\cos(2k\pi x)\Big|_0^1 + 2\cdot 2k\pi\int_0^1 \underset{\uparrow}{e^x}\underset{\downarrow}{\sin(2k\pi x)}\,dx \\ &= 2e^x\cos(2k\pi x)\Big|_0^1 + \underbrace{2\cdot 2k\pi e^x \sin(2k\pi x)\Big|_0^1}_{=0} - (2k\pi)^2\cdot\underbrace{2\int_0^1 e^x\cos(2k\pi x)\,dx}_{=a_k} \\ &= 2e - 2 - 4k^2\pi^2 a_k. \end{aligned}$$

Daraus folgt

$$a_k = 2\cdot\frac{e-1}{1+4k^2\pi^2}.$$

Analog findet man für die Koeffizienten $b_k$:

$$b_k = 2\int_0^1 e^x\sin(2k\pi x)\,dx = 4k\pi\frac{1-e}{1+4k^2\pi^2}.$$

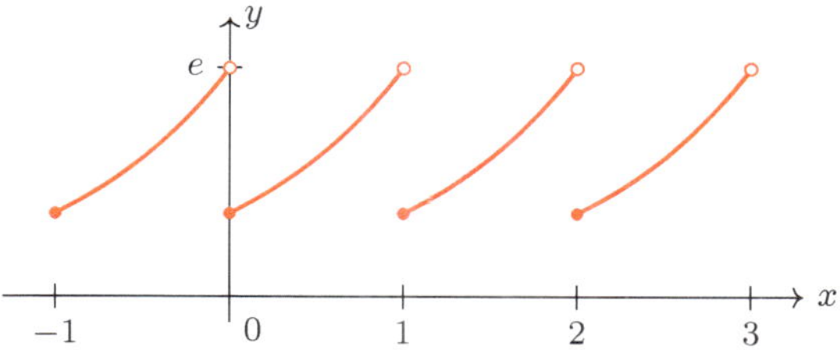


Abbildung 3: $f(x) = e^x$, $0 \leqslant x < 1$, periodisch fortgesetzt mit Periode 1

## 2.5 Entwicklung in reine Sinus- oder Cosinus-Reihen

Wir können den Satz 6 benutzen, um eine bestimmte Entwicklung zu erzwingen. Wir erläutern das Vorgehen anhand einer beliebigen Funktion $f$, die einmal in eine Sinus-Reihe und danach in eine Cosinus-Reihe entwickelt werden soll.

**Beispiel 11: Entwicklung in eine Sinus-Reihe**

Man entwickle eine gegebene Funktion $f(x)$ auf $[0, T]$ in eine *Sinus-Reihe.*

**Lösung:** Man setze $f$ *ungerade* fort mit der Periode $2T$ (siehe Abbildung 4). Auf diese Weise entstehen bei der Fourier-Entwickung ausschliesslich Sinus-Terme, da alle Koeffizienten der Cosinus-Terme verschwinden.

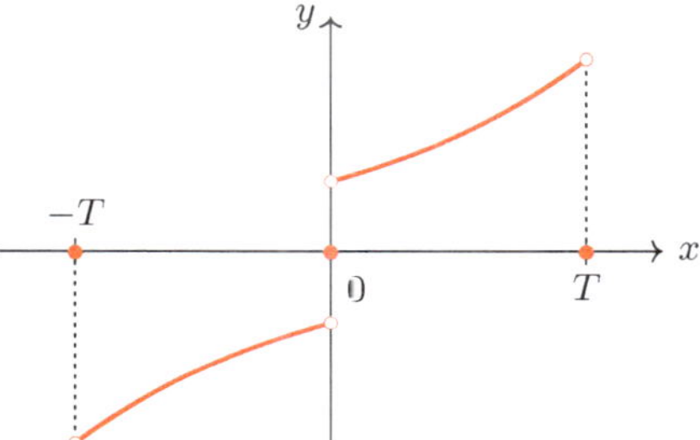


Abbildung 4: Ungerade Fortsetzung durch $f(x) = -f(-x)$

**Beispiel 12: Entwicklung in eine Cosinus-Reihe**

Man entwickle eine gegebene Funktion $f(x)$ auf $[0, T]$ in eine *Cosinus-Reihe*:

**Lösung:** Man setze $f$ *gerade* fort mit der Periode $2T$ (siehe Abbildung 5). Auf diese Weise entstehen bei der Fourier-Entwickung ausschliesslich Cosinus-Terme, da alle Koeffizienten der Sinus-Terme verschwinden.

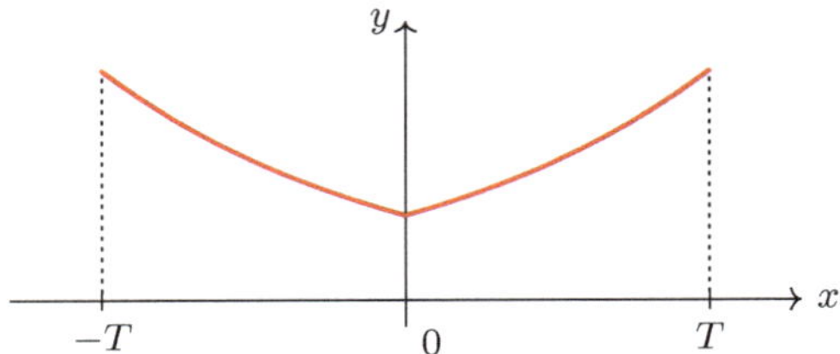


Abbildung 5: Gerade Fortsetzung durch $f(x) = f(-x)$

## 2.6 Komplexe Schreibweise der Fourier-Reihen

Das Rechnen mit der komplexen Exponentialfunktion ist oft einfacher als mit den trigonometrischen Funktionen. Insbesondere ist das Additionstheorem für die Exponentialfunktion viel einfacher als die Additionstheoreme der trigonometrischen Funktionen. Wir betrachten nun $2\pi$-periodische Funktionen $f$, die reell oder komplex sein können. Dann benutzen wir die Eulersche Formel, um zur komplexen Form der Fourier-Reihe überzugehen. Es gilt

$$\begin{aligned} f(x) &= \frac{a_0}{2} + \sum_{k=1}^{\infty}\big(a_k \cos(kx) + b_k \sin(kx)\big) \\ &= \frac{1}{2}\Big(a_0 + \sum_{k=1}^{\infty}\big(a_k(e^{ikx} + e^{-ikx}) + \frac{b_k}{i}(e^{ikx} - e^{-ikx})\big)\Big) \\ &= \frac{1}{2}\Big(a_0 + \sum_{k=1}^{\infty}\big(e^{ikx}(a_k - ib_k) + e^{-ikx}(a_k + ib_k)\big)\Big) \\ &= \sum_{k=-\infty}^{\infty} c_k e^{ikx}, \end{aligned}$$

mit der Abkürzung

$$c_k := \begin{cases} \frac{1}{2}(a_k - ib_k) & \text{falls } k > 0 \\ \frac{a_0}{2} & \text{falls } k = 0 \\ \frac{1}{2}(a_{-k} + ib_{-k}) & \text{falls } k < 0. \end{cases} \tag{4}$$

Der Witz ist nun, dass die $c_k$ ohne Umweg über die $a_k$ und $b_k$ gefunden werden können, nämlich so:

$$c_k = \frac{1}{2\pi}\int_{-\pi}^{\pi} f(x)e^{-ikx}\,dx \quad (k \in \mathbb{Z}). \tag{5}$$

Hier wird eine komplexe Funktion einer reellen Variablen $x$ integriert. Ist $\varphi(t) = \xi(t) + i\eta(t)$, so ist das Integral wie folgt zu verstehen:

$$\int_a^b \varphi(t)\,dt = \int_a^b \big(\xi(t) + i\eta(t)\big)\,dt := \int_a^b \xi(t)\,dt + i\int_a^b \eta(t)\,dt.$$

Wir beweisen hurtig die Formel (5):

(i) $k = 0$: $\quad c_0 = \frac{1}{2\pi} \int\limits_{-\pi}^{\pi} f(x)\, dx = \frac{a_0}{2}$

(ii) $k > 0$: $\quad c_k = \frac{1}{2\pi} \int\limits_{-\pi}^{\pi} f(x)(\cos(kx) - i\sin(kx))\, dx = \frac{1}{2}(a_k - ib_k)$

(iii) $k < 0$: $\quad$ analog. □

Die Umkehrung der Formeln (4) lautet, wie man leicht nachprüft:

$$\begin{aligned} a_0 &= 2c_0 \\ a_k &= c_k + c_{-k} \\ b_k &= i(c_k - c_{-k}). \end{aligned} \tag{4'}$$

Der Übergang zu einer allgemeinen Periode geht genau so, wie bei der reellen Schreibweise. Es gilt folgender Satz:

**Satz 13: Komplexe Fourier-Reihe**

Eine $T$-periodische Funktion $f$ besitzt die komplexe Fourier-Reihe

$$f(x) \rightsquigarrow \sum_{k=-\infty}^{\infty} c_k \exp \frac{2k\pi i x}{T}$$

mit

$$c_k = \frac{1}{T} \int\limits_0^T f(x) \exp\left(-\frac{2k\pi i x}{T}\right) dx.$$

Die Koeffizienten $a_k$, $b_k$ und $c_k$ hängen via die Formeln (4) und (4′) zusammen.

Kehren wir nochmals zurück zum Beispiel 10:

$$f(x) = \begin{cases} e^x & \text{falls } 0 \leqslant x < 1 \\ f(x-1) & \text{für alle } x. \end{cases}$$

Laut Satz 13 gilt

$$\begin{aligned} c_k &= \int\limits_0^1 e^x e^{-2k\pi i x}\, dx = \frac{1}{1 - 2k\pi i} e^{x - 2k\pi i x}\Big|_0^1 \\ &= \frac{e-1}{1-2k\pi i} = \frac{e-1}{1+4k^2\pi^2}(1 + 2k\pi i). \end{aligned}$$

Dies stimmt über die Formeln (4) und (4′) mit dem früheren Ergebnis überein, die Rechnung war jedoch deutlich kürzer!

## 2.7 Distributionen

Um Phänomene wie das Zurückprallen eines Balles von einer Wand oder einen Spannungsstoss bei der Entladung eines Kondensators mathematisch idealisiert zu beschreiben, bedient man sich des Begriffs der **verallgemeinerten Funktion** (auch **Distribution** genannt). Wir führen Distributionen in diesem Kapitel ein, um sie als mathematisches Instrument zur Verfügung zu haben.

Um den Begriff zu motivieren, betrachten wir eine thermische Reaktion in einer Flüssigkeit und nehmen der Einfachheit halber an, dass sich die Temperaturverteilung $t(x)$, $x \in \mathbb{R}^3$, zeitlich nicht ändert. Es gibt kein Messgerät, welches die Temperatur an einem *Punkt* $a \in \mathbb{R}^3$ bestimmen kann, da ein Gerät aufgrund der räumlichen Ausdehnung der Mess-Sonde nicht fähig ist, eine physikalische Grösse an einem mathematischen Punkt zu bestimmen. Die Zahl, welche das Gerät anzeigt, ist somit eine gemittelte Grösse um eine kleine Umgebung von $a$. Sei $\varphi$ die Gewichtsfunktion, welche in unserem Beispiel für ein Messgerät etwa eine der Formen in Abbildung 6 besitzt, das heisst, die Messempfindlichkeit ist im Punkt $a$ am grössten und fällt mit wachsender Entfernung von $a$ schnell ab.

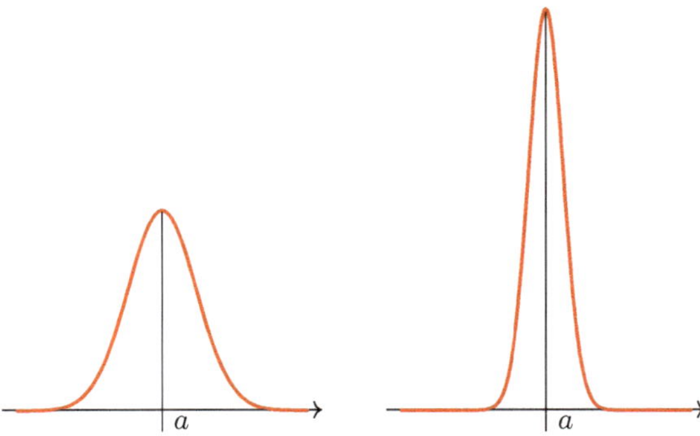


Abbildung 6: Gewichtsfunktionen

Je besser das Gerät ist, desto näher ist die Funktion um den Wert $a$ konzentriert. Die experimentelle Messung wird dann mathematisch beschrieben durch das Integral

$$\int_{\mathbb{R}^3} t(x)\varphi(x)dx. \tag{6}$$

Da bei verschiedenen Gewichtsfunktionen verschiedene Zahlen resultieren, haben wir eine Zuordnung

$$T : \varphi \mapsto (T, \varphi) := \int_{\mathbb{R}^3} t(x)\varphi(x)dx, \tag{7}$$

welche die Messung beschreibt. $T$ ordnet also jeder Funktion $\varphi$ eine reelle Zahl zu, d. h. es ist ein **Funktional**. Die Menge der Funktionen $\varphi$ (Messgeräte) nennt man die **Testfunktionen**. Welche Klasse von Testfunktionen man mathematisch zulässt, hängt vom Einzelfall ab. Klassischerweise wählt man als Menge der Testfunktionen den sogenannten **Schwartz-Raum** $\mathscr{S}(\mathbb{R}^n)$, benannt nach dem Begründer der Theorie der Distributionen, Laurent Schwartz. Die Menge $\mathscr{S}(\mathbb{R}^n)$ besteht aus allen Funktionen $\varphi\colon \mathbb{R}^n \to \mathbb{R}$, welche beliebig oft differenzierbar sind und samt all ihren Ableitungen in Unendlichen schneller gegen null streben als jede inverse Potenz $|x|^{-k}$. Manchmal ist es günstiger, die Testfunktionen im Raum $\mathscr{D}(\mathbb{R}^n)$ zu betrachten: $\mathscr{D}(\mathbb{R}^n)$ bezeichnet diejenigen beliebig oft differenzierbaren Funktionen $\varphi\colon \mathbb{R}^n \to \mathbb{R}$, für welche die Menge $\{x \mid \varphi(x) \neq 0\}$ beschränkt ist. Natürlich ist $\mathscr{D}(\mathbb{R}^n)$ in $\mathscr{S}(\mathbb{R}^n)$ enthalten. Ein Beispiel einer Funktion in $\mathscr{S}(\mathbb{R}^n)$ ist $\varphi(x) = e^{-|x|^2}$ (Gaußsche Glockenkurve). Ein Beispiel einer Funktion in $\mathscr{D}(\mathbb{R}^n)$ ist $\varphi(x) = \exp(\frac{1}{|x|^2-1})$ (welche für $|x| \geqslant 1$ mit null fortgesetzt wird). Der Kürze halber schreiben wir oft nur $\mathscr{D}$ statt $\mathscr{D}(\mathbb{R}^n)$.

Die oben definierte Abbildung $T : \mathscr{D} \to \mathbb{R}$ hat die zwei folgenden fundamentalen Eigenschaften:

1. $T$ ist linear, das heisst, es gilt
$$(T, a\varphi + b\psi) = a(T, \varphi) + b(T, \psi)$$
für alle $a, b \in \mathbb{R}$ und alle Testfunktionen $\varphi, \psi \in \mathscr{D}$.

2. $T$ ist stetig, das heisst, wenn eine Folge von Testfunktionen $\varphi_n \in \mathscr{D}$ (in einem gewissen Sinn; siehe z. B. [24]) gegen eine Testfunktion $\varphi \in \mathscr{D}$ konvergiert, so folgt
$$\lim_{n\to\infty} (T, \varphi_n) = (T, \varphi).$$

Die Abbildungen $\mathscr{D} \to \mathbb{R}$, die im obigen Sinn linear und stetig sind, nennt man **Distributionen** oder **verallgemeinerte Funktionen**.

**Beispiel 14: Heaviside-Distribution**

Die **Heaviside-Funktion** $h$ ist definiert durch
$$h(x) := \begin{cases} 0 & \text{falls } x \leqslant 0 \\ 1 & \text{falls } x > 0. \end{cases}$$

Die **Heaviside-Distribution** $H\colon \mathscr{D}(\mathbb{R}) \to \mathbb{R}$ ist definiert durch
$$(H, \varphi) := \int_{-\infty}^{\infty} h(x)\varphi(x)\,dx = \int_0^{\infty} \varphi(x)\,dx.$$

**Beispiel 15: Diracsche $\delta$-Distribution**

Die verallgemeinerte Funktion $\delta\colon \mathscr{D}(\mathbb{R}^n) \to \mathbb{R}$ ist definiert durch
$$(\delta, \varphi) := \varphi(0).$$

Die Heaviside-Distribution ist durch ein Integral darstellbar. Man nennt solche Distributionen **regulär**. Für die $\delta$-Distribution dagegen ist eine solche Darstellung als Integral nicht möglich. Solche Distributionen nennt man dementsprechend **singulär**.

Ein wichtiger Satz der Analysis besagt, dass jede stetige Funktion $t(x)$ durch die Abbildung

$$T\colon \mathscr{D}(\mathbb{R}^n) \to \mathbb{R}, \quad \varphi \mapsto (T, \varphi) := \int_{\mathbb{R}^n} t(x)\varphi(x)dx$$

eindeutig festgelegt ist. Man kann daher die stetige Funktion $t$ mit der Distribution $T$ identifizieren. In diesem Sinne sind also die Distributionen in der Tat eine Verallgemeinerung von Funktionen. Distributionen können immer durch eine Folge von regulären Distributionen approximiert werden, ja sogar durch Distributionen, die glatte Funktionen sind. Wir illustrieren dies nun am Beispiel der $\delta$-Distribution.

Wir betrachten die durch Abbildung 7 definierte Funktionenfolge

$$\delta_n : \mathbb{R} \to \mathbb{R}, \quad x \mapsto \delta_n(x) = \begin{cases} n & \text{falls } x \in [0, \frac{1}{n}] \\ 0 & \text{sonst.} \end{cases}$$

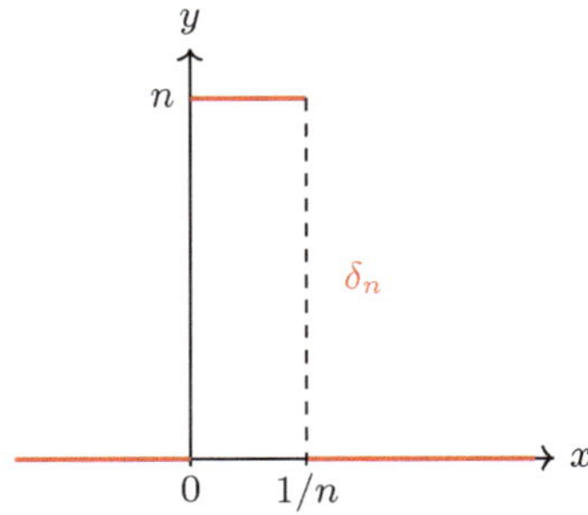


Abbildung 7: Approximationen der $\delta$-Distribution

Nun sei $\varphi \in \mathscr{D}$ eine Testfunktion. Es gilt nach dem Mittelwertsatz der Integralrechnung:

$$\begin{aligned}(\delta_n, \varphi) &= \int_{\mathbb{R}} \varphi(x)\delta_n(x)\,dx = \int_0^{1/n} \varphi(x)\delta_n(x)\,dx \\ &= \varphi(\xi_n) \int_0^{1/n} \delta_n(x)\,dx = \varphi(\xi_n)\end{aligned} \tag{8}$$

für ein geeignetes $\xi_n \in [0, \frac{1}{n}]$. (Dazu brauchen wir übrigens nur die Stetigkeit von $\varphi$, daher können wir später die $\delta$-Distribution statt auf Testfunktionen aus

$\mathscr{D}$ auch auf stetige Funktionen anwenden.) Die Diracsche $\delta$-Funktion erhält man aus (8) durch Grenzübergang für $n \to \infty$:

$$\lim_{n\to\infty} (\delta_n, \varphi) = \lim_{n\to\infty} \varphi(\xi_n) = \varphi(0) = (\delta, \varphi). \tag{9}$$

Das heisst, die Folge $\delta_n$ von regulären Distributionen konvergiert gegen die singuläre $\delta$-Distribution. Eine solche Folge nennt man **$\delta$-Folge** oder **Dirac-Folge**. Man schreibt dafür auch kurz $\lim_{n\to\infty} \delta_n = \delta$. Dies motiviert auch die suggestive Schreibweise

$$\int_{-\infty}^{\infty} \delta(x)\varphi(x)\,dx = \varphi(0). \tag{10}$$

Natürlich gibt es keine reelle Funktion $\delta(x)$, welche für beliebige Testfunktionen $\varphi$ die Formel (10) realisiert. Das heisst, die Formel (10) hat nur symbolischen Charakter.

Man kann sich $\delta$ als „Spitze" bei 0 mit unendlicher Höhe, infinitesimaler Breite und Integral 1 vorstellen:

$$\int \delta(x)\,dx = \int 1 \cdot \delta(x)\,dx \overset{(10)}{=} 1.$$

Die $\delta$-Distribution beschreibt also (idealisiert) z. B. einen Kraftstoss beim Abprallen eines Gummiballes vom Boden, oder im $\mathbb{R}^3$ die Ladungsverteilung einer elektrischen Punktladung. Beachte, dass für beliebiges $n$ immer gilt

$$\int_{-\infty}^{\infty} \delta_n(t)dt = 1.$$

Wenn ein elastischer Ball auf dem Boden aufprallt und wieder in die Höhe springt, wirkt in einer kurzen Zeitspanne eine grosse Kraft auf den Ball. Diese Kraft $F$ lässt sich also (in geeigneten Einheiten) durch eine Funktion $F(t) = \delta_n(t)$ darstellen. Das Integral $\int_{-\infty}^{\infty} F(t)dt = 1$ ist dann gerade die (konstante) Impulsänderung des Balles, die er beim Zurückprallen erfährt. Je härter der Ball, desto kürzer ist die Zeitspanne der Bodenberührung. Die Distribution $\delta$ ist also eine Idealisierung eines solchen Kraftstosses.

Auf der Menge der Distributionen können allerlei Operationen wie Differentiation, Verschiebung etc. ausgeführt werden. Wie wir gesehen haben, war z. B. die Stetigkeit einer Distribution mithilfe der Konvergenz der Testfunktionen definiert worden. Es gilt ganz generell das Prinzip:

*Operationen auf Distributionen werden durch Überwälzen auf die Testfunktionen definiert.*

Weil die Menge $\mathscr{D}$ der Testfunktionen schöne Eigenschaften hat (z. B. sind Testfunktionen per Definition beliebig oft differenzierbar), „vererben" sich diese Eigenschaften automatisch auf die Distributionen (so sind also Distributionen beliebig oft differenzierbar). Schauen wir uns das an einigen Beispielen an:

**Definition 16: Koordinatentransformation**

Sei

$$x \mapsto y := A^{-1}(x-a), \quad x, y, a \in \mathbb{R}^n$$

eine Koordinatentransformation, wobei $A$ eine reguläre Matrix ist. Wir setzen

$$f_{A,a}(x) = f(A^{-1}(x-a))$$

für eine Funktion $f$. Dann gilt für eine Distribution $T$ und eine Testfunktion $\varphi$:

$$(T_{A,a}, \varphi) = |\det A|(T, \varphi_{A^{-1},-A^{-1}a}). \tag{11}$$

Beispiel 17: $\delta$-Distribution im Punkt $a$

Für die $\delta$-Distribution ergibt sich also z. B. für $A =$ Identität (wird in der Notation dann weggelassen)

$$(\delta_a, \varphi) = (\delta, \varphi_{-a}) = \varphi(a),$$

was man auch mit einer formalen Rechnung einsieht:

$$(\delta_a, \varphi) = \int\limits_{\mathbb{R}^n} \delta(x-a)\varphi(x)dx = \int\limits_{\mathbb{R}^n} \delta(x)\varphi(x+a)dx = \varphi(a).$$

Das erwähnte Prinzip liefert die Definition für die Ableitung von Distributionen:

**Definition 18: Ableitung von Distributionen**

Wir definieren

$$(T', \varphi) := -(T, \varphi') \tag{12}$$

und für die höheren Ableitungen

$$(T^{(n)}, \varphi) := (-1)^n (T, \varphi^{(n)}). \tag{13}$$

Betrachten wir eine stetig differenzierbare Funktion $f$ und ihre Ableitung $f'$ sowie die ihnen zugeordneten regulären Distributionen

$$F : \mathscr{D} \to \mathbb{R}, \quad \varphi \mapsto \int\limits_{-\infty}^{\infty} f(x)\varphi(x)\,dx, \qquad G : \mathscr{D} \to \mathbb{R}, \quad \varphi \mapsto \int\limits_{-\infty}^{\infty} f'(x)\varphi(x)\,dx.$$

Offenbar gilt dann für $F'$, die sogenannte **Distributionsableitung** von $f$,

$$\begin{aligned}(F', \varphi) &\overset{\text{def}}{=} -(F, \varphi') = -\int\limits_{-\infty}^{\infty} f(x)\varphi'(x)\,dx \\ &\overset{\text{P.I.}}{=} \int\limits_{-\infty}^{\infty} f'(x)\varphi(x)\,dx = (G, \varphi),\end{aligned}$$

also $F' = G$. Mit anderen Worten, wenn wir wieder Funktionen mit den ihnen zugeordneten Distributionen identifizieren: Die Distributionsableitung einer Funktion stimmt mit ihrer gewöhnlichen Ableitung überein, sofern diese existiert. Analoges gilt für die höheren Ableitungen.

Was ist die Ableitung der Heaviside-Distribution?

$$\begin{aligned}(H', \varphi) \stackrel{\text{def}}{=} -(H, \varphi') &= -\int_0^\infty \varphi'(x)\, dx \\ &= -\varphi|_0^\infty = \varphi(0) = (\delta, \varphi)\end{aligned}$$

das heisst, die Ableitung der Heaviside-Distribution ist die Diracsche $\delta$-Distribution: $H' = \delta$.

Später werden wir auch die Fourier-Transformation und die Laplace-Transformation auf den Distributionen erklären. Aber zunächst kehren wir zurück zu den Fourier-Reihen.

Was ist die Fourier-Reihe der Diracschen $\delta$-Distribution? Zunächst müssen wir $\delta$ offenbar $2\pi$-periodisch fortsetzen zum sogenannten Dirac-Kamm

$$\text{III} = \sum_{n \in \mathbb{Z}} \delta_{n\pi}$$

mit „Spitzen" in $0, \pm 2\pi, \pm 4\pi, \ldots$ (siehe Abbildung 8).

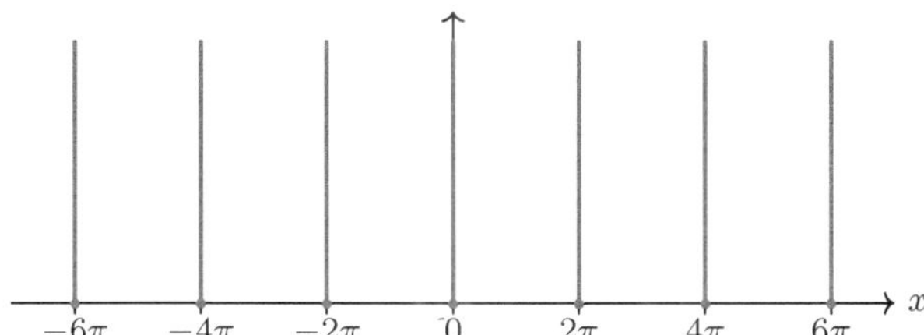


Abbildung 8: Der Dirac-Kamm: In jedem Punkt $2k\pi$, $k \in \mathbb{Z}$, sitzt eine Dirac-Masse.

Die Fourier-Koeffizienten von III sind dann laut Satz 13 gegeben durch

$$c_k = \frac{1}{2\pi} \int_{-\pi}^{\pi} \delta(x) e^{-ikx}\, dx \stackrel{(10)}{=} \frac{1}{2\pi} e^0 = \frac{1}{2\pi}.$$

Betrachten wir die Partialsummen der Fourier-Reihe von III:

$$\begin{aligned}S_N(x) &:= \sum_{k=-N}^{N} c_k e^{ikx} = \frac{1}{2\pi} \sum_{k=-N}^{N} e^{ikx} \qquad (14) \\ &= \frac{1}{2\pi} e^{-iNx} (1 + e^{ix} + e^{2ix} + \cdots + e^{2Nix})\end{aligned}$$

$$= \frac{1}{2\pi} e^{-iNx} \frac{1 - e^{(2N+1)ix}}{1 - e^{ix}} \cdot \frac{e^{-i\frac{x}{2}}}{e^{-i\frac{x}{2}}} = \frac{1}{2\pi} \cdot \frac{e^{i(N+\frac{1}{2})x} - e^{-i(N+\frac{1}{2})x}}{e^{ix/2} - e^{-ix/2}}$$

$$= \frac{1}{2\pi} \underbrace{\frac{\sin(N+\frac{1}{2})x}{\sin\frac{x}{2}}}_{=:D_N(x)} .$$

Um die Klammer in der zweiten Zeile zu summieren, haben wir stillschweigend die Formel für die geometrische Reihe verwendet.

Man nennt $D_N(x)$ **Dirichlet-Kern** (siehe Abbildung 9).

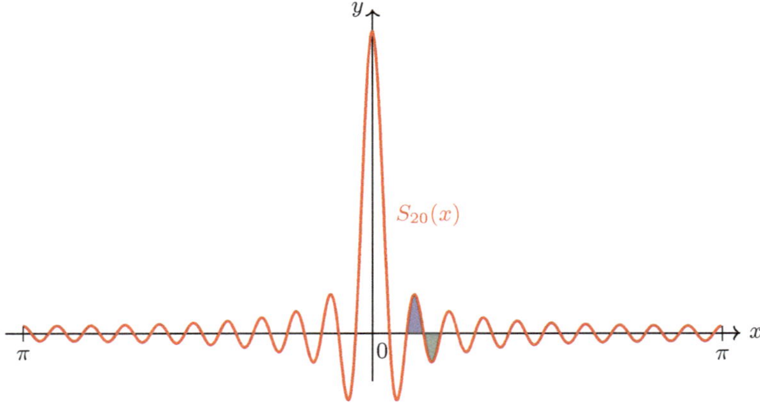


Abbildung 9: Dirichlet-Kern: Die „Masse“ konzentriert sich immer mehr bei 0, während sich je ein positiver „Buckel“ in blau mit einem negativen in grün praktisch kompensiert.

Man berechnet leicht (aus der Summe (14)):

$$\int_{-\pi}^{\pi} S_N(x)\,dx = 1, \quad \text{für alle } N \in \mathbb{N}.$$

Die Masse 1 konzentriert sich mit wachsendem $N$ um 0 herum, und man kann zeigen (siehe Abbildung 9):

$$\lim_{N\to\infty} \int_{-\pi}^{\pi} f(x) S_N(x)\,dx = \int_{-\pi}^{\pi} f(x)\delta(x)\,dx = f(0). \tag{15}$$

Das heisst, die $S_N$ approximieren (wie die zuvor betrachteten $\delta_n$) die $\delta$-Distribution, sind also eine Dirac-Folge. Das Gelernte wird uns nun die eingangs gestellte Grundfrage 1 beantworten. Zuvor legen wir noch die Klasse der Funktionen fest, die wir betrachten wollen.

**Definition 19: Stückweise glatte Funktionen**

Eine Funktion $f : \mathbb{R} \to \mathbb{R}$ (oder $\mathbb{R} \to \mathbb{C}$) heisst **stückweise glatt**, wenn sie überall stetig differenzierbar ist, ausgenommen in gewissen isolierten Punkten. In den Ausnahmepunkten $\xi$ sollen die vier einseitigen Grenzwerte:

$$\lim_{x\to\xi^+} f(x), \quad \lim_{x\to\xi^-} f(x), \quad \lim_{x\to\xi^+} f'(x), \quad \lim_{x\to\xi^-} f'(x)$$

existieren. Über die Funktionswerte in den Ausnahmepunkten wird nichts vorausgesetzt (siehe Abbildung 10).

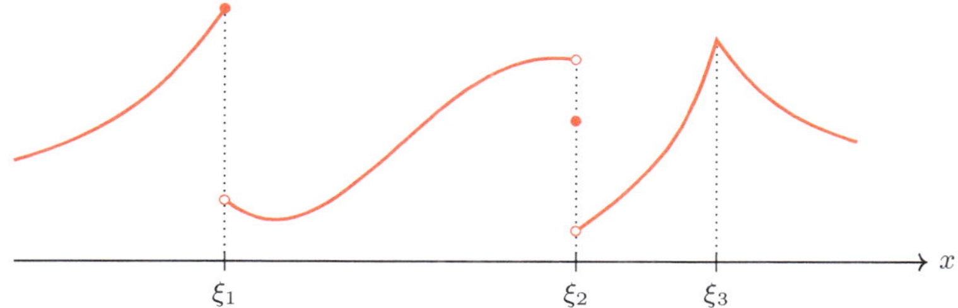


Abbildung 10: Beispiel einer stückweise glatten Funktion

Für solche stückweise glatten Funktionen wird die Antwort auf die Frage 1 im folgenden Satz gegeben:

**Satz 20: Dirichlet**

Die Fourier-Reihe einer periodischen stückweise glatten Funktion $f$ konvergiert in allen Stetigkeitspunkten $x$ von $f$ gegen $f(x)$, in den Sprungstellen $\xi$ gegen das arithmetische Mittel

$$\frac{1}{2}(f(\xi^-) + f(\xi^+))$$

der beiden einseitigen Grenzwerte (siehe Abbildung 11).

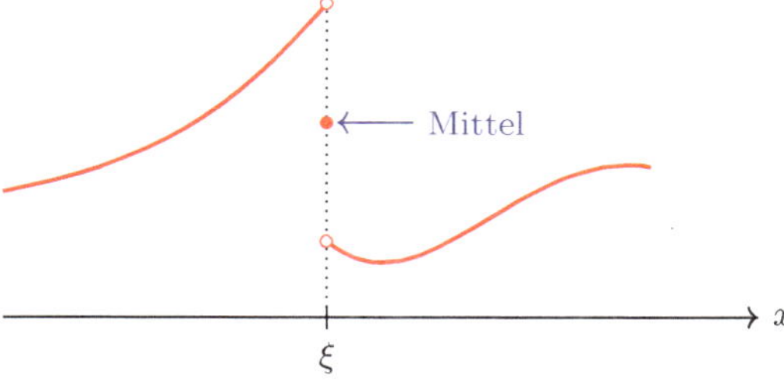


Abbildung 11: Illustration zum Satz von Dirichlet

*Beweis.* Wir betrachten die Partialsummen

$$F_N(x) := \sum_{k=-N}^{N} c_k e^{ikx}$$

der Fourier-Reihe von $f$ für einen Stetigkeitspunkt $x$ von $f$. Dann gilt

$$\begin{aligned} F_N(x) &= \sum_{k=-N}^{N} \Big( e^{ikx} \frac{1}{2\pi} \int\limits_{x-\pi}^{x+\pi} f(x')e^{-ikx'}\,dx' \Big) \\ &= \int\limits_{x-\pi}^{x+\pi} f(x') \frac{1}{2\pi} \sum_{k=-N}^{N} e^{ik(x-x')}\,dx' \\ &= \int\limits_{-\pi}^{\pi} f(x+t) \underbrace{\frac{1}{2\pi} \sum_{k=-N}^{N} e^{ikt}}_{=S_N(t)}\,dt \longrightarrow f(x) \quad \text{laut (15).} \end{aligned}$$

Im letzten Schritt haben wir die Substitution $x' = x + t$ verwendet. In den Ausnahmepunkten ist eine etwas feinere (jedoch ganz ähnliche) Beweisführung erforderlich. □

## 2.8 Diskrete Fourier-Transformation (DFT)

In der Praxis berechnet man die Fourier-Koeffizienten in den meisten Fällen nicht, indem man die Integrale im Satz 13 konkret ausrechnet, sondern indem man eine numerische Approximation hierfür verwendet. Ein einfaches numerisches Verfahren, Integrale approximativ zu bestimmen, ist die Trapezregel.

### 2.8.1 Die Trapezregel

Wir wollen das Integral

$$\int\limits_a^b f(x)\,dx$$

numerisch approximieren. Wir tun dies, indem wir die Fläche unter der Kurve wie in der Abbildung 12 eingezeichnet, durch die Fläche eines blauen Trapezes ersetzen (daher der Name der Regel).

Die Trapezfläche ist das Produkt aus Mittellinie und Höhe, wir erhalten also:

$$\int\limits_a^b f(x)\,dx = \frac{f(a) + f(b)}{2}(b-a) + R.$$

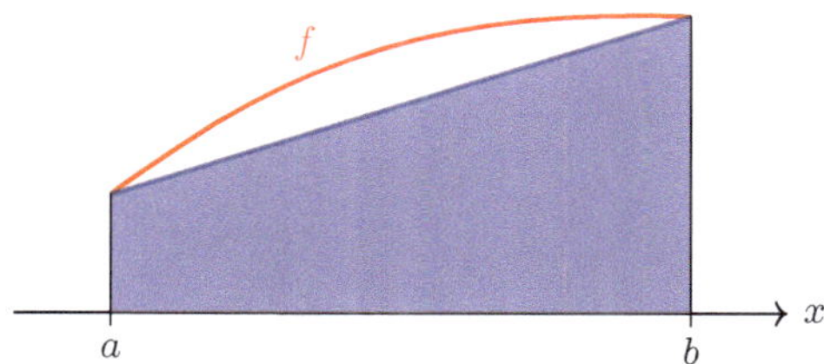


Abbildung 12: Trapezregel für die Funktion $f$ auf dem Intervall $[a, b]$

Um den Fehler $R$ abzuschätzen, den wir dabei machen, setzen wir voraus, dass der Integrand $f$ zweimal stetig differenzierbar ist und integrieren zweimal partiell:

$$\begin{aligned}
\int_a^b f(x)\,dx &= \int_a^b \underset{\uparrow}{1} \cdot \underset{\downarrow}{f(x)}\,dx \\
&\overset{\text{P.I.}}{=} (x+\alpha)f(x)\Big|_a^b - \int_a^b \underset{\uparrow}{(x+\alpha)}\underset{\downarrow}{f'(x)}\,dx \\
&\overset{\text{P.I.}}{=} (x+\alpha)f(x)\Big|_a^b - (\frac{x^2}{2}+\alpha x+\beta)f'(x)\Big|_a^b + \\
&\quad + \int_a^b (\frac{x^2}{2}+\alpha x+\beta)f''(x)\,dx.
\end{aligned} \tag{16}$$

Nun wählen wir die Integrationskonstanten $\alpha$ und $\beta$ gerade so, dass

$$\frac{x^2}{2}+\alpha x+\beta = 0$$

gleichzeitig für $x = a$ und für $x = b$, das heisst, wir wählen

$$\alpha = -\frac{1}{2}(a+b), \qquad \beta = \frac{ab}{2}.$$

Auf diese Weise verschwindet der zweite ausintegrierte Term in (16) und wir erhalten durch Einsetzen:

$$\int_a^b f(x)\,dx = \frac{f(a)+f(b)}{2}(b-a) + \int_a^b f''(x)\,\frac{(x-a)(x-b)}{2}\,dx. \tag{17}$$

Wir können also den Fehlerterm $R$ ablesen und wie folgt abschätzen:

$$|R| = \Big|\int_a^b f''(x)\,\frac{(x-a)(x-b)}{2}\,dx\Big| \leqslant \frac{1}{8}(b-a)^2 \int_a^b |f''(x)|\,dx.$$

Dabei haben wir benutzt, dass die Funktion $(x-a)(x-b)$ ihr Minimum im Punkt $\frac{1}{2}(a+b)$ annimmt. Nun teilen wir das Integrationsintervall $[a, b]$ in $N$

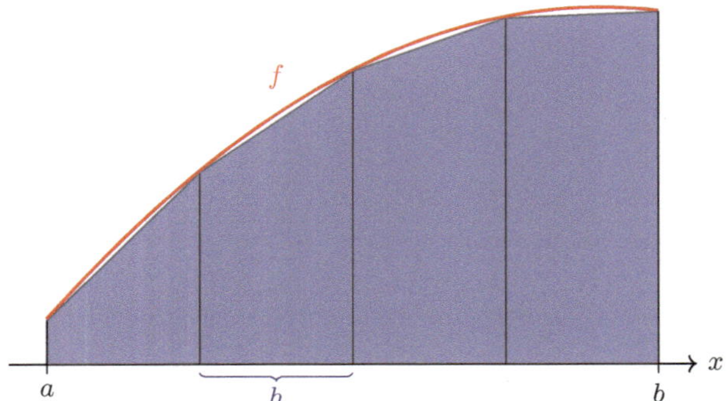


Abbildung 13: Trapezregel mit Schrittweite $h = \frac{b-a}{N}$

Teilintervalle der Länge $h = \frac{1}{N}(b-a)$ auf und verwenden auf jedem Teilintervall die oben hergeleitete Formel (17) (siehe Abbildung 13).

Durch Summation erhalten wir

$$\int_a^b f(x)\,dx = \frac{h}{2}\big(f(a) + f(b)\big) + h \sum_{k=1}^{N-1} f(a+kh) + R \tag{18}$$

mit einem Fehlerterm $R$, der abgeschätzt wird durch

$$|R| = \frac{h^2}{8} \int_a^b |f''(x)|\,dx.$$

Die Formel (18) heisst **Trapezregel**. Sie vereinfacht sich sogar noch, wenn $f$ periodisch mit der Periode $b-a$ ist, dann gilt nämlich

$$\int_a^b f(x)\,dx = h \sum_{k=0}^{N-1} f(a+kh) + R, \tag{19}$$

das heisst, in diesem Fall reduziert sich die Trapezregel auf die ganz gewöhnliche Riemann-Summe, die auf der rechten Seite von (19) steht. Wir hatten gesehen, dass der Fehlerterm mindestens proportional zu $h^2$ gegen null strebt, das heisst, wenn man die Schrittweite halbiert, wird der Fehler viermal kleiner. Bei der Riemann-Summe ist dies ein Effekt der Periodizität, denn für nichtperiodische Funktionen (egal wie glatt sie auch sind) ist der Fehler der Riemann-Summe normalerweise nur proportional zu $h$. Wenn $f$ periodisch mit Periode $b-a$ und statt nur zweimal stetig differenzierbar sogar analytisch ist (das heisst, $f$ kann überall durch Taylor-Reihen dargestellt werden), kann man sogar zeigen, dass der Fehler in den Formeln (18) respektive (19) exponentiell abnimmt: Es gilt

$$|R| \leqslant C\, e^{-\gamma/h}$$

für ein $\gamma > 0$: Wenn man die Schrittweite halbiert, verdoppelt sich die Anzahl richtiger Dezimalstellen im Resultat. Wir werden im Kapitel 4, Korollar 9, sehen, dass die Trapezregel für bandbeschränkte Funktionen sogar das exakte Resultat liefert. Eine weitere Methode Fourier-Koeffizienten numerisch zu bestimmen, findet man in [22].

### 2.8.2 Approximation der Fourier-Koeffizienten

Wir wenden nun die Trapezregel auf die Formel für die Fourier-Koeffizienten an. Sei also $f$ eine $T$-periodische Funktion mit komplexen Fourier-Koeffizienten $c_k$. Dann gilt laut Satz 13

$$\begin{aligned} c_k &= \frac{1}{T}\int_0^T f(x)\exp\left(-\frac{2k\pi i x}{T}\right)dx \\ &\overset{(18)}{\approx} \frac{1}{N}\sum_{l=0}^{N-1} f(x_l)\exp\left(-\frac{2k\pi i l}{N}\right) =: \tilde{c}_k, \end{aligned} \tag{20}$$

wobei $x_l := l\,\frac{T}{N}$. Da in der Trapezregel nur Werte des Integranden in den äquidistanten Punkten $x_l$ vorkommen, reduzieren wir zunächst die Funktion $f$ auf die Werte in diesen Stützstellen, das heisst, wir betrachten nun nur noch das „Sample"

$$f^{(N)} := \begin{pmatrix} f_0 \\ f_1 \\ \vdots \\ f_{N-1} \end{pmatrix}$$

mit $f_l := f(x_l)$ (in der Praxis kennt man $f$ oft sowieso nur an gewissen Punkten, z. B. wenn $f$ nur durch Messung bestimmt werden kann). Obwohl wir bisher meistens reelle Funktionen betrachtet haben, erweist es sich nun als günstig, auch komplexe Funktionen $f$ zuzulassen. Dann ist also $f^{(N)}$ ein Vektor im komplexen $N$-dimensionalen Vektorraum $\mathbb{C}^N$. Ebenso sammeln wir die Zahlen $\tilde{c}_k$ in einem Vektor

$$\tilde{c}^{(N)} := \begin{pmatrix} \tilde{c}_0 \\ \tilde{c}_1 \\ \vdots \\ \tilde{c}_{N-1} \end{pmatrix}$$

Laut (20) hängen $f^{(N)}$ und $\tilde{c}^{(N)}$ in linearer Weise zusammen, und wir wollen nun die Abbildungsmatrix bestimmen. Definieren wir die komplexe $N \times N$-Matrix

$$W = \begin{pmatrix} 1 & 1 & 1 & 1 & 1 & \dots \\ 1 & r & r^2 & r^3 & r^4 & \dots \\ 1 & r^2 & r^4 & r^6 & r^8 & \dots \\ 1 & r^3 & r^6 & r^9 & r^{12} & \dots \\ \vdots & \vdots & \vdots & \vdots & \vdots & \ddots \end{pmatrix} = (r^{kl})_{k,l=0,\dots,N-1},$$

wobei $r := \exp(-i\frac{2\pi}{N})$ eine bestimmte $N$-te Einheitswurzel bezeichnet, so lässt sich mithilfe der Matrizenmultiplikation die Formel (20) für die Approximationen $\tilde{c}_k$ kompakt schreiben als

$$\tilde{c}^{(N)} = \frac{1}{N} W f^{(N)}.$$

Die Abbildung

$$\mathrm{dft}\colon \mathbb{C}^N \to \mathbb{C}^N, \quad f^{(N)} \mapsto \frac{1}{\sqrt{N}} W f^{(N)}$$

heisst **diskrete Fourier-Transformation**. Die zu $W$ inverse Matrix ist

$$W^{-1} = \frac{1}{N}\overline{W},$$

wobei $\overline{W}$ die komplex konjugierte Matrix bezeichnet. Zum Beweis rechne man $W\overline{W}$ aus. Somit erhalten wir

$$f^{(N)} = \overline{W}\tilde{c}^{(N)}. \tag{21}$$

Die Matrix $\frac{1}{\sqrt{N}}W$ (respektive die Abbildung dft) ist also unitär (siehe Aufgabe 12 am Ende des Kapitels).

### 2.8.3 Trigonometrische Interpolation

An den Stützstellen $x_l = l\,\frac{2\pi}{N}$ seien die Werte $f_l = f(x_l), l = 0, \ldots, N-1$, einer $2\pi$-periodischen Funktion $f$ gegeben. Dabei sei $N$ eine gerade Zahl. Nehmen wir an, wir kennen keine weiteren Funktionswerte von $f$ (z. B. weil $f$ nur durch Messung zugänglich ist), und wir wollen $f$ zwischen den Stützstellen durch eine Funktion $\tilde{f}$ ungefähr darstellen. Eine Möglichkeit besteht darin, die Stützwerte durch ein trigonometrisches Polynom (möglichst geringen Grades) zu interpolieren. Das heisst, wir suchen Koeffizienten $a_k$ und $b_k$ so, dass an allen Stellen $x = x_l$ gilt:

$$\tilde{f}(x) := \frac{a_0}{2} + \sum_{j=1}^{\frac{N}{2}-1} \big(a_j \cos(jx) + b_j \sin(jx)\big) + \frac{1}{2}\, a_{\frac{N}{2}} \cos\Big(\frac{N}{2}x\Big) \stackrel{!}{=} f(x). \tag{22}$$

Anstatt dieses lineare Gleichungssystem nach den unbekannten Koeffizienten aufzulösen, verwenden wir die diskrete Fourier-Transformation. Zunächst bemerken wir, dass die Folge $f_l$ eine periodische Zahlenfolge der Periode $N$ ist. Wegen der Definition (20) gilt dies dann auch für die Folge $\tilde{c}_j$, das heisst, es gilt $\tilde{c}_j = \tilde{c}_{j+N}$ für alle $j$. Damit können wir (21) wie folgt umschreiben:

$$\begin{aligned}
f(\tfrac{2\pi}{N}\,k) &= \sum_{j=1}^{N} \tilde{c}_j e^{ij\frac{2\pi}{N}k} \\
&= \sum_{j=1}^{\frac{N}{2}-1} \tilde{c}_j e^{ij\frac{2\pi}{N}k} + \sum_{j=\frac{N}{2}+1}^{N} \tilde{c}_{j-N} e^{ij\frac{2\pi}{N}k} + \tilde{c}_{\frac{N}{2}} e^{i\pi k} \\
&= \sum_{j=-\frac{N}{2}+1}^{\frac{N}{2}-1} \tilde{c}_j e^{ij\frac{2\pi}{N}k} + \tilde{c}_{\frac{N}{2}} \cos(\pi k).
\end{aligned}$$

Nun ersetzen wir $\frac{2\pi}{N}k$ überall durch $x$ und erhalten

$$f(x) \stackrel{x=x_k}{=} \sum_{j=-\frac{N}{2}+1}^{\frac{N}{2}-1} \tilde{c}_j e^{ijx} + \tilde{c}_{\frac{N}{2}} \cos(\tfrac{N}{2}\,x) =: \tilde{f}(x). \tag{23}$$

Wir können in der Summe (23) noch die Terme zum Index $j$ und $-j$ zusammenfassen:

$$\tilde{c}_j e^{ijx} + \tilde{c}_{-j} e^{-ijx} = \cos(jx)\,(\tilde{c}_j + \tilde{c}_{-j}) + \sin(jx)\,(i\,\tilde{c}_j - i\,\tilde{c}_{-j}).$$

Also erhalten wir

$$\tilde{f}(x) = \tilde{c}_0 + \sum_{j=1}^{\frac{N}{2}-1} \big(\cos(jx)\,(\tilde{c}_j + \tilde{c}_{-j}) + \sin(jx)\,(i\,\tilde{c}_j - i\,\tilde{c}_{-j})\big) + \\ + \tilde{c}_{\frac{N}{2}} \cos(\tfrac{N}{2}\,x). \quad (24)$$

Ist $f$ eine reelle Funktion, so gilt wegen (20) $\overline{\tilde{c}_k} = \tilde{c}_{-k}$. Also sind alle in (24) vorkommenden Koeffizienten $\tilde{c}_0$, $\tilde{c}_{\frac{N}{2}}$, $\tilde{c}_j + \tilde{c}_{-j}$, $i\,\tilde{c}_j - i\,\tilde{c}_{-j}$ reelle Zahlen, und die gesuchte Darstellung (22) ist gefunden. Gelegentlich schreibt man (23) auch folgendermassen:

$$f(x) = \sum_{j=-\frac{N}{2}}^{\frac{N}{2}}{}'' \, \tilde{c}_j e^{ijx}$$

wobei $\sum''$ andeutet, dass vom ersten und vom letzten Summanden je die Hälfte genommen wird.

### 2.8.4 Schnelle Fourier-Transformation (FFT)

Der Rechenaufwand, um eine diskrete Fourier-Transformation $Wf^{(N)}$ auszuführen, beträgt (bei bereits ausgerechneter Matrix $W$) $N^2$ komplexe Multiplikationen. Dieser Aufwand fällt bei grösseren Samples so stark ins Gewicht, dass es sich lohnt, einen schnelleren Algorithmus für die Berechnung der DFT zu suchen (insbesondere, da die DFT oft als Subroutine von grösseren Programmpaketen verwendet wird, z. B. in der Bildverarbeitung). Nehmen wir an, $N = 2n$ sei eine gerade Zahl. Also gelten für $r = \exp(-\frac{2\pi i}{N})$ die Relationen $r^N = 1$ und $r^n = -1$. Sei $\gamma^{(N)} = Wf^{(N)}$. Die Komponenten des Vektors $\gamma^{(N)} \in \mathbb{C}^N$ seien $\gamma_0, \gamma_1, \ldots, \gamma_{N-1}$. Für einen geraden Index $2k$ erhält man dann

$$\begin{aligned} \gamma_{2k} &= \sum_{l=0}^{N-1} r^{2kl} f_l \\ &= \sum_{l=0}^{n-1} (r^{2kl} f_l + r^{2k(l+n)} f_{l+n}) \\ &= \sum_{l=0}^{n-1} (r^2)^{kl} (f_l + f_{l+n}). \end{aligned}$$

Dies ist also eine DFT der Ordnung $n = \frac{N}{2}$ angewandt auf das Sample $(f_l + f_{l+n})$, $l = 0, \ldots, n-1$.

Für einen ungeraden Index $2k+1$ erhält man andererseits

$$\begin{aligned}\gamma_{2k+1} &= \sum_{l=0}^{n-1}(r^{2kl+l}f_l + r^{2kl+l+n}f_{l+n}) \\ &= \sum_{l=0}^{n-1}(r^2)^{kl}(f_l - f_{l+n})r^l.\end{aligned}$$

Dies ist also eine DFT der Ordnung $n = \frac{N}{2}$ angewandt auf das Sample $r^l(f_l - f_{l+n})$, $l = 0, \dots, n-1$. Wir haben also eine DFT der Ordnung $2n$ zerlegt in zwei DFT der Ordnung $n$, wobei die Samples in der gezeigten Weise zu bilden sind. Der Rechenaufwand, um diese Samples zu bilden, besteht nur aus Additionen und $n$ Multiplikationen. Ist $n$ nun eine gerade Zahl, lässt sich die obige Überlegung nun für $n$ anstelle von $N$ wiederholen. Die Idee ist nun, dies rekursiv zu tun, wenn $N$ zu Beginn eine Zweierpotenz ist.

Schauen wir uns diesen Reduktionsprozess noch am Beispiel $N = 8$ in Matrixschreibweise an. Dazu ordnen wir die Zeilen der Matrix $W$ in geeigneter Weise um:

$$\tilde{\gamma} = \begin{pmatrix}\gamma_0\\ \gamma_2\\ \gamma_4\\ \gamma_6\\ \gamma_1\\ \gamma_3\\ \gamma_5\\ \gamma_7\end{pmatrix} = \underbrace{\left(\begin{array}{cccc|cccc} 1 & 1 & 1 & 1 & 1 & 1 & 1 & 1 \\ 1 & r^2 & r^4 & r^6 & 1 & r^2 & r^4 & r^6 \\ 1 & r^4 & 1 & r^4 & 1 & r^4 & 1 & r^4 \\ 1 & r^6 & r^4 & r^2 & 1 & r^6 & r^4 & r^2 \\ \hline 1 & r & r^2 & r^3 & r^4 & r^5 & r^6 & r^7 \\ 1 & r^3 & r^6 & r & r^4 & r^7 & r^2 & r^5 \\ 1 & r^5 & r^2 & r^7 & r^4 & r^1 & r^6 & r^3 \\ 1 & r^7 & r^6 & r^5 & r^4 & r^3 & r^2 & r \end{array}\right)}_{=:\,\widetilde{W}_8} \begin{pmatrix}f_0\\ f_1\\ f_2\\ f_3\\ f_4\\ f_5\\ f_6\\ f_7\end{pmatrix}$$

Die Matrix $\widetilde{W}_8$ lässt sich nun wie folgt faktorisieren:

$$\widetilde{W}_8 = \left(\begin{array}{cccc|cccc} 1 & 1 & 1 & 1 & & & & \\ 1 & r^2 & r^4 & r^6 & & 0 & & \\ 1 & r^4 & 1 & r^4 & & & & \\ 1 & r^6 & r^4 & r^2 & & & & \\ \hline & & & & 1 & 1 & 1 & 1 \\ & 0 & & & 1 & r^2 & r^4 & r^6 \\ & & & & 1 & r^4 & 1 & r^4 \\ & & & & \underbrace{1 \quad r^6}_{} & r^4 & r^2 & \end{array}\right) \underbrace{\left(\begin{array}{cccc|cccc} 1 & & & 0 & 1 & & & 0 \\ & 1 & & & & 1 & & \\ & & 1 & & & & 1 & \\ 0 & & & 1 & 0 & & & 1 \\ \hline 1 & & & 0 & r^4 & & & 0 \\ & r & & & & r^5 & & \\ & & r^2 & & & & r^6 & \\ 0 & & & r^3 & 0 & & & r^7 \end{array}\right)}_{=:\,D}$$

(mit dem unteren rechten Block $=: \widetilde{W}_4$)

Sei nun $z := Df^{(8)}$, das heisst

$$\begin{aligned} z_0 &= f_0 + f_4 & z_4 &= (f_0 - f_4)r^0 \\ z_1 &= f_1 + f_5 & z_5 &= (f_1 - f_5)r^1 \\ z_2 &= f_2 + f_6 & z_6 &= (f_2 - f_6)r^2 \\ z_3 &= f_3 + f_7 & z_7 &= (f_3 - f_7)r^3, \end{aligned}$$

so brauchen wir nur $N = 8$ Additionen (respektive Subtraktionen) und $\frac{N}{2}$ Multiplikationen, um $z$ zu berechnen. Dann ist

$$\tilde{\gamma} = \begin{pmatrix} \widetilde{W}_4 & 0 \\ 0 & \widetilde{W}_4 \end{pmatrix} z$$

mit zwei DFT der Ordnung $\frac{N}{2} = 4$ berechenbar.

Ist $N = 2^m$ eine Zweierpotenz, so kann man das Verfahren iterieren. Diese Methode wird schnelle Fourier-Transformation (englisch FFT = „Fast Fourier-Transformation") genannt. Wie gross ist dann der Rechenaufwand? Wir zählen nur die Multiplikationen und bezeichnen deren Anzahl bei der Ausführung einer FFT der Ordnung $N$ mit $\mu(N)$. Wir dürfen weiter annehmen, dass die auftretenden Matrizen $W_j$ bereits ausgerechnet und abgespeichert sind. Dann ist $\mu(2) = 0$, und es gilt, wie wir gesehen haben, $\mu(2n) = 2\mu(n) + n$. Die Lösung dieser Rekursion lautet $\mu(N) = \frac{N}{2} \log_2 \frac{N}{2}$, wovon man sich durch Induktion leicht überzeugen kann.

Für die inverse DFT kann man natürlich ein ganz analoges Verfahren angeben.

Die schnelle Fourier-Transformation kommt z. B. zur Anwendung, wenn eine Fourier-Reihe $f(x_l) = \sum_{m=-\infty}^{\infty} c_m \exp(imx_l)$ an vielen Stellen ausgewertet werden soll (etwa bei einem Plot). Diese Reihe kann man dann mit einer FFT approximieren. Andere Anwendungen sind die Computertomographie und Algorithmen zur Ausführung von Multiplikationen grosser Zahlen.

## 2.9 Ergänzung: Das Gibbs-Phänomen

Bei der Approximation einer Funktion $f$ durch Fourier-Polynome in einer Sprungstelle tritt der sogenannte **Gibbs-Tower** auf (siehe Abbildung 14).

Der Gibbs-Tower verschwindet nicht, wenn man mehr Terme in der Fourier-Reihe nimmt, er wird nur schmaler. Die Höhe des Gibbs-Tower beträgt jedoch immer etwa 18% der halben Sprunghöhe (siehe z. B. [20]).

## Übungsaufgaben zum Kapitel 2

1. Sind die folgenden (auf der ganzen reellen Achse definierten) Funktionen periodisch? Lautet die Antwort ja, bestimme man die Fundamentalperiode.

   (a) $x \mapsto \sin(2 - \pi x)$

   (b) $x \mapsto e^{-x} \sin(x)$

   (c) $x \mapsto |\sin(x) \cos(x)|$

   (d) $x \mapsto \sin(x) \sin(7x)$

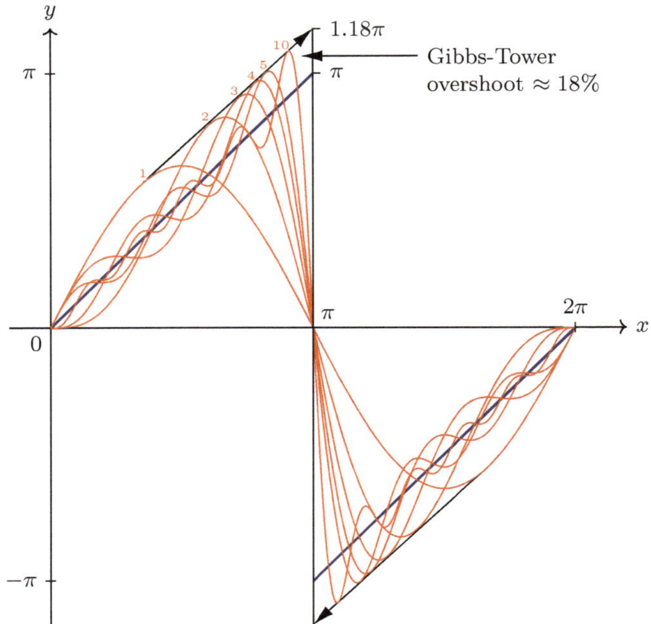


Abbildung 14: Das Gibbs-Phänomen. Die blaue Funktion $f : [0, \pi[ \to \mathbb{R}, x \mapsto x$, wird hier ungerade $2\pi$-periodisch fortgesetzt und in eine Sinus-Reihe entwickelt. Dargestellt in rot sind ihre Fourier-Polynome vom Grad 1, 2, 3, 4, 5 und 10.

2. Die Funktion $f : x \mapsto f(x)$ sei periodisch mit der Periode $p$ und die Funktion $g : x \mapsto g(x)$ sei periodisch mit der Periode $q$.

   Man gebe Bedingungen dafür an, dass die Funktionen $f+g$ und $f \cdot g$ periodisch sind. Wie gross sind dann die Perioden?

3. Man stelle die Funktion $x \mapsto (x-\pi)^2$ im Intervall $[0, 2\pi]$ als Cosinus-Reihe dar. Dann verwende man das Resultat, um Eulers berühmte Formel

$$\sum_{k=1}^{\infty} \frac{1}{k^2} = \frac{\pi^2}{6}$$

   zu beweisen.

   **Hinweis:** Man setze $x = 0$.

4. Das folgende Beispiel wurde in der Linearen Algebra behandelt. Wir greifen es hier auf, da es ein neues Licht auf die Fourier-Theorie wirft.

   Wir betrachten den Raum $C([-\pi, \pi])$ der auf dem Intervall $[-\pi, \pi])$ stetigen Funktionen. $C([-\pi, \pi])$ ist ein **Vektorraum**, denn die Summe von zwei stetigen Funktionen ist wieder stetig und auch ein $\lambda$-faches ($\lambda \in \mathbb{R}$) einer stetigen Funktion ist wieder stetig. Auf diesem Vektorraum definieren wir ein

**Skalarprodukt** durch:

$$\begin{aligned} \langle\,\cdot\,,\,\cdot\,\rangle : C([-\pi,\pi]) \times C([-\pi,\pi]) &\to \mathbb{R} \\ (f,g) &\mapsto \langle f,g\rangle := \int_{-\pi}^{\pi} f(x)g(x)\,dx \end{aligned}$$

(Man erinnere sich, welches Skalarprodukt auf dem vertrauten $\mathbb{R}^3$ gegeben ist). Ein Skalarprodukt hat drei fundamentale Eigenschaften: Es ist

(i) **symmetrisch**, d. h. $\langle f,g\rangle = \langle g,f\rangle$,

(ii) **bilinear**, d. h. für $\alpha,\beta \in \mathbb{R}$ gilt $\langle \alpha f + \beta g, h\rangle = \alpha\langle f,h\rangle + \beta\langle g,h\rangle$ und wegen (i) entsprechend auch im zweiten Argument,

(iii) **positiv definit**, d. h. $\langle f,f\rangle \geqslant 0$ und $\langle f,f\rangle = 0 \iff f = 0$.

Man überlege dies wiederum am $\mathbb{R}^3$ und beweise dann die Eigenschaften (i) bis (iii) für das Skalarprodukt auf $C([-\pi,\pi])$.

Durch $\|f\| := \sqrt{\langle f,f\rangle}$ ist auf $C([-\pi,\pi])$ eine **Norm** definiert (im $\mathbb{R}^3$ ist dies gerade die Länge eines Vektors). Die Eigenschaften der Norm wurden in der Linearen Algebra behandelt.

Zwei Funktionen (Vektoren) $f$ und $g$ heissen **orthogonal**, falls $\langle f,g\rangle = 0$. Die Funktionen

$$\begin{aligned} B_n := \{&e_1 = \tfrac{1}{\sqrt{2\pi}}, e_2 = \tfrac{1}{\sqrt{\pi}}\cos(x), e_3 = \tfrac{1}{\sqrt{\pi}}\sin(x), e_4 = \tfrac{1}{\sqrt{\pi}}\cos(2x), \\ &e_5 = \tfrac{1}{\sqrt{\pi}}\sin(2x), \ldots, e_{2n+1} = \tfrac{1}{\sqrt{\pi}}\sin(nx)\} \end{aligned}$$

bilden eine **Orthonormalbasis** des von ihnen aufgespannten Vektorraumes $\operatorname{span}(B_n)$, d. h. es gilt $\langle e_i, e_k\rangle = \delta_{ik}$. Das Analogon im $\mathbb{R}^3$ sind die Vektoren $\{(1,0,0),(0,1,0),(0,0,1)\}$. Ist $f \in \operatorname{span}(B_n)$, so gilt

$$f = \sum_{k=1}^{2n+1} a_k e_k \tag{1}$$

für geeignete Zahlen $a_k$ (die **Koordinaten** von $f$ in der Basis $B_n$). Durch skalare Multiplikation von $f$ mit einem Basisvektor erhält man bekanntlich diese Koordinaten:

$$\langle f, e_m\rangle = \langle \sum_{k=1}^{2n+1} a_k e_k, e_m\rangle = \sum_{k=1}^{2n+1} a_k \langle e_k, e_m\rangle = \sum_{k=1}^{2n+1} a_k \delta_{km} = a_m. \tag{2}$$

Die Formeln (1) und (2) sind aber in diesem Fall genau die im Theorieteil hergeleiteten Formeln für die Fourier-Koeffizienten.

Sei nun $f \notin \operatorname{span}(B_n)$. Nun soll eine Funktion $g = \sum_{k=1}^{2n+1} \alpha_k e_k \in \operatorname{span}(B_n)$ bestimmt werden, die $f$ bestmöglich approximiert in dem Sinne, dass $\|f - g\|$ minimal sein soll. Man beweise, dass dies genau dann der Fall ist, wenn $g$ das Fourier-Polynom von $f$ vom Grad $n$ ist.

**Hinweis:** Man beweise die Formel

$$\langle f - g, f - g\rangle = \|f\|^2 + \sum_{k=1}^{2n+1} (a_k - \alpha_k)^2 - \sum_{k=1}^{2n+1} a_k^2,$$

wobei die $a_k$ die Fourier-Koeffizienten von $f$ sind.

Ein alternativer Beweis geht so: Man überlege, dass für alle $h \in \operatorname{span}(B_n)$ gelten muss $\langle f - g, h \rangle = 0$.

5. Wir betrachten die **Walsh-Funktionen** $c_n(x) := \operatorname{sign}\cos(nx)$ und $s_m(x) := \operatorname{sign}\sin(mx)$ ($n = 0, 1, 2, \ldots$ resp. $m = 1, 2, \ldots$). Hierbei bezeichnet sign wie üblich die Vorzeichenfunktion. Man überlege sich, dass für diese Funktionen Orthogonalitätsrelationen analog denen für die gewöhnlichen trigonometrischen Funktionen gelten, und man bestimme in der Entwicklung einer Funktion $f(x)$ auf $[0, 2\pi]$ in eine Reihe

$$f(x) = a_0 c_0(x) + \sum_{n=1}^{\infty} (a_n c_n(x) + b_n s_n(x))$$

die Koeffizienten $a_n$ und $b_n$.

6. Welche Symmetrieeigenschaften einer $2\pi$-periodischen Funktion führen dazu, dass in ihrer Fourier-Reihe

   (a) nur Terme der Form $a_n \cos(nx)$ mit geradem $n$

   (b) nur Terme der Form $a_n \cos(nx)$ mit ungeradem $n$

   (c) nur Terme der Form $b_n \sin(nx)$ mit geradem $n$

   (d) nur Terme der Form $b_n \sin(nx)$ mit ungeradem $n$

   auftreten?

7. (a) Die Funktion $f : x \mapsto \cosh x$ soll im Intervall $0 < x < T$ sowohl durch eine Sinus- als auch durch eine Cosinus-Reihe dargestellt werden.

   (b) Man entwickle die $2\pi$-periodische Funktion $f : x \mapsto \sin^4 x$ in ihre Fourier-Reihe.

   (c) Sei $d \in ]0, \pi[$ gegeben und $f$ die Funktion

$$f : [-\pi, \pi] \to \mathbb{R}, \quad x \mapsto \begin{cases} \frac{1}{2d} & \text{falls } x \in [-d, d], \\ 0 & \text{sonst.} \end{cases}$$

   Man entwickle die Funktion $f$ mit der Periode $2\pi$ auf dem Intervall $0 < x < 2\pi$ in ihre komplexe Fourier-Reihe und lese daraus ihre reelle Fourier-Reihe ab.

8. Ein Oszillator der Kreisfrequenz $\omega$ (keine ganze Zahl) wird periodisch kurz angetippt und gehorcht damit der folgenden Bewegungsgleichung:

$$y'' + \omega^2 y = f(x)\,, \tag{$*$}$$

   wobei die $2\pi$-periodische Störfunktion $f$ in Aufgabe 7(c) definiert wurde.

   (a) Man bestimme durch Reihenansatz die $2\pi$-periodischen Lösungen der Differentialgleichung $(*)$. Man benutze hierfür das Ergebnis aus Aufgabe 7(c).

(b) Durch nachträglichen Grenzübergang $d \to 0$ oder durch Reihenentwicklung der Dirac-Distribution $\delta$ bestimme man die zu „idealem Antippen" gehörende Lösung.

9. Man bestimme die $2\pi$-periodischen Lösungen der Gleichung

$$y - y'' = |\cos(\tfrac{x}{2})|$$

durch Fourier-Ansatz.

10. Die Beziehung zwischen Spannung $U$ und Stromstärke $I$ in einer idealisierten Zener-Diode wird durch folgende Funktion beschrieben:

$$U(I) = \begin{cases} 0 & \text{falls } I < -1 \\ -a < 0 & \text{falls } -1 \leqslant I < 0 \\ I & \text{falls } 0 \leqslant I < 1 \\ 0 & \text{falls } I \geqslant 1. \end{cases}$$

Man berechne die distributionelle Ableitung von $U$ nach $I$.

11. Die Funktion $f : [-\pi, \pi] \to \mathbb{R}$ wird durch die Reihe

$$f(x) = \frac{a_0}{2} + \sum_{n=1}^{\infty} a_n \cos(nx)$$

dargestellt. Man zeige, dass die **Parsevalsche Formel** gilt

$$\frac{1}{\pi} \int_{-\pi}^{\pi} f^2(x)dx = \frac{a_0^2}{2} + \sum_{n=1}^{\infty} a_n^2.$$

Durch Anwendung dieser Formel auf die Funktion

$$f(x) = \begin{cases} 1 & \text{falls } |x| < \alpha, \\ 0 & \text{falls } \alpha < |x| < \pi \end{cases}$$

ermittle man den Wert der Reihensumme

$$\sum_{n=1}^{\infty} \frac{\sin^2(\alpha n)}{n^2}.$$

12. Der $n$-dimensionale komplexe Vektorraum $\mathbb{C}^n$ wird mit dem (komplexen) Skalarprodukt

$$\langle f, g \rangle := \sum_{j=1}^{n} f_j \bar{g}_j$$

ausgestattet. Dabei bezeichnen $f_j$, $g_j$ die Komponenten von $f$ und $g$ bezüglich der Standard-Orthonormalbasis

$$e_j = \left(\tfrac{1}{\sqrt{n}} \exp(\tfrac{2\pi i j}{n}), \tfrac{1}{\sqrt{n}} \exp(\tfrac{2 \cdot 2\pi i j}{n}), \ldots, \tfrac{1}{\sqrt{n}} \exp(\tfrac{2\pi n i j}{n})\right),$$

$j = 1, \ldots, n$, von $\mathbb{C}^n$. Ein Skalarprodukt in komplexen Vektorräumen hat drei fundamentale Eigenschaften: Es ist

(i) **hermitisch**, d. h. $\langle f, g\rangle = \overline{\langle g, f\rangle}$,

(ii) **linear im ersten Argument**, d. h. für $\alpha, \beta \in \mathbb{C}$ gilt $\langle \alpha f + \beta g, h\rangle = \alpha\langle f, h\rangle + \beta\langle g, h\rangle$,

(iii) **positiv definit**, d. h. $\langle f, f\rangle \geqslant 0$ und $\langle f, f\rangle = 0 \iff f = 0$.

Man zeige, dass die diskrete Fourier-Transformation $\mathrm{dft} : \mathbb{C}^n \to \mathbb{C}^n$ eine **unitäre** Abbildung ist, d. h., dass gilt

$$\langle \mathrm{dft}\, f, \mathrm{dft}\, g\rangle = \langle f, g\rangle \quad \text{für alle } f,\ g \in \mathbb{C}^n.$$

Man zeige, dass dies äquivalent ist zu

$$\mathrm{dft}^{-1} = \mathrm{dft}^*,$$

wobei die adjungierte Abbildung $\mathrm{dft}^* : \mathbb{C}^n \to \mathbb{C}^n$ definiert ist durch

$$\langle \mathrm{dft}\, f, g\rangle = \langle f, \mathrm{dft}^*\, g\rangle \quad \text{für alle } f,\ g \in \mathbb{C}^n.$$

Man zeige weiter, dass die Abbildungsmatrix von $\mathrm{dft}^*$ gleich der transponierten und komplex konjugierten Matrix von dft ist.

13. Die Vorwärts- und Rückwärtsdifferenzenoperatoren $D_+ : \mathbb{C}^n \to \mathbb{C}^n$ und $D_- : \mathbb{C}^n \to \mathbb{C}^n$ sind definiert durch

$$\begin{aligned} D_+ f &= (f_2 - f_1, f_3 - f_2, \ldots, f_1 - f_n) \\ D_- f &= (f_1 - f_n, f_2 - f_1, \ldots, f_n - f_{n-1}), \end{aligned}$$

wobei $f = (f_1, \ldots, f_n) \in \mathbb{C}^n$. Der diskrete Laplace-Operator auf $\mathbb{C}^n$ ist definiert durch

$$\Delta = D_- D_+.$$

Man zeige, dass die Abbildungsmatrix von $\Delta$ gegeben ist durch

$$\Delta = \begin{pmatrix} -2 & 1 & 0 & 0 & 0 & \cdots & 0 & 1 \\ 1 & -2 & 1 & 0 & 0 & \cdots & 0 & 0 \\ 0 & 1 & -2 & 1 & 0 & \cdots & 0 & 0 \\ \vdots & & \ddots & \ddots & \ddots & & & \vdots \\ 1 & 0 & 0 & 0 & 0 & \cdots & 1 & -2 \end{pmatrix}.$$

Man zeige, dass die unitäre Transformation dft den diskreten Laplace-Operator diagonalisiert und dass die Eigenwerte von $\Delta$ die Zahlen $-4\sin^2(\frac{\pi j}{n})$, $j = 1, \ldots, n$, sind. Man zeige also, dass $\mathrm{dft}\,\Delta\,\mathrm{dft}^{-1}$ gleich der folgenden Diagonalmatrix ist

$$\begin{pmatrix} -4\sin^2(\frac{\pi}{n}) & 0 & 0 & 0 & \cdots & 0 \\ 0 & -4\sin^2(\frac{2\pi}{n}) & 0 & 0 & \cdots & 0 \\ 0 & 0 & -4\sin^2(\frac{3\pi}{n}) & 0 & \cdots & 0 \\ \vdots & \vdots & & & \ddots & \vdots \\ 0 & 0 & 0 & 0 & \cdots & -4\sin^2(\frac{n\pi}{n}) \end{pmatrix}.$$

14. In den Punkten $1, 2, \dots, n$ sind Teilchen der Masse $m = 1$ reibungsfrei gelagert. Die Teilchen sind mit ihren Nachbarn respektive mit den Punkten 0 und $n+1$ durch Federn mit Federkonstante 1 verbunden (siehe Abbildung 15).

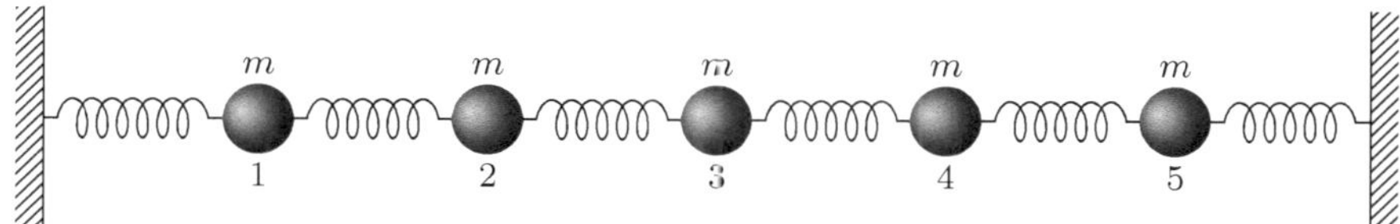


Abbildung 15: Federkette mit $n = 5$

Es bezeichne $u_j$ die Auslenkung des Teilchens $j$ in Richtung der $x$-Achse aus seiner Ruhelage und $u \in \mathbb{R}^n$ sei der Vektor mit den Komponenten $u_j$. Man zeige, dass die Bewegungsgleichung des Systems

$$\frac{d^2u}{dt^2} = \Delta u$$

lautet, wobei $\Delta$ der in der Aufgabe 13 definierte diskrete Laplace-Operator ist. Durch Anwendung der diskreten Fourier-Transformation auf die Bewegungsgleichung löse man diese unter den Anfangsbedingungen $u_1(0) = a$, $\frac{du_1}{dt}(0) = b$ und $u_j(0) = 0$, $\frac{du_j}{dt}(0) = 0$ für $j > 1$ (beachte Aufgabe 13).

15. In Polarkoordinaten $(r, \varphi)$ in der Ebene hat der Laplace-Operator die Darstellung

$$\Delta = \frac{\partial^2}{\partial r^2} + \frac{1}{r}\frac{\partial}{\partial r} + \frac{1}{r^2}\frac{\partial^2}{\partial \varphi^2}$$

(siehe Abschnitt 6.3.3). Sei $\Omega = B_1(0) = \{(r, \varphi) \,|\, 0 \leqslant r < 1,\ 0 \leqslant \varphi < 2\pi\}$ die Einheitskreisscheibe im $\mathbb{R}^2$.

(a) Man zeige: Für alle $k \in \mathbb{N}_0$ sind die Funktionen

$$c_k(r, \varphi) = r^k \cos(k\varphi), \quad s_k(r, \varphi) = r^k \sin(k\varphi)$$

Lösungen der Gleichung

$$\Delta u = 0 \quad \text{auf } \Omega.$$

(b) Man zeige: Zu jeder stückweise glatten Funktion $u_0$ auf $\partial\Omega$ gibt es eine Lösung des Randwertproblems

$$\begin{cases} \Delta u &= 0 \quad \text{auf } \Omega \\ u &= u_0 \quad \text{auf } \partial\Omega. \end{cases}$$

**Hinweis:** Man entwickelt $u_0$ in eine Fourier-Reihe.

16. Man löse die folgende partielle Differentialgleichung unter den genannten Rand- und Anfangswerten:

$$\begin{aligned} u_{xx} &= u_t - u && \text{auf } -\tfrac{\pi}{4} \leqslant x \leqslant \tfrac{\pi}{4}, \text{ für } t \geqslant 0, && \text{(PDE)} \\ u(-\tfrac{\pi}{4}, t) = u(\tfrac{\pi}{4}, t) &= 1 && \text{für } t \geqslant 0, && \text{(RW)} \\ u(x, 0) &= 0 && \text{auf } -\tfrac{\pi}{4} \leqslant x \leqslant \tfrac{\pi}{4}. && \text{(AW)} \end{aligned}$$

# Kapitel 3

# Die Wärmeleitungsgleichung

In diesem Kapitel betrachten wir einige Beispiele partieller Differentialgleichungen, die sich mithilfe des Superpositionsprinzips durch Fourier-Reihen lösen lassen.

Stellt man eine Pfanne auf eine heisse Herdplatte, so breitet sich die Wärme der Platte nach und nach im Metall der Pfanne aus. Gibt man einen Tropfen Tinte in ein Glas Wasser, so verteilt sich die Tinte mit der Zeit und färbt das Wasser schliesslich gleichmässig, ohne dass man umrührt. Beide genannten Prozesse, die Wärmeleitung und die Diffusion, werden mathematisch durch dieselbe Gleichung beschrieben. Diese wollen wir nun herleiten.

## 3.1 Herleitung der Wärmeleitungsgleichung

Sei $u(x,t)$ die Temperatur (oder die Konzentration einer Stoffes) zur Zeit $t \geqslant 0$ und am Ort $x$ in einem Festkörper $\Omega \subset \mathbb{R}^3$. Wie breitet sich die Wärme (oder der Stoff) aus?

**Modellsituation:** Wir betrachten einen kleinen, quaderförmigen Ausschnitt von $\Omega$. Da der Quader klein ist, dürfen wir $\nabla u$ als annähernd konstant betrachten, und wir richten die Längsachse des Quaders in Richtung von $\nabla u$ aus. Schliesslich wählen wir auch noch das Koordinatensystem entlang der Quaderachsen, wobei die $x_1$-Achse in Richtung $\nabla u$ zeigen soll (siehe Abbildung 1).

Die Wärmemenge $dW$, die pro Zeit $dt$ **von rechts nach links** durch den Quader der Länge $L$ fliesst ist proportional zur Querschnittsfläche $A$, zur Temperaturdifferenz $u_L - u_0$ und umgekehrt proportional zu $L$. Diese Annahmen sind unmittelbar plausibel und lassen sich im Experiment überprüfen. Demnach gilt

$$\frac{dW}{dt} = k\frac{u_L - u_0}{L}A. \tag{1}$$

Die Materialkonstante $k$ heisst **Wärmeleitfähigkeit**. Sie hängt im Allgemeinen

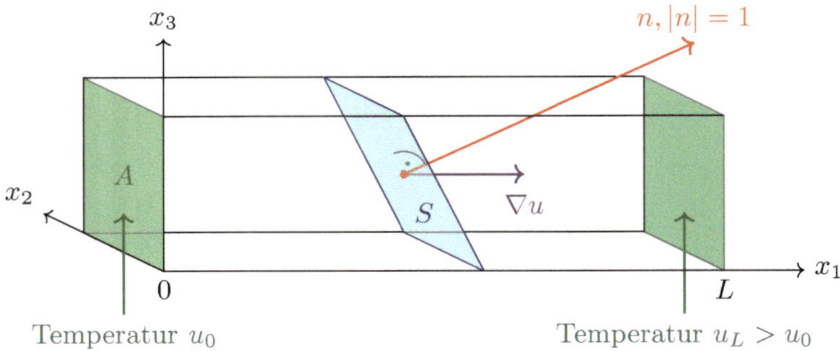


Abbildung 1: Wärmefluss in einer einfachen Modellsituation

vom Ort $x$ ab. Die Richtung der Wärmeleitung ist dabei durch den zweiten Hauptsatz der Thermodynamik gegeben („von warm nach kalt").

Wir gehen nun von der parallel zur $x_2$-Achse geneigten Fläche $S$ mit Einheitsnormalenvektor $n$ aus. Dann gilt $A = S\cos(\alpha)$, wenn $\alpha$ der Winkel zwischen $n$ und der $x_1$-Achse bezeichnet. Für kleines $L$ approximiert der Differenzenquotient die partielle Ableitung nach $x_1$. Da $\nabla u$ parallel zur $x_1$-Achse ist, erhalten wir daher aus (1)

$$\begin{aligned}\frac{dW}{dt} &= k\frac{u_L - u_0}{L}A \\ &= k\frac{u_L - u_0}{L}S\cos(\alpha) \\ &= k\frac{\partial u}{\partial x_1}S\cos(\alpha) \\ &= k\nabla u \cdot nS,\end{aligned}$$

wobei wie zuvor mit dem Punkt $\cdot$ das Euklidische Skalarprodukt gemeint ist. Dies ist **minus** die Wärmemenge, die pro Zeiteinheit durch $S$ in Richtung $n$ fliesst.

Allgemein ist damit der Wärmefluss durch $\partial\Omega$ nach aussen

$$\varphi(\partial\Omega) = -\int_{\partial\Omega} k\nabla u \cdot n\, dS$$

(siehe Abbildung 2).

Die pro Masse gespeicherte Wärmemenge ist proportional zur Temperatur $u$: Die in $\Omega$ enthaltene Wärmemenge ist daher

$$W(\Omega) = \int_{\Omega} cu\rho dV,$$

wobei $c$ die **spezifische Wärmekapazität** pro Masseneinheit des Stoffs und $\rho$ seine Dichte ist. Beide Grössen, $c$ und $\rho$, hängen im Allgemeinen vom Ort $x$ ab.

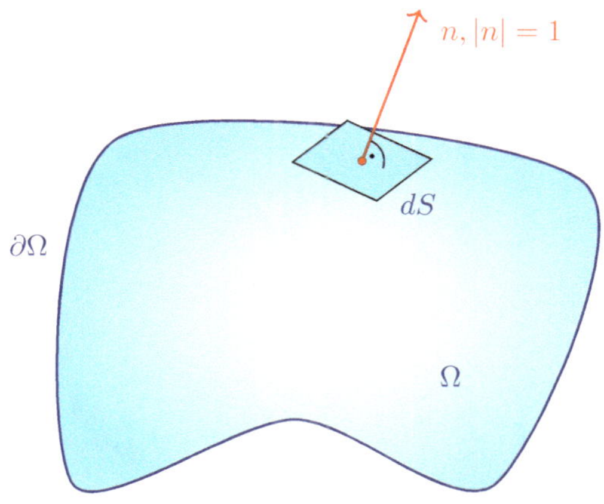


Abbildung 2: Wärmefluss aus einem Gebiet $\Omega \subset \mathbb{R}^3$ heraus

Somit gilt

$$\begin{aligned} \frac{dW(\Omega)}{dt} &= \int_\Omega c\frac{\partial u}{\partial t}\rho\, dV = -\varphi(\partial\Omega) = \\ &= \int_{\partial\Omega} k\nabla u \cdot n\, dS \overset{\text{Gauss}}{=} \int_\Omega \operatorname{div}(k\nabla u) dV \end{aligned}$$

wobei im letzten Schritt wieder der Divergenzsatz von Gauss zum Einsatz kam. Diese Gleichung gilt für beliebiges $\Omega$, daher müssen die roten Integranden gleich sein:

$$c\rho\frac{\partial u}{\partial t} = \operatorname{div}(k\nabla u). \tag{2}$$

Dies ist allgemeine **Wärmeleitungs-** oder **Diffusionsgleichung**. In einem homogenen Medium sind $k, c$ und $\rho$ konstant. In diesem Fall erhält man daraus mit $D := \frac{k}{c\rho} > 0$ die Form

$$\frac{\partial u}{\partial t} = D\Delta u. \tag{3}$$

Die Konstante $D$ nennt man die Temperaturleitfähigkeit des Materials. Man beachte, dass wir beim Übergang von (2) zu (3) die Umformung

$$\Delta u = \operatorname{div}(\operatorname{grad} u) = \frac{\partial^2 u}{\partial x_1^2} + \frac{\partial^2 u}{\partial x_2^2} + \frac{\partial^2 u}{\partial x_3^2}$$

verwendet haben. Der Ausdruck $\Delta$ heisst **Laplace-Operator**.

Wie erwähnt, werden Diffusionsprozesse ebenfalls durch Gleichung (3) beschrieben: $u$ ist dann die Konzentration der diffundierenden Substanz und $D$ heisst **Diffusionskoeffizient**.

## 3.2 Wärmeleitung im geschlossenen Draht

Wir beginnen mit einer einfachen Modellsituation, um die Technik der Fourier-Methoden zu illustrieren. Gesucht wird die Temperaturverteilung $u(x,t)$ in einem geschlossenen, dünnen, wärmeisolierten Draht der Länge $L$ mit Temperaturleitfähigkeit $D > 0$ (siehe Abbildung 3).

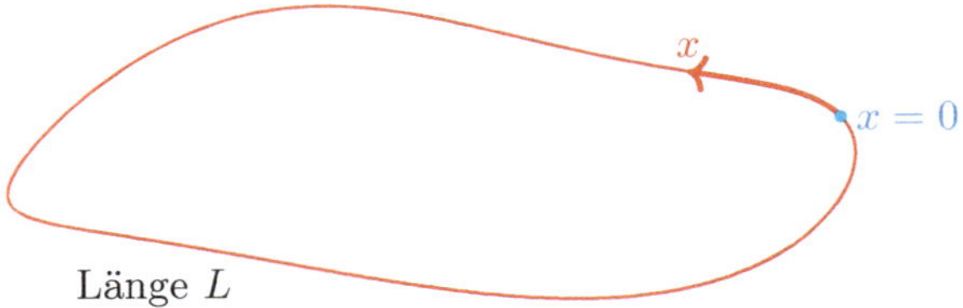


Abbildung 3: Wärmeleitung im geschlossenen Draht

Auf der geschlossenen Drahtschleife messen wir die Position $x$ als Entfernung ab einem willkürlich gewählten Referenzpunkt 0. Zu Beginn liegt eine Hälfte des Drahts in einem Wärmebad der Temperatur 1° C, der Rest hat Temperatur 0° C. Zur Zeit $t = 0$ wird der Draht aus dem Wärmebad gehoben, und die resultierende Wärmeverteilung ist zu berechnen. Die Anfangstemperatur $u(x,0) = u_0(x)$ ist also gegeben durch

$$u(x,0) = \begin{cases} 1 & \text{falls } 0 \leqslant x \leqslant L/2, \\ 0 & \text{falls } L/2 < x < L. \end{cases}$$

Die gesuchte Funktion $u(x,t)$ genügt somit

(i) der Wärmeleitungsgleichung $\frac{\partial u}{\partial t} = D\frac{\partial^2 u}{\partial x^2} \quad (x \in \mathbb{R},\, t > 0)$,

(ii) der Periodizitätsbedingung $u(x+L,t) = u(x,t) \quad (x \in \mathbb{R},\, t > 0)$,

(iii) der Anfangsbedingung $u(x,0) = u_0(x) \quad (x \in \mathbb{R})$.

**Lösung**

1. Schritt: Man finde Basislösungen (mithilfe der Trennung der Variablen), welche den homogenen Teil der Aufgabe, also (i) und (ii) lösen:

   Ansatz für die Basislösungen: $u(x,t) = X(x)T(t)$. Einsetzen in (i) liefert

$$X(x)\dot{T}(t) = DX''(x)T(t) \quad (\dot{} = \frac{d}{dt},\ ' = \frac{d}{dx}).$$

   Also erhalten wir

$$\underbrace{\frac{1}{D}\frac{\dot{T}(t)}{T(t)}}_{\text{nur von } t \text{ abhängig}} = \underbrace{\frac{X''(x)}{X(x)}}_{\text{nur von } x \text{ abhängig}}.$$

Halten wir $x$ bei $x_0$ fest, so gilt für alle $t > 0$:

$$\frac{1}{D}\frac{\dot{T}(t)}{T(t)} = \frac{X''(x_0)}{X(x_0)} =: K = \text{konstant}.$$

Halten wir nun noch $t$ bei $t_0$ fest, so folgt weiter für alle $x$

$$\frac{X''(x)}{X(x)} = \frac{1}{D}\frac{\dot{T}(t_0)}{T(t_0)} = K.$$

Also erhalten wir für $X$ und $T$ die gewöhnlichen Differentialgleichungen

$$\dot{T}(t) = KDT(t), \tag{4}$$

$$X''(x) - KX(x) = 0. \tag{5}$$

Lösung von (5):

1. Fall: $K = \omega^2 > 0 \Rightarrow X(x) = A\cosh\omega x + B\sinh\omega x$. Ausser für $A = B = 0$ ist $X$ dann nicht periodisch, das heisst, (ii) ist nicht erfüllt. Also können wir uns auf den andern Fall beschränken.
2. Fall: $K = -\omega^2 \leqslant 0$: Dann hat (5) die linear unabhängigen periodischen Lösungen

   $$x \mapsto \cos(\omega x), \quad x \mapsto \sin(\omega x).$$

   Nach (ii) muss gelten

   $$\cos(\omega(x + L)) = \cos(\omega x)\cos(\omega L) - \sin(\omega x)\sin(\omega L) \stackrel{!}{=} \cos(\omega x).$$

   Das heisst, es gilt $\cos(\omega L) = 1$ und $\sin(\omega L) = 0$, also $\omega L = 2k\pi$ ($k = 0, 1, \ldots$). Für gewisse Werte von $\omega$ (nämlich $\omega_k = \frac{2k\pi}{L}$) besitzen also (5) und (ii) nichttriviale (das heisst von null verschiedene) Lösungen (nämlich $X_k(x) = A_k\cos(\omega_k x) + B_k\sin(\omega_k x)$, mit beliebigen $A_k$ und $B_k$). Diese ausgezeichneten Lösungen nennen wir **Eigenfunktionen** des Randwertproblems (5) und (ii), die Zahlen $\omega_k$ heissen **Eigenwerte**.

Nun zur Lösung von (4): Die Gleichung lautet nun

$$\dot{T}_k(t) = -D\omega_k^2 T_k(t)$$

(zu jedem $X_k$ gehört ein $T_k$!), mit der Lösung

$$T_k(t) = \exp(-\omega_k^2 Dt).$$

Die Basislösungen lauten somit für $k = 0, 1, \ldots$

$$u_k(x,t) = \Big(A_k\cos\frac{2k\pi x}{L} + B_k\sin\frac{2k\pi x}{L}\Big)\exp\Big(-\frac{4Dk^2\pi^2 t}{L^2}\Big). \tag{6}$$

2. Schritt: Superposition der Basislösungen, um auch noch die inhomogene Bedingung (iii) zu erfüllen: Man finde $A_k$ und $B_k$ so, dass

$$u(x,t)\big|_{t=0} = \sum_{k=0}^{\infty}\big(A_k\cos(\omega_k x) + B_k\sin(\omega_k x)\big)e^{-\omega_k^2 Dt}\big|_{t=0} = u_0(x),$$

das heisst

$$\sum_{k=0}^{\infty}\Big(A_k \cos\frac{2k\pi x}{L} + B_k \sin\frac{2k\pi x}{L}\Big) = u_0(x). \tag{7}$$

Offenbar müssen die $A_k$ und $B_k$ gerade die Fourier-Koeffizienten von $u_0(x)$ sein. Mit dem Satz 9, Kapitel 2, berechnet man für diese:

$$u_0(x) = \frac{1}{2} + \frac{2}{\pi} \sum_{\substack{k=1 \\ k \text{ ungerade}}}^{\infty} \frac{1}{k}\sin\Big(\frac{2k\pi x}{L}\Big). \tag{8}$$

Ein Vergleich von (7) und (8) ergibt als Lösung nun

$$u(x,t) = \frac{1}{2} + \frac{2}{\pi} \sum_{\substack{k=1 \\ k \text{ ungerade}}}^{\infty} \frac{1}{k}\sin\Big(\frac{2k\pi x}{L}\Big)\exp\Big(-\frac{4Dk^2\pi^2 t}{L^2}\Big). \tag{9}$$

In der Abbildung 4 ist der Temperaturverlauf $u(x,t)$ für einige Zeitpunkte $t$ aufgezeichnet.

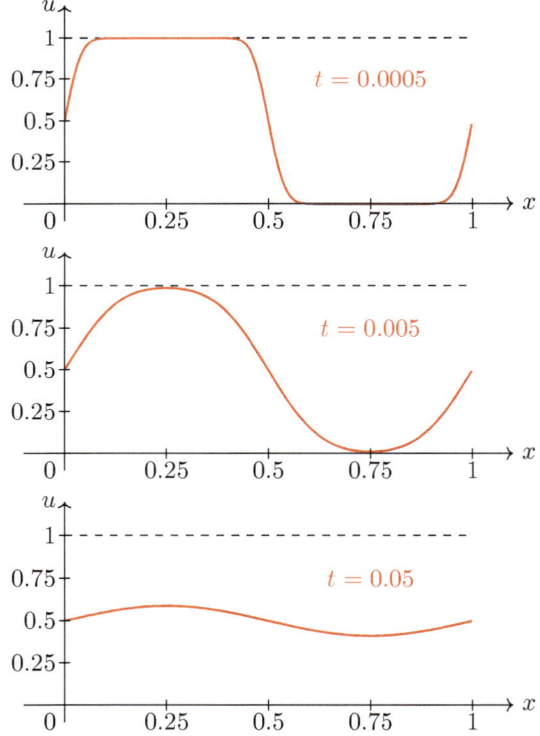


Abbildung 4: Die Wärmeverteilung im geschlossenen Draht. Die Graphik oben zeigt die Temperaturverteilung zur Zeit $t = 0.0005$, die Graphik in der Mitte zur Zeit $t = 0.005$ und die Graphik unten zur Zeit $t = 0.05$.

Für $t \to \infty$ stellt sich $u \equiv \frac{1}{2}$ ein:

$$\lim_{t\to\infty} u(x,t) = \frac{1}{2} \qquad \text{(dies folgt aus (9))}.$$

Die letzte Bemerkung im obigen Beispiel gibt Anlass zur folgenden Definition:

**Definition 1: Stationäre Lösung**

$u$ heisst **stationäre Lösung** (einer Wärmeleitungs- oder Wellengleichung), wenn $\frac{\partial u}{\partial t} = 0$ gilt.

### 3.2.1 A priori Abschätzungen

Nicht stationäre Lösungen gehen für $t \to \infty$ oft in stationäre Lösungen über (so wie im zuvor betrachteten Beispiel). Nicht immer muss man die Lösung einer PDE explizit oder numerisch berechnen, um derartige qualitative Aussagen über die Lösung machen zu können. Entsprechende Aussagen nennt man **a priori Aussagen über die Lösung**. Man gewinnt sie, indem man Eigenschaften der Lösungsfunktionen direkt aus der PDE herleitet. Hier sind einige Beispiele für die Wärmeleitungsgleichung

$$u_t = u_{xx} \tag{10}$$

für das Beispiel mit dem geschlossenen Draht. Dabei haben wir die Notation

$$u_t := \frac{\partial u}{\partial t}, \quad u_{xx} := \frac{\partial^2 u}{\partial x^2},$$

verwendet.

- Integriert man beim betrachteten Problem der Wärmeleitung im Draht die PDE $u_t = u_{xx}$ über $x$ von 0 bis $L$, ergibt sich

  $$\frac{d}{dt}\int_0^L u\,dx = \int_0^L u_t dx \overset{(10)}{=} \int_0^L u_{xx} dx = u_x\Big|_0^L = 0.$$

  Das heisst, die Wärmemenge im Draht ist zeitlich konstant,

  $$\int_0^L u(x,t)\,dx = \text{konst.}, \tag{11}$$

  was physikalisch plausibel ist, da weder Wärme zu- noch abgeführt wird.

- Multipliziert man diesmal die PDE $u_t = u_{xx}$ mit $u$ und integriert dann über $x$ von 0 bis $L$, ergibt sich

  $$\frac{1}{2}\frac{d}{dt}\int_0^L u^2 dx = \int_0^L u u_t dx \overset{(10)}{=} \int_0^L u u_{xx} dx \underset{\text{Integration}}{\overset{\text{partielle}}{=}} -\int_0^L u_x^2 dx \leqslant 0.$$

  Das heisst, das Integral $\int_0^L u^2(x,t)dx$ ist monoton fallend in $t$.

- Auf der Kelvin-Skala sind Temperaturen $u$ wegen des dritten Hauptsatzes der Thermodynamik immer strikt grösser als 0. Also ist der Logarithmus $\log u$ wohldefiniert. Multipliziert man nun die PDE $u_t = u_{xx}$ mit $\log u$ und integriert dann über $x$ von 0 bis $L$, ergibt sich

$$\tfrac{d}{dt}\int_0^L u\log u\,dx = \tfrac{d}{dt}\int_0^L (u\log u - u)\,dx =$$
$$= \int_0^L u_t \log u\,dx \overset{(10)}{=} \int_0^L u_{xx}\log u\,dx \underset{\text{Integration}}{\overset{\text{partielle}}{=}} -\int_0^L \frac{u_x^2}{u}dx \leqslant 0,$$

wobei wir im ersten Schritt (11) verwendet haben. Das heisst, die sogenannte **Entropie**

$$-\int_0^L u(x,t)\log u(x,t)\,dx$$

ist in der Zeit $t$ monoton wachsend. Das ist der zweite Hauptsatz der Thermodynamik.

- Wir betrachten für ein $\varepsilon > 0$ die Funktion $v(x,t) := u(x,t) - \varepsilon t$ und nehmen an, $v$ nehme zur Zeit $t_0$ in $x_0$ ein Maximum an, das heisst

$$v(x_0,t_0) = \max_{x\in\mathbb{R}} v(x,t_0).$$

Dann gilt

$$0 \geqslant v_{xx}(x_0,t_0) = u_{xx}(x_0,t_0) \overset{(10)}{=} u_t(x_0,t_0) = v_t(x_0,t_0) + \varepsilon,$$

und somit $-\varepsilon \geqslant v_t(x_0,t_0)$. Aufgrund von Stetigkeit gilt dann

$$-\frac{\varepsilon}{2} \geqslant v_t(x,t)$$

in einer ganzen Umgebung von $(x_0,t_0)$. Insbesondere gilt für $t < t_0$ nahe genug bei $t_0$,

$$\max_{x\in\mathbb{R}} v(x,t) \geqslant v(x_0,t) > v(x_0,t_0) = \max_{x\in\mathbb{R}} v(x,t_0).$$

Da diese Überlegung unabhängig von $t_0$ gemacht wurde, ist $\max_{x\in\mathbb{R}} v(x,t)$ für alle $t \geqslant 0$ strikt monoton fallend. Im Limes $\varepsilon \searrow 0$ folgt

$$\max_{x\in\mathbb{R}} u(x,t) \text{ ist monoton fallend für } t \geqslant 0.$$

Die maximale Temperatur nimmt also in der Zeit monoton ab. Dies ist ein Spezialfall des sogenannten **Maximumprinzips** für die Wärmeleitungsgleichung. Wir werden diesem Prinzip später bei der Diskussion der Potentialgleichung im Abschnitt 6.4, Satz 6, nochmals begegnen.

Betrachtet man $-u$ statt $u$, so folgt das entsprechende **Minimumprinzip**:

$$\min_{x\in\mathbb{R}} u(x,t) \text{ ist monoton wachsend für } t \geqslant 0.$$

Das Maximumprinzip besagt also, dass sich bei der Wärmeleitung (und entsprechend bei der Diffusion) Wärme nicht lokal konzentrieren kann, ohne dass dort geheizt wird. Ebenso ist wegen des Minimumprinzips spontane lokale Abkühlung nicht möglich. Dies steht im Gegensatz zu Wellenphänomenen, wo sich Wellen lokal aufschaukeln können, was etwa bei der Nierensteinzertrümmerung durch Schall explizit ausgenutzt wird.

## 3.3 Wärmeleitung in einer Wand

Der Innenraum mit Temperatur $u_0$ sei durch eine Wand der Dicke $L$ und mit Temperaturleitfähigkeit $D > 0$ vom Aussenraum mit Temperatur $u_L$ getrennt. Zur Zeit $t = 0$ herrsche in der Wand die Temperaturverteilung $u(x, 0) = f(x)$. Gesucht ist der Temperaturverlauf $u(x, t)$.

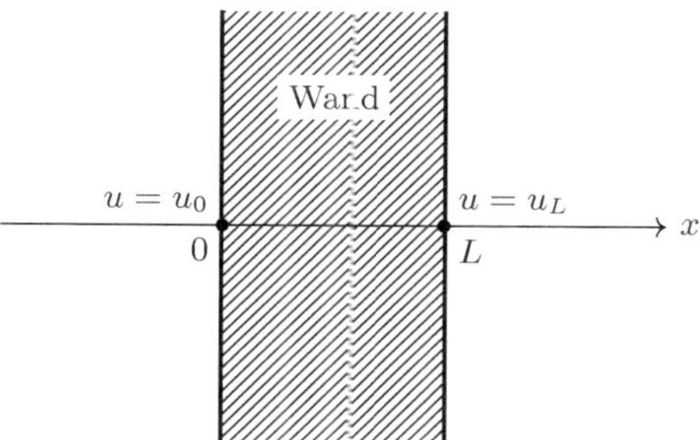


Abbildung 5: Wärmeleitung in einer Wand

Die mathematische Formulierung des Problems lautet:

$$\frac{\partial u}{\partial t} = D\frac{\partial^2 u}{\partial x^2} \qquad \text{für } 0 < x < L,\ t > 0, \tag{12}$$

$$u(0, t) = u_0,\ u(L, t) = u_L \qquad \text{für } t > 0, \tag{13}$$

$$u(x, 0) = f(x) \qquad \text{für } 0 < x < L. \tag{14}$$

Hier sind die Rand- *und* die Anfangsbedingung inhomogen! Um die inhomogene Randbedingung (13) loszuwerden, suchen wir zunächst eine stationäre Lösung $u^*(x)$ von (12), die (13) erfüllt. (Dies ist durchaus mehr als nur ein Trick – in ähnlichen Situationen werden wir immer nach diesem Prinzip vorgehen). Für $u^*(x)$ soll also gelten

$$D\frac{\partial^2 u^*}{\partial x^2} = \frac{\partial u^*}{\partial t} = 0,$$

das heisst $u^{*\prime\prime}(x) = 0$, also $u^*(x) = \alpha x + \beta$, wobei $\alpha$ und $\beta$ mithilfe von (13) zu bestimmen sind. Man erhält

$$u^*(x) = u_0 + \frac{x}{L}(u_L - u_0).$$

Für die gesuchte Funktion $u(x, t)$ machen wir nun den Ansatz

$$u(x, t) = u^*(x) + v(x, t) \tag{15}$$

mit der neuen unbekannten Funktion $v(x, t)$. Einsetzen von (15) in (12)–(14) liefert

$$\frac{\partial v}{\partial t} = D\frac{\partial^2 v}{\partial x^2} \qquad \text{für } 0 < x < L,\ t > 0, \tag{16}$$

$$v(0, t) = 0,\ v(L, t) = 0 \qquad \text{für } t > 0, \tag{17}$$

$$v(x, 0) = f(x) - u^*(x) \qquad \text{für } 0 < x < L. \tag{18}$$

Dies lösen wir wie das Beispiel für den geschlossenen Draht:

1. Schritt: Wir suchen Basislösungen der Form $v(x,t) = X(x) \cdot T(t)$. Wie im vorangegangenen Abschnitt erhält man

$$\dot{T}(t) = DKT(t), \tag{19}$$

$$X''(x) - KX(x) = 0. \tag{20}$$

Da wir uns die Lösung in $x$-Richtung periodisch fortgesetzt denken, kommen wieder nur die negativen $K$ zur Lösung von (20) in Betracht:

$$K =: -\omega^2 \leqslant 0.$$

Dann hat (20) die allgemeine Lösung

$$X(x) = A\cos(\omega x) + B\sin(\omega x). \tag{21}$$

Die Randbedingung (17) führt zu $X(0) = X(L) = 0$ für die Funktion $X(x)$. Setzen wir $x = 0$, so folgt aus (21) $A = 0$ und für $x = L$ folgt dann $B = 0$ (uninteressant) oder $\sin(\omega L) = 0$. Für die Eigenwerte $\omega_k := \frac{k\pi}{L}$ ($k \in \mathbb{N}$) besitzen also (20) und (17) nichttriviale Lösungen, nämlich die Eigenfunktionen $X_k(x) = \sin\frac{k\pi x}{L}$. Die Gleichung (19) lautet also neu

$$\dot{T}_k(t) = -\frac{Dk^2\pi^2}{L^2}\,T_k(t)$$

und besitzt die Lösung

$$T_k(t) = \exp\Big(-\frac{Dk^2\pi^2}{L^2}\,t\Big).$$

Unsere Basislösungen sind also die Funktionen

$$v_k(x,t) = \sin\Big(\frac{k\pi x}{L}\Big)\exp\Big(-\frac{Dk^2\pi^2}{L^2}\,t\Big) \qquad (k = 1, 2, \ldots).$$

2. Schritt: Superposition der Basislösungen, um auch noch die inhomogene Anfangsbedingung (18) zu erfüllen: Dies führt zu

$$\sum_{k=1}^{\infty} B_k \sin\Big(\frac{2k\pi x}{2L}\Big) \overset{!}{=} f(x) - u^*(x) \qquad (0 < x < L).$$

Durch geeignete Wahl der $B_k$ kann die allgemeinste ungerade Funktion der Periode $2L$ hergestellt werden. Auf dem Intervall $[0, L]$ soll das gerade die Funktion $f(x) - u^*(x)$ sein (was ausserhalb dieses Intervalls passiert, ist uns egal). Wir müssen also die gegebene Funktion $f(x)-u^*(x)$, $x \in [0, L]$, ungerade $2L$-periodisch fortsetzen. Die $B_k$ sind dann gerade die Fourier-Koeffizienten dieser Funktion:

$$B_k = \frac{2}{L}\int_0^L \big(f(x) - u^*(x)\big)\sin\Big(\frac{2k\pi x}{2L}\Big)dx.$$

Die Lösung lautet also schussendlich

$$u(x,t) = u^*(x) + \sum_{k=1}^{\infty} B_k v_k(x,t).$$

## 3.4 Wärmeleitung in einer Kugel

Eine Kugel $K$ vom Radius $r_0$ und der Anfangstemperatur $T_0$ wird in eine Flüssigkeit der Temperatur 0 getaucht. $D > 0$ bezeichne wieder die Temperaturleitfähigkeit der Kugel. Gesucht ist der Temperaturverlauf $u(x, y, z, t)$ im Kugelinneren.

Abbildung 6: Wärmeleitung in einer Kugel $K$ vom Radius $r_0$ und Rand $\partial K$

Die Lösung $u$ genügt nun

| | | | |
|---|---|---|---|
| der Wärmeleitungsgleichung | $u_t = D\Delta u$ | für $x \in K$, $t > 0$, | (22) |
| der Randbedingung | $u(x, y, z, t) = 0$ | für $x \in \partial K$, $t > 0$, | (23) |
| der Anfangsbedingung | $u(x, y, z, 0) = T_0$ | für $x \in K$. | (24) |

Aus Symmetriegründen ist $u$ nur eine Funktion von $r := \sqrt{x^2 + y^2 + z^2}$ und $t$. Daher können wir $\Delta u$ durch die partiellen Ableitungen $u_r$ und $u_{rr}$ ausdrücken:

$$u_x = u_r\, r_x = u_r\, \frac{x}{r},$$

$$u_{xx} = u_{rr}\left(\frac{x}{r}\right)^2 + u_r\, \frac{r - x\,\frac{x}{r}}{r^2} = u_{rr}\frac{x^2}{r^2} + u_r\, \frac{r^2 - x^2}{r^3}.$$

Ebenso berechnet man $u_{yy}$ und $u_{zz}$ und erhält

$$\Delta u = u_{rr} + \frac{2}{r}\, u_r.$$

Damit können wir (22) schreiben als

$$u_t = D\left(u_{rr} + \frac{2}{r}\, u_r\right). \tag{25}$$

Nun folgt die Lösung nach unserem bewährten Muster:

1. Schritt: Basislösungen der Form $u(r, t) = R(r) \cdot T(t)$ suchen. Setzen wir diesen Ansatz in (25) ein, so ergibt sich

$$\underbrace{\frac{1}{D}\frac{\dot{T}}{T}}_{\text{nur von } t \text{ abhängig}} = \underbrace{\frac{R'' + \frac{2}{r}R'}{R}}_{\text{nur von } r \text{ abhängig}} =: -\omega^2 = \text{konstant}.$$

Dabei ist das Vorzeichen der gemeinsamen Konstanten schon passend gewählt ($+\omega^2$ würde auf exponentielle Zunahme der Temperatur führen). Die Trennung der Variablen liefert nun die Gleichungen

$$R'' + \frac{2}{r}R' + \omega^2 R = 0, \tag{26}$$

$$\dot{T} + \omega^2 DT = 0. \tag{27}$$

Gleichung (26) ist mit der Besselschen Differentialgleichung verwandt. Sie wird durch Einführen einer neuer Funktion $g(r) := rR(r)$ gelöst. Es gilt:

$$R'(r) = \frac{g'}{r} - \frac{g}{r^2}, \quad R''(r) = \frac{g''}{r} - \frac{2g'}{r^2} + \frac{2g}{r^3}.$$

Einsetzen in (26) liefert dann

$$g'' + \omega^2 g = 0$$

mit der allgemeinen Lösung

$$g(r) = A\cos(\omega r) + B\sin(\omega r).$$

Nun muss der Grenzwert

$$\lim_{r\to 0} R(r) = \lim_{r\to 0} \frac{g(r)}{r} \tag{28}$$

existieren; somit ist $A = 0$. Die Randbedingung (23) impliziert nun $R(r_0) = 0$ und damit

$$g(r_0) = B\sin(\omega r_0) = 0.$$

Diese Beziehung liefert als Eigenwerte

$$\omega_n := \frac{n\pi}{r_0} \quad (n = 1, 2, \ldots),$$

und als Eigenfunktionen von (26), (28), (23) erhalten wir

$$R_n(r) = \frac{g_n(r)}{r} = B_n \frac{1}{r} \sin\Big(\frac{n\pi r}{r_0}\Big).$$

Nun lösen wir die Gleichung (27), die jetzt lautet

$$\dot{T}_n(r) = -D\omega_n^2 T_n(t) = -\frac{Dn^2\pi^2}{r_0^2} T_n(t).$$

Als Lösungen erhalten wir

$$T_n(t) = \exp\Big(-\frac{Dn^2\pi^2}{r_0^2} t\Big)$$

und die Basislösungen

$$u_n(r,t) = R_n(r)T_n(t) = B_n \frac{1}{r} \sin\Big(\frac{n\pi r}{r_0}\Big) \exp\Big(-\frac{Dn^2\pi^2}{r_0^2} t\Big).$$

2. Schritt: Durch geeignete Superposition der Basislösungen müssen wir nun noch die inhomogene Anfangsbedingung (24) erfüllen. Man finde $B_n$ so, dass gilt

$$\sum_{n=1}^{\infty} B_n \frac{1}{r} \sin\Big(\frac{n\pi r}{r_0}\Big) \stackrel{!}{=} T_0 \qquad (0 \leqslant r < r_0),$$

das heisst

$$\sum_{n=1}^{\infty} B_n \sin\Big(\frac{2n\pi r}{2r_0}\Big) \stackrel{!}{=} T_0 r \qquad (0 \leqslant r < r_0).$$

Durch geeignete Wahl der $B_n$ kann man mit der Reihe links die allgemeinste $2r_0$-periodische, ungerade Funktion herstellen. Rechts werden die Werte dieser Funktion auf $[0, r_0[$ vorgeschrieben. Wir setzen also die rechte Seite zunächst ungerade auf $]-r_0, r_0[$ und dann $2r_0$-periodisch fort (siehe Abbildung 7). Dann besitzt die Fourier-Reihe dieser Funktion gerade die Gestalt der linksstehenden Reihe und die $B_n$ sind gerade als Fourier-Koeffizienten dieser Funktion zu wählen.

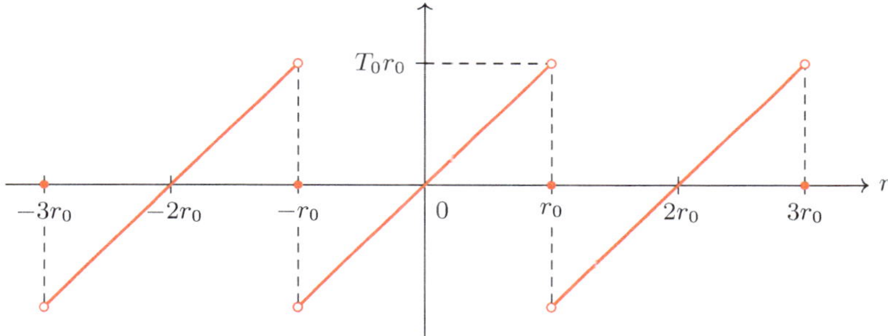


Abbildung 7: Sägezahnfunktion

Diese Koeffizienten werden wie im Beispiel 7 im Kapitel 2 über die Fourier-Reihen für die Sägezahnfunktion berechnet. Man erhält

$$B_n = (-1)^{n-1} \frac{2T_0 r_0}{n\pi}.$$

Die endgültige Lösung lautet also

$$u(r,t) = \frac{2T_0 r_0}{\pi r} \sum_{n=1}^{\infty} \frac{(-1)^{n-1}}{n} \sin\Big(\frac{n\pi r}{r_0}\Big) \exp\Big(-\frac{Dn^2\pi^2}{r_0^2}\, t\Big).$$

Für $T_0 = r_0 = 1$ ist die Temperaturverteilung in der Abbildung 8 für einige Zeitpunkte aufgezeichnet. Man sieht insbesondere, dass die Temperatur im Zentrum noch einige Zeit beinahe auf dem Maximalwert verharrt, bevor die „Kältefront" das Zentrum erreicht. Dies erklärt z. B., warum das Frühstücksei innen noch heiss ist, obwohl man es aussen schon anfassen kann, oder warum man sich den Mund an einem Stück Kartoffel verbrennt, wenn man es zerbeisst.

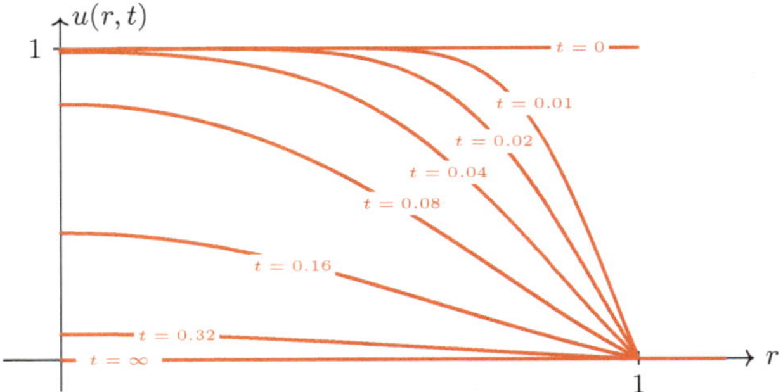


Abbildung 8: Temperaturverlauf in der Kugel zu verschiedenen Zeiten $t$. Die physikalischen Einheiten sind so gewählt, das alle Konstanten gleich 1 sind.

# Übungsaufgaben zum Kapitel 3

1. Eine kreisförmige Drahtschleife vom Radius $r$ liegt seit urdenklichen Zeiten in einem Wärmebad (siehe Abbildung 9), dessen Temperatur $u(x, y)$ gegeben ist durch $u(x, y) = \frac{x}{r} T_0$.

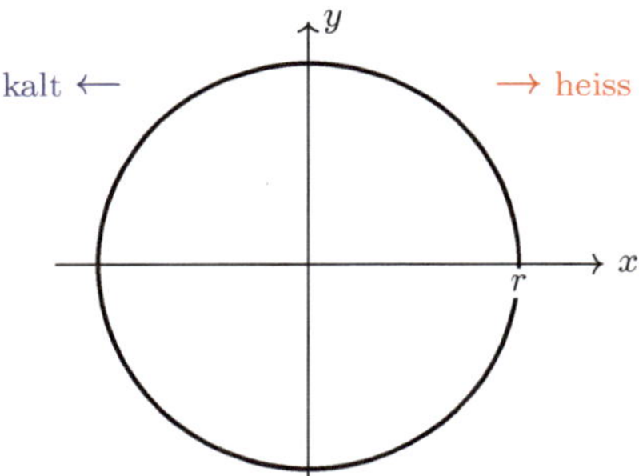


Abbildung 9: Drahtschleife im Wärmebad

Zur Zeit $t = 0$ wird die Schleife aus dem Bad genommen und sich selbst überlassen, worauf sich die Temperatur in der Schleife nach dem Gesetz

$$\frac{\partial u}{\partial t} = a^2 \frac{\partial^2 u}{\partial s^2} \qquad (s = \text{Bogenlänge})$$

ausgleicht.

(a) Man berechne die für $t > 0$ in der Schleife herrschende Temperaturverteilung $u(s, t)$.

(b) Nach welcher Zeit ist die maximale Temperaturdifferenz in der Schleife auf den $e$-ten Teil abgesunken?

2. Gesucht ist die Lösungsfunktion

$$u : (\varphi, t) \mapsto u(\varphi, t)$$

des folgenden Problems:

$$\begin{aligned} u_t &= u_{\varphi\varphi} - ku && \text{für } t > 0 \text{ und } \varphi \in \mathbb{R}, && \text{(PDE)} \\ u(\varphi + 2\pi, t) &= u(\varphi, t) && \text{für } t > 0 \text{ und } \varphi \in \mathbb{R}, && \text{(RB)} \\ u(\varphi, 0) &= \cos^2(\varphi) && \text{für } \varphi \in \mathbb{R}. && \text{(AB)} \end{aligned}$$

Dabei ist $k > 0$ eine gegebene positive reelle Zahl. Man bestimme zuerst mittels Trennung der Variablen Basislösungen der Form $u(\varphi, t) = f(\varphi)g(t)$ für den homogenen Teil der Aufgabe, das heisst für (PDE) und (RB). Dann superponiere man die gefundenen Basislösungen so, dass auch der inhomogene Teil (AB) erfüllt wird.

3. Gegeben sei ein homogener Stab der Länge $L$. Die Enden des Stabes haben die konstante Temperatur 0. Die Anfangstemperatur des Stabes sei ebenfalls 0. Zur Zeit $t = 0$ wird ein elektrischer Stom eingeschaltet, der durch den Stab fliesst und darin pro Längeneinheit eine konstante Wärmemenge erzeugt. Man studiere den Temperaturverlauf.

   Die mathematische Formulierung des Problems lautet:

$$\begin{aligned} u_t &= a^2 u_{xx} + b && \text{für } 0 \leqslant x \leqslant L,\ t > 0, && \text{(PDE)} \\ u(0, t) &= u(L, t) = 0 && \text{für } t \geqslant 0, && \text{(RB)} \\ u(x, 0) &= 0 && \text{für } 0 \leqslant x \leqslant L. && \text{(AB)} \end{aligned}$$

   Dabei ist $b > 0$ eine gegebene positive reelle Zahl.

   **Hinweis:** Die PDE ist inhomogen. Man suche deshalb zuerst eine stationäre Lösung $u^* : x \mapsto u^*(x)$ der Gleichung (PDE) und der Randbedingung (RB). Man setze dann $u(x, t) = u^*(x) + v(x, t)$ und bestimme $v$. Dann erfüllt $v$ eine homogene partielle Differentialgleichung und homogene Randbedingungen.

4. Findet im Nullpunkt der $x$-Achse (= ein unendlich langer Stab) zur Zeit $t = 0$ eine Wärmeexplosion statt, so genügt die sich ergebende Temperaturverteilung dem folgenden Gesetz:

$$u(x, t) = Ct^{-1/2} \exp\left(-\frac{a^2 x^2}{4t}\right) \qquad (C > 0).$$

   (a) Man zeige, dass $u(x, t)$ die Wärmeleitungsgleichung erfüllt.

   (b) Zu welchem Zeitpunkt passiert die Hitzewelle den Punkt $x$, das heisst, wann ist die Temperatur im Punkt $x$ am grössten?

   (c) Man zeige: Das Integral $\int\limits_{-\infty}^{\infty} u(x, t)\, dx$ hat für alle $t \geqslant 0$ denselben Wert.

   (d) Man skizziere die Temperaturverteilung längs der $x$-Achse für verschiedene Werte von $t$.

5. Man löse das folgende inhomogene Wärmeleitungsproblem für $0 \leqslant x \leqslant \pi$, $0 < t$:

$$\begin{cases} u_t &= u_{xx} + \sin(2x), & \\ u(0,t) &= 0 & \text{für } t > 0, \\ u(\pi,t) &= 0 & \text{für } t > 0, \\ u(x,0) &= 1 & \text{für } 0 < x < \pi. \end{cases}$$

6. Es soll das Eindringen periodischer Temperaturschwankungen in den Erdboden untersucht werden. Es bezeichne $u(x,t)$ die zur Zeit $t$ in der Tiefe $x$ herrschende Temperatur. Die Funktion $u$ genügt der Wärmeleitungsgleichung

$$u_t = a^2 u_{xx}. \tag{1}$$

Auf der Erdoberfläche variiere die Temperatur nach einem Sinusgesetz

$$u(0,t) = A\sin(\omega t), \tag{2}$$

und in grosser Tiefe sei die Temperatur konstant gleich null, das heisst, zu jeder Zeit $t$ gelte

$$\lim_{x\to\infty} u(x,t) = 0. \tag{3}$$

**Lösungsansatz:** Wir sind nur an periodischen Lösungen interessiert, das heisst, wir wollen von Einschwingvorgängen absehen. Mathematisch zieht dies den Ansatz

$$u(x,t) = f(x)\sin(\omega t) + g(x)\cos(\omega t)$$

nach sich. Aus (1)–(3) lassen sich nun die Funktionen $f$ und $g$ bestimmen.

(a) Man diskutiere die Funktion $x \mapsto u(x,t)$, also die Temperatur als Funktion der Tiefe zu einem festen Zeitpunkt.

(b) Man vergleiche jährliche und tägliche Temperaturschwankungen miteinander. Welche machen sich in der Tiefe stärker bemerkbar?

(c) Es gilt $a^2 = \frac{k}{c\rho}$, wobei $k$ die Wärmeleitzahl, $c$ die Wärmekapazität und $\rho$ die Dichte bezeichnen. Man berechne für das Zahlenbeispiel $k = 10\frac{\mathrm{J}}{\mathrm{m\ s\ K}}$, $c = 2000\frac{\mathrm{J}}{\mathrm{kg\ K}}$, $\rho = 2200\frac{\mathrm{kg}}{\mathrm{m}^3}$ die Phasendifferenz der jährlichen Temperaturschwankungen in einer Tiefe von $x = 1\mathrm{m}$ und $x = 10\mathrm{m}$. Wie gross ist die Amplitude der Schwankung in diesen Tiefen, falls $A = 40\mathrm{K}$ gesetzt wird?

# Kapitel 4

# Das Fourier-Integral

## 4.1 Definition der Fourier-Transformation

Im letzten Kapitel haben wir gesehen, dass es bei der Lösung von PDEs nützlich sein kann, die gesuchte Funktion als Fourier-Reihe darzustellen. In diesem Kapitel wollen wir uns von der Periodiziätsbedingung befreien: Eine Funktion der Periode $T$ liess sich mithilfe der harmonischen Schwingungen der Frequenzen $k\,\frac{2\pi}{T},\ k \in \mathbb{Z}$, darstellen. Für grosse $T$ liegen diese Frequenzen immer näher beisammen. Angenommen, es stünden plötzlich alle Frequenzen zur Verfügung, liesse sich dann „$T \to \infty$" erreichen, das heisst, könnten dann auch nichtperiodische Funktionen auf ganz $\mathbb{R}$ dargestellt werden?

Schauen wir nach, was da passiert: Sei also $\varphi$ eine nichtperiodische Funktion auf $\mathbb{R}$, die wir zunächst im Intervall $[-T/2, T/2]$ darstellen wollen (natürlich mit dem Hintergedanken $T \to \infty$). Auf $[-T/2, T/2]$ lässt sich $\varphi$ in eine Fourier-Reihe entwickeln:

$$\begin{aligned}
\varphi(x) &= \sum_{k=-\infty}^{\infty} c_k \exp\Big(ik\frac{2\pi}{T}x\Big) \\
&= \sum_{k=-\infty}^{\infty} \frac{1}{T}\exp\Big(ik\frac{2\pi}{T}x\Big)\Big[\int_{-\frac{T}{2}}^{\frac{T}{2}} \varphi(y)\exp\Big(-ik\frac{2\pi}{T}y\Big)\,dy\Big] \\
&= \frac{1}{2\pi}\int_{-\frac{T}{2}}^{\frac{T}{2}} \varphi(y)\cdot \frac{2\pi}{T}\sum_{k=-\infty}^{\infty}\exp\Big(i\frac{2\pi}{T}k(x-y)\Big)\,dy. \qquad (1)
\end{aligned}$$

Der rote Term kann nun als Riemannsche Näherungssumme für das Integral

$$\int_{-\infty}^{\infty} e^{i\lambda(x-y)}\,d\lambda \qquad (2)$$

aufgefasst werden (siehe Abbildung 1).

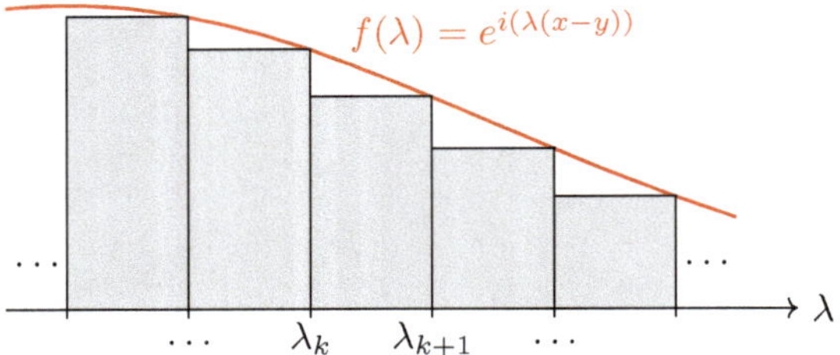


Abbildung 1: Breite eines Rechtecks: $\Delta\lambda = \frac{2\pi}{T}$

Setzen wir (2) in (1) ein und lassen $T$ gegen unendlich streben, so erhalten wir die Formel:

$$\varphi(x) = \int_{-\infty}^{\infty} \underbrace{\left(\frac{1}{2\pi} \int_{-\infty}^{\infty} \varphi(y) e^{-i\lambda y}\, dy\right)}_{=:\, \hat{\varphi}(\lambda)} e^{i\lambda x}\, d\lambda. \tag{3}$$

Die Funktion $\hat{\varphi}(\lambda)$ übernimmt offenbar die Aufgabe der Fourier-Koeffizienten $a_n$ indem sie angibt, wie stark die Schwingung $e^{i\lambda x}$ in der Funktion $\varphi$ vertreten ist.

**Definition 1: Fourier-Transformation**

Die Funktion

$$\hat{\varphi}(\lambda) := \frac{1}{2\pi} \int_{-\infty}^{\infty} \varphi(y) e^{-i\lambda y}\, dy$$

heisst **Fourier-Transformierte der Funktion** $\varphi(x)$.

## 4.2 Der Fouriersche Integralsatz

Bevor wir die Formel (3) interpretieren und anwenden, formulieren wir zunächst den folgenden Satz.

**Satz 2: Fourierscher Integralsatz**

Es sei $\varphi(x)$ eine auf der reellen Achse stückweise glatte Funktion, für die das Integral

$$\int_{-\infty}^{\infty} |\varphi(x)|\, dx < \infty$$

konvergiert. Dann ist die Fourier-Transformierte

$$\hat{\varphi}(\lambda) = \frac{1}{2\pi} \int_{-\infty}^{\infty} \varphi(y) e^{-i\lambda y}\, dy$$

für alle reellen Zahlen $\lambda$ wohldefiniert, und in allen Stetigkeitspunkten von $\varphi$ gilt

$$\varphi(x) = \int_{-\infty}^{\infty} \hat{\varphi}(\lambda) e^{i\lambda x}\, d\lambda.$$

In allen Unstetigkeitspunkten von $\varphi$ ist das zuletzt geschriebene Integral gleich

$$\frac{1}{2}\big(\varphi(x^+) + \varphi(x^-)\big).$$

Nun zur Interpretation der Fourier-Transformierten:

$\hat{\varphi}(\lambda)$ gibt an, mit welcher Intensität und Phase die Frequenz $\lambda$ in der Funktion $\varphi$ auftritt. Sie heisst darum auch **Spektralfunktion** von $\varphi$. Die $\lambda$-Werte, für die $\hat{\varphi}(\lambda) \neq 0$ ist, bilden zusammen das **Spektrum** der Funktion $\varphi$. Eine periodische Funktion hat ein **diskretes Spektrum**, da nur ganzzahlige Vielfache der Grundfrequenzen in der Fourier-Darstellung einer solchen Funktion vorkommen.

**Beispiel 3: Fourier-Transformierte einer Box-Funktion**

Sei

$$\varphi(x) := \begin{cases} 1 & \text{falls } -L \leqslant x \leqslant L \\ 0 & \text{falls } |x| > L. \end{cases}$$

Dann gilt

$$\hat{\varphi}(\lambda) = \frac{1}{2\pi} \int_{-L}^{L} 1 \cdot e^{-i\lambda y}\, dy = \frac{1}{2\pi} \cdot \frac{e^{-i\lambda L} - e^{i\lambda L}}{-i\lambda} = \frac{\sin \lambda L}{\lambda \pi}.$$

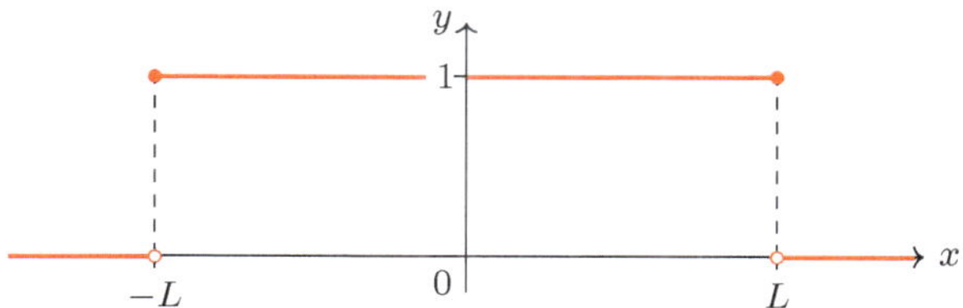


Abbildung 2: Eine Box-Funktion

Man kann die Fourier-Transformation auch auf Distributionen anwenden, nämlich wie folgt:

**Definition 4: Fourier-Transformierte einer Distribution**

Die Fourier-Transformierte einer Distribution $T$ ist die Distribution $\hat{T}$, welche durch

$$(\hat{T}, \varphi) := (T, \hat{\varphi})$$

definiert ist.

Wenn man in der üblichen Weise Funktionen mit den ihnen zugeordneten Distributionen identifiziert, so stimmt die distributionelle Fourier-Transformierte mit der gewöhnlichen Fourier-Transformierten überein, wenn die letztere existiert.

**Beispiel 5: Fourier-Transformierte der $\delta$-Distribution**

Die Fourier-Transformierte der $\delta$-Distribution ist $\hat{\delta}(\lambda) = \frac{1}{2\pi}$, denn es gilt

$$(\hat{\delta}, \varphi) \stackrel{\text{def}}{=} (\delta, \hat{\varphi}) = \hat{\varphi}(0) = \frac{1}{2\pi} \int_{\mathbb{R}} \varphi(y) e^0 dy.$$

Dies stimmt mit der formalen Rechnung überein, die man erhält, wenn man die $\delta$-Distribution als „Funktion“ betrachtet:

$$\hat{\delta}(\lambda) = \frac{1}{2\pi} \int_{\mathbb{R}} \delta(y) e^{-i\lambda y} dy = \frac{1}{2\pi}.$$

In entsprechenden Büchern (z. B. in [3, 2, 1]) findet man ausgedehnte Tabellen, in denen die Fourier-Transformierten diverser Funktionen aufgelistet sind. Ein wichtiges Hilfsmittel zur Berechnung der Fourier-Transformierten ist die komplexe Integration: Hier müssen wir auf die komplexe Analysis verweisen.

## 4.3 Fourier-Transformation und PDEs

Wozu kann man die Fourier-Integrale nun brauchen? Zum Beispiel, um Differentialgleichungen zu lösen!

### 4.3.1 Lösung der Wellengleichung

Wir lösen eine Wellengleichung mithilfe des Fourier-Integrals:

$$\begin{cases} u_{tt} = c^2 u_{xx} & \text{für } x \in \mathbb{R},\, t > 0 \\ u(x,0) = \varphi(x) & \text{für } x \in \mathbb{R} \\ u_t(x,0) = \psi(x) & \text{für } x \in \mathbb{R} \\ |u(\cdot,t)| \text{ beschränkt} & \text{für } t \geqslant 0. \end{cases}$$

Wir machen wie üblich den Separationsansatz

$$u(x,t) = X(x) \cdot T(t)$$

und erhalten durch Einsetzen

$$X\ddot{T} = c^2 X'' T$$

und somit

$$\frac{X''}{X} = \frac{1}{c^2} \frac{\ddot{T}}{T} = \pm\lambda^2.$$

Das obere Vorzeichen führt auf Funktionen, die für $|x| \to \infty$ (und auch für $t \to \infty$) exponentiell wachsen. Da wir nur beschränkte Lösungen suchen, kommt für uns nur $-\lambda^2$ in Frage, also

$$X'' + \lambda^2 X = 0 \quad \text{und} \quad \ddot{T} + \lambda^2 c^2 T = 0.$$

Die erste Gleichung hat die Lösungen

$$e^{i\lambda x} \quad \text{und} \quad e^{-i\lambda x}$$

und die zweite entsprechend

$$e^{i\lambda ct} \quad \text{und} \quad e^{-i\lambda ct}.$$

Von den vier möglichen Produkten dieser Funktionen sind nur zwei wesentlich voneinander verschieden, nämlich

$$e^{i\lambda(x+ct)} \quad \text{und} \quad e^{i\lambda(x-ct)}.$$

Die beiden anderen Produkte gehen durch Spiegelung ($\lambda \rightsquigarrow -\lambda$) aus diesen hervor. Damit erhalten wir die Basislösungen

$$u_\lambda(x,t) = C(\lambda)e^{i\lambda(x-ct)} - D(\lambda)e^{i\lambda(x+ct)} \quad (\lambda \in \mathbb{R}),$$

die man als Superposition einer nach rechts und einer nach links laufenden Welle auffassen kann (vergleiche Kapitel 10). Für festes $x_0$ haben wir

$$u_\lambda(x_0,t) = e^{i\lambda x_0}\big(C(\lambda)e^{-i\lambda ct} + D(\lambda)e^{i\lambda ct}\big), \tag{4}$$

also eine harmonische Schwingung der Kreisfrequenz

$$\omega := c\lambda. \tag{5}$$

Zu einem festen Zeitpunkt $t_0$ haben wir hingegen

$$u_\lambda(x,t_0) = \big(C(\lambda)e^{-i\lambda ct_0} + D(\lambda)e^{i\lambda ct_0}\big)e^{i\lambda x},$$

also eine periodische Funktion von $x$ der Periode

$$l := \frac{2\pi}{\lambda} \;(= \text{Wellenlänge}). \tag{6}$$

In der Physik benutzt man häufig anstelle von $\omega$ die Frequenz (Anzahl Vollschwingungen pro Zeiteinheit)

$$\nu := \frac{\omega}{2\pi} \overset{(5)}{=} \frac{c\lambda}{2\pi}. \tag{7}$$

Aus (6) und (7) folgt dann die berühmte Beziehung

$$\nu \cdot l = c, \quad \text{„Frequenz} \cdot \text{Wellenlänge} = \text{Ausbreitungsgeschwindigkeit“}.$$

Da wir keine Randbedingungen haben, welche diskrete Eigenwerte $\lambda_n$ zur Folge hätten, ist $\lambda$ in (4) beliebiger reeller Werte fähig. Eine Superposition der

$u_\lambda$ ist damit keine unendliche Reihe, sondern notgedrungen ein Integral. Die allgemeinste Lösung der PDE ist also

$$u(x,t) = \int_{-\infty}^{\infty} \left(C(\lambda)e^{i\lambda(x-ct)} + D(\lambda)e^{i\lambda(x+ct)}\right) d\lambda, \tag{8}$$

mit beliebigen Funktionen $C(\lambda)$ und $D(\lambda)$, die aus den Anfangsbedingungen bestimmt werden sollen:

$$\begin{aligned} u(x,0) &= \int_{-\infty}^{\infty} \big(C(\lambda) + D(\lambda)\big)e^{i\lambda x}\, d\lambda \overset{!}{=} \varphi(x), \\ \frac{\partial u}{\partial t}\Big|_{(x,0)} &= \int_{-\infty}^{\infty} i\lambda c\big(-C(\lambda) + D(\lambda)\big)e^{i\lambda x}\, d\lambda \overset{!}{=} \psi(x). \end{aligned}$$

Es muss offenbar gelten (siehe Satz 2):

$$\begin{aligned} C(\lambda) + D(\lambda) &= \hat{\varphi}(\lambda), \\ i\lambda c\big(-C(\lambda) + D(\lambda)\big) &= \hat{\psi}(\lambda). \end{aligned}$$

Dieses lineare Gleichungssystem lösen wir nach $C(\lambda)$ und $D(\lambda)$ auf und erhalten:

$$\begin{aligned} C(\lambda) &= \frac{1}{2}\big(\hat{\varphi}(\lambda) - \frac{1}{i\lambda c}\hat{\psi}(\lambda)\big), \\ D(\lambda) &= \frac{1}{2}\big(\hat{\varphi}(\lambda) + \frac{1}{i\lambda c}\hat{\psi}(\lambda)\big). \end{aligned}$$

Dies setzen wir in (8) ein und erhalten die Lösung:

$$\begin{aligned} u(x,t) &= \int_{-\infty}^{\infty} \Big[\frac{\hat{\varphi}(\lambda)}{2}\big(e^{i\lambda(x-ct)} + e^{i\lambda(x+ct)}\big) - \frac{\hat{\psi}(\lambda)}{2i\lambda c}\big(e^{i\lambda(x-ct)} - e^{i\lambda(x+ct)}\big)\Big]\, d\lambda \\ &= \int_{-\infty}^{\infty} \Big[\hat{\varphi}(\lambda)\cos(\lambda ct) + \frac{\hat{\psi}(\lambda)}{\lambda c}\sin(\lambda ct)\Big]e^{i\lambda x}\, d\lambda. \end{aligned}$$

### 4.3.2 Rechenregeln für die Fourier-Transformation

Die Fourier-Transformation kann aber noch mehr! Dazu lernen wir erst einmal ein paar Rechenregeln kennen:

**Regel 1: Linearität**

Die Fourier-Transformation ist linear, das heisst, es gilt

$$(\widehat{a\varphi + b\psi})(\lambda) = a\hat{\varphi}(\lambda) + b\hat{\psi}(\lambda).$$

Der Beweis der Regel 1 folgt sofort aus der Definition.

**Regel 2: Differentiationsregel**

Ist $\varphi$ differenzierbar und $\varphi'$ Fourier-transformierbar, so gilt

$$\widehat{\varphi'}(\lambda) = i\lambda\hat{\varphi}(\lambda).$$

*Beweis.* Mit partieller Integration folgt

$$\begin{aligned}\widehat{\varphi'}(\lambda) &= \frac{1}{2\pi}\int_{-\infty}^{\infty} \underset{\uparrow}{\varphi'(y)}\underset{\downarrow}{e^{-i\lambda y}}\,dy \\ &= \underbrace{\frac{1}{2\pi}\varphi(y)e^{-i\lambda y}\Big|_{-\infty}^{\infty}}_{=0} + i\lambda\cdot\underbrace{\frac{1}{2\pi}\int_{-\infty}^{\infty}\varphi(y)e^{-i\lambda y}\,dy}_{=\hat{\varphi}(\lambda)}.\end{aligned}$$

Der erste Term verschwindet, denn aus

$$\int_{-\infty}^{\infty} |\varphi(x)|\,dx < \infty$$

folgt, dass für geeignete Folgen $x_i \to \infty$, $y_i \to -\infty$ gilt:

$$\lim_{i\to\infty}\varphi(x_i) = \lim_{i\to\infty}\varphi(y_i) = 0.$$

Damit ist die Formel gezeigt. □

Die Fourier-Transformation „verwandelt" also eine Ableitung in eine Multiplikation mit $i\lambda$. Damit kann man offenbar Differentialgleichungen lösen:

**Beispiel 6: Lösen einer Differentialgleichung mit Fourier-Transformation**

Man löse die Differentialgleichung

$$f'(x) + f(x) = \varphi(x). \tag{9}$$

Dabei ist $\varphi(x)$ eine gegebene Anregungsfunktion. Die Fourier-Transformation der Gleichung (9) liefert gemäss den Regeln 1 und 2:

$$i\lambda\hat{f}(\lambda) + \hat{f}(\lambda) = \hat{\varphi}(\lambda).$$

Dies ist keine Differentialgleichung mehr, und wir können sofort nach $\hat{f}(\lambda)$ auflösen, also für alle $\lambda \in \mathbb{R}$

$$\hat{f}(\lambda) = \frac{\hat{\varphi}(\lambda)}{1+i\lambda}.$$

Der Satz 2 liefert dann

$$f(x) = \int_{-\infty}^{\infty}\frac{\hat{\varphi}(\lambda)}{1+i\lambda}e^{i\lambda x}\,d\lambda. \tag{10}$$

Ist zum Beispiel

$$\varphi(x) = \begin{cases} 1 & \text{falls } -1 \leqslant x \leqslant 1, \\ 0 & \text{falls } |x| > 1, \end{cases}$$

so folgt aus Beispiel 3 $\hat{\varphi}(\lambda) = \frac{\sin \lambda}{\lambda \pi}$ und aus (10)

$$f(x) = \int_{-\infty}^{\infty} \frac{\sin \lambda}{\lambda \pi (1 + i\lambda)} e^{i\lambda x} \, d\lambda = \begin{cases} 0 & \text{falls } x \leqslant -1, \\ 1 - e^{-(x+1)} & \text{falls } |x| < 1, \\ e^{1-x} - e^{-(x+1)} & \text{falls } x \geqslant 1. \end{cases}$$

Dabei haben wir die Umkehrtransformation der Funktion $\frac{\sin \lambda}{\lambda \pi (1+i\lambda)}$ einem Tabellenwerk entnommen.
Die oben angewandte Methode liefert uns „nur" eine partikuläre Lösung von (9). Die allgemeine Lösung erhält man dann bekanntlich durch Addition der allgemeinen Lösung der homogenen Gleichung $f'(x) + f(x) = 0$. Also

$$f_{\text{allg}}(x) = \int_{-\infty}^{\infty} \frac{\hat{\varphi}(\lambda)}{1 + i\lambda} e^{i\lambda x} \, d\lambda + c e^{-x} \qquad (c \in \mathbb{R}).$$

Die Fourier-Methode hat uns also aus dieser allgemeinen Lösungsschar genau diejenige partikuläre Lösung herausgepickt, für die $\int_{-\infty}^{\infty} |f(x)| \, dx$ endlich ist (vergleiche Satz 2). Alle anderen Lösungen besitzen gar keine Fourier-Transformierte.

Mithilfe der Fourier-Transformation ist es also gelungen, ein schwieriges Problem, nämlich eine Differentialgleichung, in ein einfacheres Problem, nämlich eine algebraische Gleichung für die Fourier-Transformierte, zu verwandeln. Wir werden diesem Prinzip im folgenden Kapitel über die Laplace-Transformation wieder begegnen.

**Beispiel 7: Lösung der Wellengleichung mit Fourier-Transformation**

Betrachten wir nochmals die Wellengleichung

$$\begin{aligned} u_{tt} &= c^2 u_{xx} && \text{für } x \in \mathbb{R},\ t > 0, && (11) \\ u(x,0) &= \varphi(x) && \text{für } x \in \mathbb{R}, && (12) \\ u_t(x,0) &= \psi(x) && \text{für } x \in \mathbb{R}. && (13) \end{aligned}$$

Betrachten wir für einen Moment $t$ als Parameter. Dann können wir (11)–(13) bezüglich der Variablen $x$ Fourier-tranformieren:

$$\begin{aligned} \widehat{(12)} : \quad & \hat{u}(\lambda, 0) = \hat{\varphi}(\lambda) \\ \widehat{(13)} : \quad & \hat{u}_t(\lambda, 0) = \hat{\psi}(\lambda) \end{aligned}$$

Wir beachten hierbei, dass

$$\widehat{(\frac{\partial u}{\partial t})}(\lambda) = \frac{\partial \hat{u}(\lambda)}{\partial t},$$

das heisst, man erhält dasselbe, wenn man zuerst nach dem Parameter $t$ ableitet und dann nach $x$ Fourier-transformiert, wie wenn man zuerst nach $x$ Fourier-transformiert und dann nach dem Parameter $t$ ableitet. Dies folgt unmittelbar aus der Definition der Fourier-Transformation und der Leibniz-Regel für Parameterintegrale. Somit gilt

$$\widehat{(11)}: \qquad \hat{u}_{tt}(\lambda) = c^2\widehat{(u_x)_x}(\lambda) \stackrel{\text{R.2}}{=} c^2 i\lambda\widehat{u_x}(\lambda) \stackrel{\text{R.2}}{=} c^2 i\lambda \cdot i\lambda\hat{u}(\lambda).$$

$\widehat{(11)}$ ist nun eine gewöhnliche Differentialgleichung in $t$,

$$\hat{u}_{tt} = -c^2\lambda^2\hat{u},$$

mit der Lösung $\hat{u}(\lambda, t) = A(\lambda)\cos(c\lambda t) + B(\lambda)\sin(c\lambda t)$. Aus $\widehat{(12)}$ folgt sofort $A(\lambda) = \hat{\varphi}(\lambda)$ und aus $\widehat{(13)}$ $B(\lambda) = \frac{1}{c\lambda}\hat{\psi}(\lambda)$. Aus

$$\hat{u}(\lambda, t) = \hat{\varphi}(\lambda)\cos(c\lambda t) + \frac{1}{c\lambda}\hat{\psi}(\lambda)\sin(c\lambda t)$$

liefert der Satz 2 nun sofort die Lösung

$$u(x,t) = \int_{-\infty}^{\infty} \left(\hat{\varphi}(\lambda)\cos(c\lambda t) + \frac{1}{c\lambda}\hat{\psi}(\lambda)\sin(c\lambda t)\right)e^{i\lambda x}\, d\lambda$$

in Übereinstimmung mit dem Resultat im Abschnitt 4.3.1.

Der Vollständigkeit halber führen wir hier noch einige weitere Rechenregeln für die Fourier-Transformation an.

**Regel 3: Affine Transformation**

Ist $F(x) := f\big(a(x-b)\big)$, so gilt $\hat{F}(\lambda) = \frac{1}{a}\, e^{-i\lambda b}\hat{f}\big(\frac{\lambda}{a}\big)$.

*Beweis.* Wir rechnen die Fourier-Transformierte von $F$ direkt aus und verwenden die Substitution $a(y-b) = z$, also

$$\begin{aligned}\hat{F}(\lambda) &= \frac{1}{2\pi}\int_{-\infty}^{\infty} f(a(y-b))e^{-i\lambda y}dy = \frac{1}{2\pi}\int_{-\infty}^{\infty} f(z)e^{-i\lambda(b+\frac{z}{a})}\frac{dz}{a} = \\ &= \frac{e^{-i\lambda b}}{a}\frac{1}{2\pi}\int_{-\infty}^{\infty} f(z)e^{-i\frac{\lambda}{a}z}dz = \frac{e^{-i\lambda b}}{a}\hat{f}\Big(\frac{\lambda}{a}\Big),\end{aligned}$$

wie gewünscht. □

**Regel 4: Verschiebungsregel**

Ist $F(x) := e^{ixb}f(x)$, so gilt $\hat{F}(\lambda) = \hat{f}(\lambda - b)$. Das heisst, die Multiplikation mit dem Faktor $e^{ixb}$ bewirkt bei der Fourier-Transformierten eine Verschiebung um $b$.

Die Regel 4 folgt sofort aus der Definition durch Nachrechnen.

**Regel 5: Faltungsregel**

Ist

$$F(x) := \int_{-\infty}^{\infty} f(z)g(x-z)\,dz =: (f * g)(x)$$

die sogenannte **Faltung** der Funktionen $f$ und $g$, so gilt

$$\hat{F}(\lambda) = 2\pi \hat{f}(\lambda)\,\hat{g}(\lambda).$$

*Beweis.* Wir rechnen einfach munter nach:

$$\begin{aligned}
\hat{F}(\lambda) &= \frac{1}{2\pi}\int_{-\infty}^{\infty}\Big(\int_{-\infty}^{\infty} f(z)g(y-z)\,dz\Big)e^{-i\lambda y}dy = \\
&= \frac{1}{2\pi}\int_{-\infty}^{\infty} f(z)\cdot 2\pi\Big(\frac{1}{2\pi}\int_{-\infty}^{\infty} g(y-z)\,dye^{-i\lambda y}dy\Big)dz = \\
&= \int_{-\infty}^{\infty} f(z)e^{-i\lambda z}\hat{g}(\lambda)dz = 2\pi\hat{f}(\lambda)\hat{g}(\lambda)
\end{aligned}$$

Dabei haben wir im ersten Schritt die Integrationsreihenfolge vertauscht und im zweiten Schritt beim roten Term die Regel 3 (mit $a = 1$) angewandt. □

**Regel 6: Fourier-Tranformierte der Fourier-Transformierten**

Es gilt $\hat{\hat{f}}(x) = \frac{1}{2\pi}f(-x)$.

*Beweis.* Wir rechnen nach und finden

$$\hat{\hat{f}}(x) = \frac{1}{2\pi}\int_{-\infty}^{\infty}\hat{f}(\lambda)e^{-i\lambda x}d\lambda = \frac{1}{2\pi}f(-x),$$

wobei wir im letzten Schritt den Satz 2 verwendet haben. □

**Regel 7: Produktregel**

Es gilt $\widehat{fg}(\lambda) = (\hat{f} * \hat{g})(\lambda)$.

*Beweis.* Wir haben einerseits

$$\hat{\widehat{fg}}(\lambda) = \frac{1}{2\pi} f(-\lambda)g(-\lambda)$$

nach Regel 6. Andererseits gilt

$$\widehat{(\hat{f} * \hat{g})}(\lambda) = 2\pi \hat{\hat{f}}(\lambda)\hat{\hat{g}}(\lambda) = \frac{1}{2\pi} f(-\lambda)g(-\lambda)$$

nach Regel 5 und Regel 6. Somit stimmen die Fourier-Transformierten von $\widehat{fg}$ und von $\hat{f} * \hat{g}$ überein, also auch die Funktionen $\widehat{fg}$ und $\hat{f} * \hat{g}$ selber. □

**Regel 8: Regel für die Stammfunktion**

Erfüllt $F(x) := \int\limits_a^x f(y)\,dy$ die Voraussetzung von Satz 2, so gilt

$$\hat{F}(\lambda) = \frac{1}{i\lambda}\hat{f}(\lambda).$$

*Beweis.* Wendet man Regel 2 auf $F' = f$ an, so folgt $\hat{f}(\lambda) = \widehat{F'}(\lambda) = i\lambda\hat{F}(\lambda)$ und die behauptete Formel folgt nach Division durch $i\lambda$. □

**Regel 9: Fourier-Transformierte der konstanten Funktion 1**

Ist $f(x) \equiv 1$, so gilt im distributionellen Sinn $\hat{f}(\lambda) = \delta(\lambda)$.

*Beweis.* Es gilt für eine beliebige Testfunktion $\varphi$

$$(\hat{1}, \varphi) = (1, \hat{\varphi}) = \int_{-\infty}^{\infty} 1 \cdot \hat{\varphi}(\lambda) d\lambda = \varphi(0)$$

nach Satz 2. Dies stimmt überein mit $(\delta, \varphi) = \varphi(0)$. Somit folgt $\hat{1} = \delta$. □

## 4.4 Das Sampling-Theorem von Shannon

Wenn man, wie etwa im Abschnitt 2.8.3 über die trigonometrische Interpolation, eine Funktion $f$, die man nur an gewissen Stützstellen kennt, durch eine Funktion $\tilde{f}$ interpoliert, muss man sich natürlich fragen, wie gut $\tilde{f}$ zwischen den Stützstellen

$f$ approximiert. Eine Antwort auf diese Frage gibt z. B. das Sampling-Theorem von Shannon, von dem wir im Folgenden eine einfache Version kennenlernen.

Eine Funktion $f : \mathbb{R} \to \mathbb{R}$ heisst ***b*-Band-beschränkt**, falls ihr Spektrum keine Frequenzen grösser als $b$ aufweist, das heisst, wenn gilt $\hat{f}(\lambda) = 0$ für alle $\lambda$ mit $|\lambda| \geqslant b$.

Das einfachste Beispiel einer $b$-Band-beschränkten Funktion ist die sinc-Funktion:

$$\begin{aligned} \operatorname{sinc}(x) &:= \frac{1}{2}\int_{-1}^{1} \exp(ix\lambda)d\lambda \\ &= \begin{cases} \frac{\sin x}{x} & \text{falls } x \neq 0 \\ 1 & \text{falls } x = 0. \end{cases} \end{aligned}$$

Wie man an der Definition ablesen kann, ist

$$\widehat{\operatorname{sinc}}(\lambda) = \begin{cases} \frac{1}{2} & \text{falls } |\lambda| < 1 \\ 0 & \text{falls } |\lambda| > 1, \end{cases}$$

das heisst, sinc ist eine 1-Band-beschränkte Funktion.

Für $b$-Band-beschränkte Funktionen gilt nun der Satz:

**Satz 8: Shannons Sampling-Theorem**

Sei $f$ $b$-Band-beschränkt und $h \leqslant \frac{\pi}{b}$. Dann ist $f$ an allen Stetigkeitspunkten eindeutig bestimmt durch die Werte $f(hk)$, $k \in \mathbb{Z}$, und es gilt

$$f(x) = \sum_{k\in\mathbb{Z}} f(hk) \operatorname{sinc}\big(\frac{\pi}{h}(x - hk)\big). \tag{14}$$

Ferner gilt für $|\lambda| \leqslant \frac{\pi}{h}$

$$\hat{f}(\lambda) = \frac{h}{2\pi} \sum_{k\in\mathbb{Z}} f(hk) \exp(-ihk\lambda). \tag{15}$$

*Beweis.* Weil $\hat{f}$ ausserhalb des Intervalls $[-\frac{\pi}{h}, \frac{\pi}{h}]$ verschwindet, ist (15) gerade die Fourier-Reihendarstellung von $\hat{f}$ auf diesem Intervall. Sei

$$\chi(\lambda) := \begin{cases} 1 & \text{falls } |\lambda| \leqslant \frac{\pi}{h} \\ 0 & \text{sonst,} \end{cases}$$

dann gilt

$$\hat{f}(\lambda) = \frac{h}{2\pi} \sum_{k\in\mathbb{Z}} f(hk) \exp(-ihk\lambda)\chi(\lambda)$$

für alle $\lambda$ und Fourier-Inversion liefert nach der Definition von sinc und Regel 3 die Formel (14). □

Eine Funktion $f$ heisst **fast $b$-Band-beschränkt**, falls $|\hat{f}(\lambda)|$ in einem gewissen Sinne klein ist für $|\lambda| > b$. Für solche Funktionen gilt dann zwar nicht „=“ in (14), aber zumindest ist der Fehler klein.

Eine Anwendung des Sampling-Theorems von Shannon ist die digitale Tonaufzeichnung. Da das menschliche Ohr keine (reinen) Töne mit Frequenzen über etwa $20 \cdot 10^3$ Hertz wahrnimmt, kann man annehmen, dass die hörbaren Schwingungen etwa eines Musikstücks einer $b$-Band-beschränkten Funktion $f$ mit $b = 2\pi \cdot 20 \cdot 10^3$ entsprechen. Das Sampling-Theorem sagt dann, dass die Abtastfrequenz $\frac{1}{h} \geqslant \frac{b}{\pi} = 4 \cdot 10^3$ Hertz betragen muss, um $f$ aus dieser Digitalisierung zu rekonstruieren. In der Tat ist die Abtastfrequenz bei CDs oder MP3 $44.1 \cdot 10^3$ Hertz. Trotzdem ist bei dieser Überlegung Vorsicht angebracht. Kritikpunkte sind etwa, dass Schwebungen von Ultraschalltönen durchaus hörbar sein können (vergleiche Abbildung 6 im Kapitel 5). Ferner wird bei der CD oder MP3 nicht die Formel (14) zur Rekonstruktion der Musik angewandt, sondern andere Verfahren. Bricht man z. B. die Reihe nach einer gewissen Anzahl Termen ab, so beobachtet man wieder ein Gibbs-Phänomen. Zudem werden die Daten $f_l$ nur digitalisiert gespeichert, nämlich mit 16 Bit bei einem Dynamikumfang von 96 Dezibel. Diese beschränkte Rasterung kann bei den leisen Tönen, bei denen das Ohr besonders empfindlich ist (die Phon-Skala ist ja logarithmisch), zu grob sein. Insofern ist auf der guten alten Schallplatte (trotz höheren Rauschpegels) doch noch mehr Musik drauf als auf der CD.

Wir schliessen dieses Kapitel noch mit einer überraschenden Folgerung aus dem Satz 8 ab.

**Korollar 9: Trapezregel für bandbeschränkte Funktionen**

Ist $f : \mathbb{R} \to \mathbb{R}$ eine $b$-bandbeschränkte Funktion und $h \leqslant \frac{\pi}{b}$, so liefert die Trapezregel mit Stützstellenabstand $h$ den exakten Integralwert

$$\int_{-\infty}^{\infty} f(x)dx = h \sum_{n \in \mathbb{Z}} f(nh).$$

*Beweis.* Dies folgt sofort aus (15), indem man dort $\lambda = 0$ setzt. □

In der Aufgabe 5 wird der Satz 8 als Folgerung der Poissonschen Summenformel hergeleitet.

# Übungsaufgaben zum Kapitel 4

1. (a) Man berechne die Fourier-Transformierte der Funktion

$$f : x \mapsto f(x) = \begin{cases} x & \text{falls } -1 \leqslant x \leqslant 1, \\ 0 & \text{sonst.} \end{cases}$$

(b) Man verwende (a) zur Berechnung des Integrals

$$\int_{-\infty}^{\infty} \frac{t\sin(t)\cos(t) - \sin^2(t)}{t^2}\, dt.$$

2. Man stelle die Funktion

$$f : x \mapsto f(x) = \begin{cases} x & \text{falls } 0 < x \leqslant 1, \\ 2 - x & \text{falls } 1 < x \leqslant 2, \\ 0 & \text{falls } x > 2, \end{cases}$$

als Superposition von reinen Sinusschwingungen $\sin(\lambda x)$, $\lambda > 0$, dar.

3. Man berechne die Lösung von

$$\begin{cases} u_t - u_{xxx} = 0 & \text{für } t > 0, x \in \mathbb{R}, \\ u(x,0) = e^{-\frac{x^2}{2}} & \text{für } x \in \mathbb{R}. \end{cases}$$

**Hinweis:** Man führe bei festgehaltener Zeit $t$ eine Fourier-Transformation in der $x$-Variablen durch. Es gilt

$$\widehat{e^{-\frac{x^2}{2}}} = \sqrt{2\pi}\, e^{-\frac{\lambda^2}{2}}.$$

4. Die Anfangsbedingung für die Temperatur $u$ in einem unendlich langen eindimensionalen Stab sei durch

$$u(x,0) = \exp(-\frac{x^2}{\alpha^2}), \quad x \in \mathbb{R}, \ \alpha > 0,$$

gegeben. Gesucht ist die Lösung der Wärmeleitungsgleichung

$$u_t(x,t) = k^2 u_{xx}(x,t), \quad x \in \mathbb{R}, \ t > 0,$$

mit dieser Anfangsbedingung.

**Hinweis:** $\int_{-\infty}^{\infty} e^{-x^2} dx = \sqrt{\pi}$.

5. Sei $f \in \mathscr{D}(\mathbb{R})$. Dann ist

$$g(x) := \sum_{n\in\mathbb{Z}} f(x + 2n\pi)$$

$2\pi$-periodisch und kann somit als Fourier-Reihe

$$g(x) = \sum_{k\in\mathbb{Z}} c_k e^{ikx}$$

dargestellt werden.

(a) Man beweise, dass $c_k = \hat{f}(k)$ und somit

$$\sum_{n\in Z} f(x + 2n\pi) = \sum_{k\in\mathbb{Z}} \hat{f}(k)e^{ikx}.$$

Für $x = 0$ folgt daraus die **Poissonsche Summenformel**

$$\sum_{n\in Z} f(2n\pi) = \sum_{k\in\mathbb{Z}} \hat{f}(k).$$

(b) Man beweise mithilfe der Poissonschen Summenformel nochmal die Formel (14) im Satz 8.

6. Sei $f \in \mathscr{D}(\mathbb{R}), b > 0$ und $F_b(x) := \frac{b}{\pi}\operatorname{sinc}(bx)$.

(a) Man verifiziere, dass $\widehat{F_b}(\lambda) = \frac{1}{2\pi}\chi_{]-b,b[}(\lambda)$.

(b) Man beweise, dass $f \mapsto f * F_b$ ein Tiefpassfilter ist. Das heisst, in $f * F_b$ sind, im Vergleich zu $f$, alle Frequenzen $|\lambda| \geqslant b$ verschwunden. Konkret lassen sich also durch (numerische) Faltung mit $F_b$ Signale glätten und Rauschen aus akustischen Signalen oder Bildern entfernen.

(c) Man beweise, dass $f \mapsto f - f * F_b$ ein Hochpassfilter ist. Das heisst, die Frequenzen $|\lambda| < b$ sind verschwunden.

(d) Wie lassen sich gezielt Frequenzen in einem Band $b_1 < |\lambda| < b_2$ herausfiltern?

# Kapitel 5

# Die Laplace-Transformation

Im vorangegangenen Kapitel haben wir die Nützlichkeit der Fourier-Transformation bei der Lösung von PDEs gesehen. Jetzt lernen wir eine weitere Integraltransformation von grosser praktischer Bedeutung kennen.

## 5.1 Definition und Rechenregeln

Zunächst führen wir einige grundlegende Begriffe ein.

**Definition 1: Originalfunktionen**

Eine Funktion

$$F: \ t \mapsto F(t)$$

einer reellen Variablen $t$ mit reellen oder komplexen Werten heisst eine **Originalfunktion**, wenn $F$ folgenden vier Bedingungen genügt:

(i) $F$ ist auf der ganzen reellen Achse definiert.

(ii) $F$ ist stückweise glatt.

(iii) Für $t < 0$ gilt $F(t) = 0$.

(iv) $F$ wächst für $t \to \infty$ höchstens exponentiell, d. h. es gibt reelle Konstanten $\sigma$ und $M$ derart, dass

$$|F(t)| \leqslant Me^{\sigma t} \tag{1}$$

für alle $t \geqslant 0$.

Die Menge aller Originalfunktionen wird **Originalraum** der Laplace-Transformation genannt.

Die Abbildung 1 zeigt eine typische Originalfunktion.

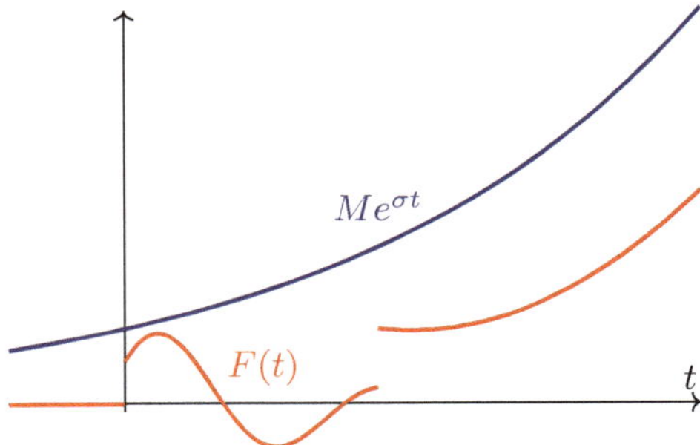


Abbildung 1: Eine typische Originalfunktion $F$

Falls für eine Funktion $F$ die Bedingung (iii) nicht „von Natur aus" erfüllt ist, so kann man (iii) immer erzwingen: Die Funktion

$$G(t) := \begin{cases} F(t) & \text{für } t \geqslant 0 \\ 0 & \text{für } t < 0 \end{cases}$$

erfüllt nämlich (iii). Wir werden im Folgenden nicht jedesmal ausdrücklich sagen, dass die betrachteten Funktionen für $t < 0$ null sind. So reden wir z. B. von der „Originalfunktion" $F(t) = \cos(\omega t)$ und meinen damit die Funktion

$$F(t) = \begin{cases} \cos(\omega t) & \text{für } t \geqslant 0 \\ 0 & \text{für } t < 0. \end{cases}$$

Wir bemerken noch Folgendes: Gilt (1) für $\sigma$, so auch für jedes $\sigma' > \sigma$. Die kleinste Zahl $\sigma_0$ mit der Eigenschaft, dass (1) für jedes $\sigma > \sigma_0$ gilt, heisst **Wachstumskoeffizient** von $F$ (es kann sein, dass (1) auch noch für $\sigma_0$ selber gilt, muss aber nicht).

**Beispiel 2: Originalfunktionen**

(i) $t \mapsto e^{t^2}$ ist keine Originalfunktion, denn (1) ist für kein $\sigma$ erfüllt! Dies kann man etwa durch Logarithmieren von (1) einsehen.

(ii) Wir erinnern an die Heavisidesche Sprungfunktion $H$, die im Kapitel 2, Beispiel 14, eingeführt wurde:

$$H \,:\, t \mapsto \begin{cases} 1 & \text{für } t \geqslant 0 \\ 0 & \text{für } t < 0. \end{cases}$$

$H$ genügt (i)-(iv) und ist somit eine Originalfunktion. Ihr Wachstumskoeffizient ist $\sigma_0 = 0$.

(iii) Sei $n = 1, 2, \ldots$. Die Funktion

$$F(t) := \begin{cases} t^n & \text{für } t \geqslant 0 \\ 0 & \text{für } t < 0 \end{cases}$$

ist eine Originalfunktion. Wir zeigen, dass (1) für jedes $\sigma > 0$ gilt. Bekanntlich gilt für jedes $\sigma > 0$

$$\lim_{t \to \infty} t^n e^{-\sigma t} = 0\,;$$

$t^n e^{-\sigma t}$ besitzt daher im Intervall $0 \leqslant t < \infty$ ein Maximum $M$ (das von $\sigma$ abhängt). Daraus folgt

$$t^n \leqslant M e^{\sigma t} \quad \text{für alle } t \geqslant 0.$$

$F$ hat also den Wachstumskoeffizienten $\sigma_0 = 0$.

(iv) Sei $a = \alpha + i\beta$ ($\alpha, \beta$ reell). Die Funktion

$$F\,:\, t \mapsto \begin{cases} e^{at} = e^{\alpha t} \cdot e^{i\beta t} & \text{für } t \geqslant 0 \\ 0 & \text{für } t < 0 \end{cases}$$

ist eine Originalfunktion mit Wachstumskoeffizient $\sigma_0 = \alpha$.

Sei nun $F$ eine Originalfunktion mit Wachstumskoeffizient $\sigma_0$. Dann gilt das folgende Lemma.

**Lemma 3**

Für jede komplexe Zahl $s = \sigma + i\omega$ mit $\sigma > \sigma_0$ existiert das Integral

$$\int_0^\infty e^{-st} F(t)\, dt.$$

*Beweis.* Wir wählen eine Zahl $\sigma_1$ mit $\sigma_0 < \sigma_1 < \sigma$. Dann gilt:

$$\begin{aligned} \Big|\int_0^\infty e^{-st} F(t)\, dt\Big| &\leqslant \int_0^\infty \big|e^{-st}\big|\, \big|F(t)\big|\, dt = \int_0^\infty e^{-\sigma t} \big|F(t)\big|\, dt \\ &\leqslant \int_0^\infty e^{-\sigma t} M e^{\sigma_1 t}\, dt = M \int_0^\infty e^{-(\sigma-\sigma_1)t}\, dt \\ &= -\frac{M}{\sigma - \sigma_1} e^{-(\sigma-\sigma_1)t}\Big|_0^\infty = \frac{M}{\sigma - \sigma_1} < \infty. \end{aligned}$$

Damit ist nicht nur der Beweis erbracht, sondern auch gleich eine quantitative Abschätzung für das Integral gezeigt. □

Wegen Lemma 3 ist nun folgende Definition möglich:

**Definition 4: Laplace-Transformation**

Sei $F$ eine Originalfunktion mit dem Wachstumskoeffizienten $\sigma_0$. Die komplexe Funktion einer komplexen Variablen

$$f : s \mapsto \int_0^\infty e^{-st} F(t)\, dt \in \mathbb{C} \quad (\operatorname{Re} s > \sigma_0)$$

heisst **Laplace-Transformierte** oder **Bildfunktion** von $F$. Die Menge aller Laplace-Transformierten heisst **Bildraum**. Die Abbildung, die jeder Originalfunktion ihre Bildfunktion zuordnet, heisst **Laplace-Transformation**. Ist $f$ Laplace-Transformierte von $F$, so schreiben wir dafür

$$f = \mathscr{L}[F]$$

oder das sogenannte **Doetsch-Symbol**

$$F \circ\!\!-\!\!\!-\!\!\bullet\, f \quad \text{oder} \quad f \bullet\!\!-\!\!\!-\!\!\circ\, F$$

($\circ$ markiert die Originalfunktion, $\bullet$ die Bildfunktion).

**Konvention:** Wir werden für die Originalfunktionen Grossbuchstaben und für die zugehörigen Bildfunktionen die entsprechenden Kleinbuchstaben verwenden.

Die Laplace-Transformation ist genau wie die Fourier-Transformation eine sogenannte **Funktionaltransformation**: Sie ordnet jeder Funktion des Originalraumes eine Funktion des Bildraumes zu (siehe Abbildung 2).

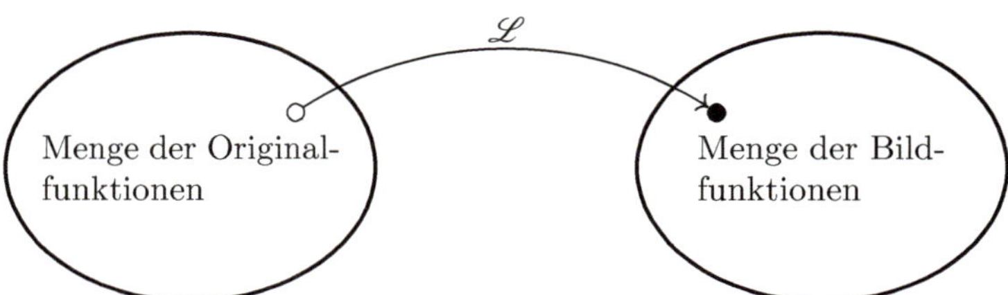


Abbildung 2: Laplace-Transformation

Um das Rechnen mit der Laplace-Transformation zu erleichtern, gibt es eine ganze Anzahl Regeln. Die erste folgt unmittelbar aus der Definition der Laplace-Transformation:

**Regel 1: Linearität**

Die Laplace-Transformation ist linear: Es gilt

$$\mathscr{L}[aF + bG] = a\mathscr{L}[F] + b\mathscr{L}[G]$$

für beliebige komplexe Zahlen $a$ und $b$.

**Beispiel 5: Laplace-Transformation von einfachen Funktionen**

(i) Sei $H$ die Heaviside-Funktion von Beispiel 2:

$$\mathscr{L}[H(t)] = \int_0^\infty e^{-st}\,dt = -\frac{1}{s}e^{-st}\Big|_0^\infty = \frac{1}{s} \quad \text{für } \operatorname{Re} s > 0.$$

(ii) Die Bildfunktion $f$ zur Originalfunktion $F : t \mapsto e^{at}$ mit $a = \alpha + i\beta$ ist

$$f(s) = \int_0^\infty e^{-st}e^{at}\,dt = \int_0^\infty e^{-(s-a)t}\,dt = \frac{1}{s-a} \quad \text{für } \operatorname{Re} s > \alpha.$$

(iii) Sei $\omega_0$ reell. Es gilt $\sin(\omega_0 t) = \frac{1}{2i}(e^{i\omega_0 t} - e^{-i\omega_0 t})$. Wie gerade gesehen, haben wir für die Summanden

$$e^{i\omega_0 t} \circ\!\!-\!\!\bullet \frac{1}{s - i\omega_0} \quad \text{und} \quad e^{-i\omega_0 t} \circ\!\!-\!\!\bullet \frac{1}{s + i\omega_0}$$

für $\operatorname{Re} s > 0$. Aus Regel 1 folgt somit

$$\sin(\omega_0 t) \circ\!\!-\!\!\bullet \frac{1}{2i}\Big(\frac{1}{s - i\omega_0} - \frac{1}{s + i\omega_0}\Big) = \frac{\omega_0}{s^2 + \omega_0^2}.$$

Die Bildfunktionen haben viele schöne Eigenschaften, sie sind zum Beispiel analytisch; davon wird in der komplexen Analysis die Rede sein. Eine Eigenschaft, die wir jetzt schon zeigen können, wird im folgenden Satz formuliert:

**Satz 6: Grenzwertsatz**

Für die Laplace-Transformierte $f$ einer Originalfunktion gilt

$$\lim_{s\to\infty} f(s) = 0,$$

wenn $s$ derart gegen $\infty$ strebt, dass $\operatorname{Re}(s)$ gegen $\infty$ geht.

*Beweis.* Der Wachstumskoeffizient der Originalfunktion $F$ sei $\sigma_0$. Sei $\sigma := \operatorname{Re}(s) > \sigma_1 > \sigma_0$. Dann gilt wie im Beweis von Lemma 3:

$$|f(s)| = \Big|\int_0^\infty F(t)e^{-st}\,dt\Big| \leqslant \frac{M}{\sigma - \sigma_1},$$

und dieser Term geht gegen 0 für $\sigma \to \infty$. □

Kann es sein, dass zwei verschiedene Originalfunktionen dieselbe Laplace-Transformierte besitzen? Oder umgekehrt gefragt: Ist bei gegebener Bildfunktion die zugehörige Originalfunktion eindeutig bestimmt? Die Antwort gibt der folgende Satz:

**Satz 7: Eindeutigkeitssatz**

Es seien $F_1$, $F_2$ zwei Originalfunktionen, und es sei

$$\mathscr{L}[F_1] = \mathscr{L}[F_2].$$

Dann ist an allen Stellen $t$, an denen $F_1$ und $F_2$ stetig sind,

$$F_1(t) = F_2(t).$$

Zum Beweis zitieren wir das folgende Lemma aus der reellen Analysis:

**Lemma 8: Momentensatz**

Es sei

$$G : x \mapsto G(x), \qquad 0 \leqslant x \leqslant 1,$$

eine komplexwertige, bis auf endlich viele Sprungstellen stetige Funktion mit der Eigenschaft, dass alle „Momente“ verschwinden, d. h.

$$\int_0^1 x^n G(x)\,dx = 0, \qquad n = 0, 1, 2, \ldots.$$

Dann ist $G(x) = 0$ an allen Stetigkeitsstellen.

Mithilfe von Lemma 8 beweisen wir nun Satz 7 für den Fall, dass $F_1$ und $F_2$ nur endlich viele Sprungstellen haben.

*Beweis von Satz 7.* Wir dürfen ohne Einschränkung der Allgemeinheit annehmen, dass die Wachstumskoeffizienten $\sigma_1$ und $\sigma_2$ der Funktionen $F_1$ und $F_2$ beide $\leqslant 0$ sind (sonst betrachten wir $e^{-ct}F_1(t)$ und $e^{-ct}F_2(t)$ mit geeignetem $c > 0$). Laut Voraussetzung gilt

$$\int_0^\infty F_1(t)e^{-st}\,dt = \int_0^\infty F_2(t)e^{-st}\,dt$$

für alle $s$ mit $\operatorname{Re}(s) > 0$. Sei $F := F_1 - F_2$, dann gilt für $F$:

$$\int_0^\infty F(t)e^{-st}\,dt = 0, \qquad \operatorname{Re}(s) > 0.$$

Die Substitution $x := e^{-t}$ liefert

$$\int_0^1 x^{s-1} F(-\log x)\,dx = 0, \qquad \operatorname{Re}(s) > 0.$$

Also folgt insbesondere für $s = 1, 2, \ldots$

$$\int_0^1 x^n F(-\log x)\,dx = 0, \quad n = 0, 1, 2, \ldots,$$

woraus sich mithilfe von Lemma 8 die Behauptung ergibt. □

Nach Satz 7 unterscheiden sich also zwei Originalfunktionen einer Bildfunktion höchstens an ihren Unstetigkeitsstellen voneinander. Es ist sinnvoll, zwei solche Funktionen als gleich anzusehen. Der Satz 7 sagt dann, dass bei gegebener Bildfunktion die zugehörige Originalfunktion *eindeutig* bestimmt ist. Die Zuordnung

$$\text{Bildfunktion } f \mapsto \text{ Originalfunktion } F$$

wird **inverse Laplace-Transformation** oder **Rücktransformation** genannt. Man schreibt dafür (neben dem Doetsch-Symbol)

$$F = \mathscr{L}^{-1}[f].$$

Nun können wir endlich die Grundidee der Methode der Laplace-Transformation darlegen:

Es sei eine Funktionalgleichung (gewöhnliche Differentialgleichung, PDE, Differenzengleichung, Integralgleichung) zu lösen. Zur Lösung des Problems gehen wir wie folgt vor:

1. Schritt: Wir wenden auf die Funktionalgleichung die Laplace-Transformation an und übersetzen so das Problem in den Bildraum.

2. Schritt: Wir lösen das Problem im Bildraum.

3. Schritt: Wir transformieren die im Bildraum gefundene Lösung in den Originalraum zurück.

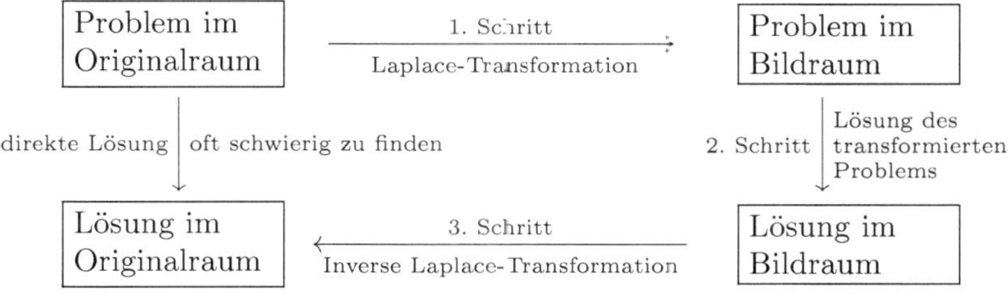


Bevor wir mit dieser Strategie nun wirkliche Probleme angehen, brauchen wir noch mehr Rechenregeln:

**Regel 2: Ähnlichkeitssatz**

Für jedes reelle $\alpha > 0$ und $f = \mathscr{L}[F]$ gilt

$$F(\alpha t) \circ\!\!-\!\!\bullet \frac{1}{\alpha} f(\frac{s}{\alpha}).$$

*Beweis.* Mit $F(t)$ ist auch $F(\alpha t)$ eine Originalfunktion. Es gilt

$$F(\alpha t) \circ\!\!-\!\!\bullet \int_0^\infty e^{-st} F(\alpha t)\, dt = \frac{1}{\alpha} \int_0^\infty \exp\Big(\frac{-s\tau}{\alpha}\Big) F(\tau)\, d\tau = \frac{1}{\alpha} f\Big(\frac{s}{\alpha}\Big),$$

wobei wir im ersten Schritt die Substitution $\tau = \alpha t$ verwendet haben. □

**Regel 3: Differentiationssatz**

Sei $F$ für $t > 0$ stetig, und mit $F$ sei auch die Ableitung $F'$ eine Originalfunktion. Dann gilt

$$F'(t) \circ\!\!-\!\!\bullet sf(s) - F(0),$$

wobei mit $F(0)$ der rechtsseitige Grenzwert $\lim\limits_{t \downarrow 0} F(t)$ gemeint ist, wenn $F$ in 0 eine Sprungstelle aufweist.

*Beweis.*

$$\begin{aligned} F'(t) \circ\!\!-\!\!\bullet \int_0^\infty e^{-st} F'(t)\, dt &\overset{\text{P.I.}}{=} e^{-st} F(t)\Big|_0^\infty + s \int_0^\infty e^{-st} F(t)\, dt \\ &= \lim_{t \to \infty} e^{-st} F(t) - F(0) + sf(s). \end{aligned}$$

Der Grenzwert verschwindet aber, denn für $F$ als Originalfunktion gilt ja

$$|F(t)| \leqslant M e^{\sigma_1 t}$$

für gewisse reelle Konstanten $\sigma_1$ und $M$. Damit gilt

$$|e^{-st} F(t)| \leqslant M e^{-(\operatorname{Re} s - \sigma_1)t},$$

sodass für $\operatorname{Re}(s) > \sigma_1$

$$\lim_{t \to \infty} e^{-st} F(t) = 0,$$

wie gewünscht. □

Wie transformiert sich die 2. Ableitung $F''$? Wir wenden Regel 3 auf $F'$ an und erhalten

$$F''(t) \circ\!\!-\!\!\bullet s\mathscr{L}[F'(t)] - F'(0) = s^2 f(s) - sF(0) - F'(0).$$

Wiederholte Anwendung der Regel 3 liefert die allgemeine

**Regel $3^n$: Differentiationssatz iteriert**

Es gilt:

$$F^{(n)}(t) \circ\!\!-\!\!\bullet\; s^n f(s) - s^{n-1}F(0) - s^{n-2}F'(0) - \ldots - F^{(n-1)}(0).$$

Diese Regel gilt für $n = 0, 1, 2, \ldots$, vorausgesetzt, $F'$, $F''$, …, $F^{(n)}$ sind Originalfunktionen und $F$, $F'$, $F''$, …, $F^{(n-1)}$ sind für $t > 0$ stetig. Wiederum sind die Werte $F(0)$, $F'(0)$, …, $F^{(n-1)}(0)$ als rechtsseitige Grenzwerte zu verstehen.

Wir sehen also: Bei der Laplace-Transformation entspricht der Differentiation im Originalraum die Multiplikation mit $s$ im Bildraum, wobei noch den Anfangswerten $F(0)$, $F'(0), \ldots$ Rechnung zu tragen ist.

**Beispiel 9: Laplace-Transformierte der Sinus- und Kosinusfunktion**

Im Beispiel 5 hatten wir

$$\sin(\omega_0 t) \circ\!\!-\!\!\bullet\; \frac{\omega_0}{s^2+\omega_0^2}$$

Anwenden der Regel 3 liefert

$$\frac{d}{dt}\sin(\omega_0 t) = \omega_0\cos(\omega_0 t) \circ\!\!-\!\!\bullet\; \frac{s\omega_0}{s^2+\omega_0^2}.$$

Also gilt laut Regel 1:

$$\cos(\omega_0 t) \circ\!\!-\!\!\bullet\; \frac{s}{s^2+\omega_0^2}.$$

**Regel 4: Multiplikationssatz**

Es gilt

$$-tF(t) \circ\!\!-\!\!\bullet\; f'(s).$$

Der Einfachheit halber denken wir uns $s$ hier als reelle Variable. In der komplexen Analysis wird erklärt, was die Ableitung einer Funktion nach einer komplexen Variablen ist und gezeigt, dass die gleichen Rechenregeln gelten, wie für die reelle Ableitung. Die obige Formel, so wird sich zeigen, gilt auch für komplexes $s$.

*Beweis von Regel 4.* Wir rechnen einfach der Definition der Laplace-Transformation folgend nach:

$$f'(s) = \frac{d}{ds}\int_0^\infty e^{-st}F(t)\,dt = \int_0^\infty F(t)\frac{d}{ds}e^{-st}\,dt = \int_0^\infty -tF(t)e^{-st}\,dt = \mathscr{L}[-tF(t)].$$

Dabei haben wir im ersten Schritt den Satz von Leibniz verwendet und die Ableitung nach $s$ mit dem Integral nach $t$ vertauscht. □

Der Ableitung im Bildraum entspricht also die Multiplikation mit $-t$ im Originalraum. Durch Iteration erhält man die allgemeine Formel:

**Regel $4^n$: Multiplikationssatz iteriert**

Es gilt für $n = 0, 1, 2, \ldots$

$$(-t)^n F(t) \circ\!\!-\!\!\bullet\ f^{(n)}(s).$$

Der Ableitung im Originalraum entsprach im Bildraum im Wesentlichen das Produkt mit der Bildvariable $s$ (siehe Regel 3). Es ist daher naheliegend, dass der Integration im Originalraum die Division durch $s$ im Bildraum entspricht. Diese Vermutung stellt sich als richtig heraus:

**Regel 5: Integrationssatz**

Es gilt

$$\int_0^t F(\tau)\, d\tau \circ\!\!-\!\!\bullet\ \frac{1}{s} f(s).$$

*Beweis.* Mit $F$ ist auch $G : t \mapsto \int_0^t F(\tau)\, d\tau$ eine Originalfunktion. Sei nun $G(t) \circ\!\!-\!\!\bullet\ g(s)$, dann gilt nach Regel 3

$$G'(t) \circ\!\!-\!\!\bullet\ sg(s) - G(0) = sg(s).$$

Die Behauptung folgt somit aus $G'(t) = F(t) \circ\!\!-\!\!\bullet\ f(s)$. □

Der Multiplikation mit $t$ im Originalraum entspricht nach Regel 4 die Ableitung im Bildraum. Was passiert wohl bei der Division durch $t$?

**Regel 6: Divisionssatz**

Es besitze $F$ den Wachstumskoeffizienten $\sigma_0$, und neben $F$ sei auch die Funktion $G(t) := \frac{1}{t} F(t)$ Originalfunktion. Dann gilt für $\mathrm{Re}(s) > \sigma_0$

$$G(t) = \frac{F(t)}{t} \circ\!\!-\!\!\bullet\ \int_s^\infty f(u)\, du.$$

Auch hier wollen wir uns $s$ reell denken. Die komplexe Analysis liefert später die Interpretation für komplexe $s$.

*Beweis von Regel 5.* Sei $G(t) \circ\!\!-\!\!\bullet\ g(s)$. Nach Regel 4 gilt

$$-g'(s) \ \bullet\!\!-\!\!\circ\ tG(t) = F(t) \ \circ\!\!-\!\!\bullet\ f(s).$$

Also gilt $g'(s) = -f(s)$ und somit für festes $s_0$ mit $\operatorname{Re} s_0 > \sigma_0$

$$g(s) = -\int_{s_0}^{s} f(u)\,du + C.$$

Laut Satz 6 gilt $0 = \lim\limits_{\operatorname{Re} s \to \infty} g(s) = -\int_{s_0}^{\infty} f(u)\,du + C$. Damit ist die Integrationskonstante $C$ bestimmt und die Behauptung gezeigt. □

Der Integration im Bildraum entspricht also die Division durch $t$ im Originalraum.

**Beispiel 10: Eine Anwendung der Regel 6**

Im Beispiel 5 hatten wir $\sin t \ \circ\!\!-\!\!\bullet\ \frac{1}{s^2+1}$. Darauf wenden wir jetzt Regel 6 an:

$$\int_0^\infty e^{-st}\frac{\sin t}{t}\,dt = \mathscr{L}\left[\frac{\sin t}{t}\right] \overset{\text{R.6}}{=} \int_s^\infty \frac{1}{u^2+1}\,du = \frac{\pi}{2} - \arctan s.$$

Lässt man nun $s$ gegen null streben, so erhält man daraus

$$\int_0^\infty \frac{\sin t}{t}\,dt = \frac{\pi}{2},$$

ein Integral, das nicht auf elementare Weise durch Aufsuchen einer Stammfunktion bestimmt werden kann!

**Regel 7: Verschiebungssatz**

Für jedes $T_0 > 0$ gilt

$$F(t - T_0) \ \circ\!\!-\!\!\bullet\ e^{-sT_0} f(s).$$

*Beweis.* Da $F(t) = 0$ ist für $t < 0$, ist $F(t - T_0) = 0$ für $t < T_0$ (siehe Abbildung 3). Damit erhalten wir mit

$$\int_0^\infty e^{-st}F(t-T_0)\,dt = \int_{T_0}^\infty e^{-st}F(t-T_0)\,dt = \int_0^\infty e^{-s(\tau+T_0)}F(\tau)\,d\tau$$

$$= e^{-sT_0}\int_0^\infty e^{-s\tau}F(\tau)\,d\tau = e^{-sT_0}f(s).$$

das gewünschte Resultat. □

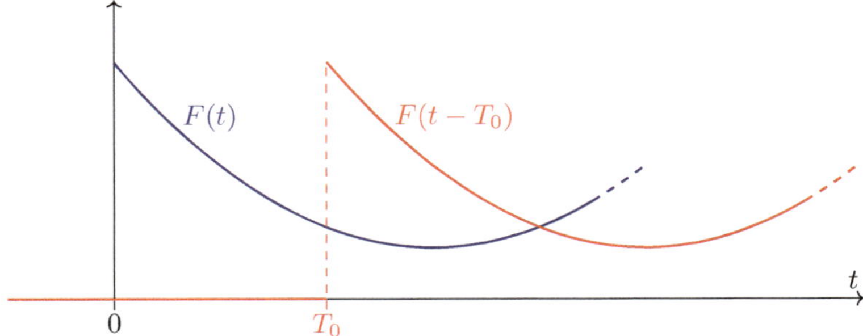


Abbildung 3: Verschobene Originalfunktion

Der Verschiebung im Originalraum um $T_0$ entspricht die Multiplikation mit dem Dämpfungsfaktor $e^{-sT_0}$ im Bildraum.

**Regel 8: Dämpfungssatz**

Für beliebiges komplexes $a$ gilt

$$e^{at}F(t) \circ\!\!-\!\!\bullet\; f(s-a).$$

*Beweis.* Es gilt

$$e^{at}F(t) \circ\!\!-\!\!\bullet \int_0^\infty e^{-st}e^{at}F(t)\,dt = \int_0^\infty e^{-(s-a)t}F(t)\,dt = f(s-a)$$

womit die Formel bereits gezeigt ist. □

Der Verschiebung um $a$ im Bildraum entspricht also die Multiplikation mit dem Dämpfungsfaktor $e^{at}$ im Originalraum.

**Regel 9: Satz über periodische Funktionen**

Es sei $F$ eine periodische Funktion mit Periode $T > 0$, d. h.

$$F(t+T) = F(t) \quad \text{für } t \geqslant 0.$$

Dann gilt:

$$F(t) \circ\!\!-\!\!\bullet\; \frac{1}{1-e^{-sT}} \int_0^T e^{-st}F(t)\,dt.$$

*Beweis.* Wir führen die Funktion

$$F_0 \,:\, t \mapsto \begin{cases} F(t) & (0 \leqslant t < T) \\ 0 & (\text{sonst}) \end{cases}$$

ein (siehe Abbildung 4), und es sei $F_0(t) \circ\!\!-\!\!\bullet\ f_0(s)$.

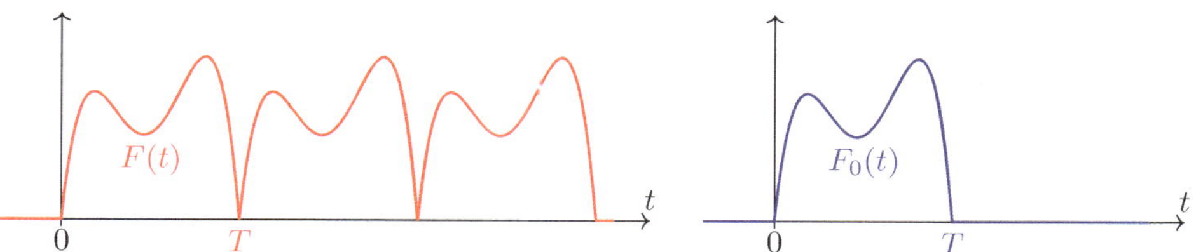


Abbildung 4: Periodische Funktion

Offenbar gilt dann

$$F(t) = F_0(t) + F_0(t-T) + F_0(t-2T) + \dots.$$

Diese Reihe transformieren wir mit Regel 7 gliedweise:

$$f(s) = (1 + e^{-sT} + e^{-2sT} + \dots) f_0(s) = \frac{1}{1-e^{-sT}} f_0(s).$$

Hierbei haben wir die Formel für die geometrische Reihe benutzt. Aufgrund der Definition von $F_0$ gilt

$$f_0(s) = \int_0^\infty e^{-st} F_0(t)\,dt = \int_0^T e^{-st} F_0(t)\,dt = \int_0^T e^{-st} F(t)\,dt.$$

Dies ergibt die Behauptung. □

## 5.2 Anwendungen

Nun wollen wir die Laplace-Transformation auf verschiedene Probleme anwenden.

### 5.2.1 Gewöhnliche Differentialgleichungen

Man löse das Anfangswertproblem

$$\begin{cases} F'' + 2F' + F = te^{-t} + e^t \\ F(0) = 0, \quad F'(0) = 0. \end{cases} \tag{2}$$

**Lösung:** Wir transformieren die Differentialgleichung (2). Zuerst die linke Seite:

$$\begin{aligned} \mathscr{L}[F'' + 2F' + F] &\overset{\text{R.1}}{=} \mathscr{L}[F''] + 2\mathscr{L}[F'] + \mathscr{L}[F] \\ &\overset{\text{R.3}}{=} s^2 f(s) - sF(0) - F'(0) + 2sf(s) - 2F(0) + f(s) \\ &= (s^2 + 2s + 1) f(s) = (s+1)^2 f(s). \end{aligned}$$

Nun die rechte Seite:

$$\begin{aligned}\mathscr{L}[te^{-t}+e^{t}] &\overset{\text{R.1}}{=} \mathscr{L}[te^{-t}]+\mathscr{L}[e^{t}]\\ &\overset{\text{R.4}}{=} -\frac{d}{ds}\mathscr{L}[e^{-t}]+\mathscr{L}[e^{t}]\\ &\overset{\text{R.8}}{=} -\frac{d}{ds}\mathscr{L}[1](s+1)+\mathscr{L}[1](s-1) = -\frac{d}{ds}\frac{1}{s+1}+\frac{1}{s-1}\\ &= \frac{1}{(s+1)^2}+\frac{1}{s-1}.\end{aligned}$$

Gleichsetzen beider Seiten liefert

$$f(s) = \frac{1}{(s+1)^4}+\frac{1}{(s-1)(s+1)^2}.$$

Man beachte, dass im Bildraum die Lösung des Problems ganz einfach durch algebraische Umformung zu finden war. Nachdem das Problem im Bildraum gelöst ist, müssen wir die Lösung noch zurücktransformieren.

Der erste Term ist noch sehr einfach:

$$\begin{aligned}\frac{1}{(s+1)^4} \overset{\text{R.8}}{\circ\!\!-\!\!\bullet}\ \mathscr{L}^{-1}\Big[\frac{1}{s^4}\Big]e^{-t} &= \mathscr{L}^{-1}\Big[-\frac{1}{6}\Big(\frac{1}{s}\Big)'''\Big]e^{-t}\\ &\overset{\text{R.4}}{=} \frac{1}{6}t^3\mathscr{L}^{-1}\Big[\frac{1}{s}\Big]e^{-t} = \frac{1}{6}t^3e^{-t}.\end{aligned}$$

Der zweite Term wird zuerst in Partialbrüche zerlegt:

$$\frac{1}{(s-1)(s+1)^2} = \frac{A}{s-1}+\frac{B}{s+1}+\frac{C}{(s+1)^2}.$$

Durch eine der zahlreichen Methoden findet man

$$A=-B=\frac{1}{4},\quad C=-\frac{1}{2}.$$

Somit:

$$\begin{aligned}\frac{1}{(s-1)(s+1)^2} &\circ\!\!-\!\!\bullet\ \frac{1}{4}\mathscr{L}^{-1}\Big[\frac{1}{s-1}\Big]-\frac{1}{4}\mathscr{L}^{-1}\Big[\frac{1}{s+1}\Big]-\frac{1}{2}\mathscr{L}^{-1}\Big[\frac{1}{(s+1)^2}\Big]\\ &\overset{\text{R.8}}{=} \frac{1}{4}\mathscr{L}^{-1}\Big[\frac{1}{s}\Big]e^{t}-\frac{1}{4}\mathscr{L}^{-1}\Big[\frac{1}{s}\Big]e^{-t}-\frac{1}{2}\mathscr{L}^{-1}\Big[\frac{1}{s^2}\Big]e^{-t}\\ &\overset{\text{R.4}}{=} \frac{1}{4}e^{t}-\frac{1}{4}e^{-t}-\frac{1}{2}te^{-t}.\end{aligned}$$

Damit lautet die Lösung des Anfangswertproblems (2):

$$F(t) = \Big(\frac{t^3}{6}-\frac{t}{2}-\frac{1}{4}\Big)e^{-t}+\frac{1}{4}e^{t}.$$

Nun wenden wir uns einem physikalischen Problem zu.

**Gekoppelte Pendel.** Zwei gleiche Pendel der Länge $l$ und der Masse $m$ sind durch eine Feder mit der Federkonstanten $f$ gekoppelt (siehe Abbildung 5). Gesucht sind die Ausschläge $\Phi_1$ und $\Phi_2$ in Funktion der Zeit $t$.

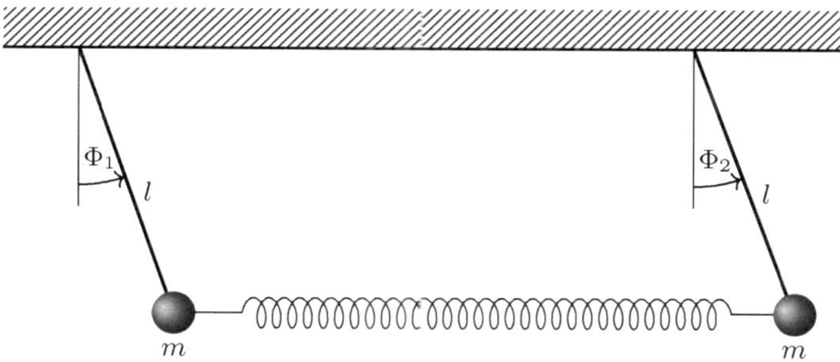


Abbildung 5: Gekoppelte Pendel

Unter der Annahme, dass die Ausschläge $\Phi_1$ und $\Phi_2$ klein sind, lauten die Bewegungsgleichungen

$$\begin{cases} ml\Phi_1'' = -mg\Phi_1 - fl(\Phi_1 - \Phi_2) \\ ml\Phi_2'' = -mg\Phi_2 + fl(\Phi_1 - \Phi_2), \end{cases} \tag{3}$$

wobei $g$ die Schwerebeschleunigung ist. Wir setzen der Kürze halber $\omega := \sqrt{\frac{g}{l}}$, $\alpha := \sqrt{\frac{f}{m}}$. Dann erhält das Differentialgleichungssystem (3) die Form

$$\begin{cases} \Phi_1'' + \omega^2\Phi_1 + \alpha^2(\Phi_1 - \Phi_2) = 0 \\ \Phi_2'' + \omega^2\Phi_2 - \alpha^2(\Phi_1 - \Phi_2) = 0. \end{cases} \tag{3'}$$

Wir betrachten folgende Anfangsbedingungen:

$$\Phi_1(0) = A,\ \Phi_1'(0) = 0,\ \Phi_2(0) = 0,\ \Phi_2'(0) = 0. \tag{4}$$

Wir setzen $\Phi_1 \circ\!\!-\!\!\bullet\ \varphi_1$, $\Phi_2 \circ\!\!-\!\!\bullet\ \varphi_2$. Unter Berücksichtigung der Anfangsbedingungen (4) folgt:

$$\Phi_1'' \circ\!\!-\!\!\bullet\ s^2\varphi_1 - sA \quad \text{und} \quad \Phi_2'' \circ\!\!-\!\!\bullet\ s^2\varphi_2.$$

Damit geht das Differentialgleichungssystem (3′) durch Laplace-Transformation über in

$$\begin{cases} s^2\varphi_1 - sA + \omega^2\varphi_1 + \alpha^2(\varphi_1 - \varphi_2) &= 0 \\ s^2\varphi_2 + \omega^2\varphi_2 - \alpha^2(\varphi_1 - \varphi_2) &= 0. \end{cases} \tag{5}$$

Im Bildraum liegt nun ein System von zwei linearen Gleichungen für die Unbekannten $\varphi_1$ und $\varphi_2$ vor. Die Auflösung liefert

$$\varphi_1(s) = \frac{s(s^2 + \omega^2 + \alpha^2)}{(s^2 + \omega^2 + \alpha^2)^2 - \alpha^4}\, A$$

$$\varphi_2(s) = \frac{s\alpha^2}{(s^2 + \omega^2 + \alpha^2)^2 - \alpha^4}\, A.$$

Durch Partialbruchzerlegung bringen wir dies auf die Form

$$\varphi_1(s) = \frac{s}{2}\Big(\frac{1}{s^2+\omega^2} + \frac{1}{s^2+\omega^2+2\alpha^2}\Big)\,A$$
$$\varphi_2(s) = \frac{s}{2}\Big(\frac{1}{s^2+\omega^2} - \frac{1}{s^2+\omega^2+2\alpha^2}\Big)\,A.$$

Und mit Blick auf unser Beispiel 9 lesen wir die Rücktransformation ab:

$$\Phi_1(t) = \frac{A}{2}\big(\cos(\omega t) + \cos(\sqrt{\omega^2+2\alpha^2}\,t)\big)$$
$$\Phi_2(t) = \frac{A}{2}\big(\cos(\omega t) - \cos(\sqrt{\omega^2+2\alpha^2}\,t)\big).$$

Mit der Abkürzung $\Omega := \frac{1}{2}(\omega + \sqrt{\omega^2+2\alpha^2})$ bringen wir dies durch ein bekanntes Additionstheorem auf die Form

$$\Phi_1(t) = A\cos\big(\frac{\alpha^2}{2\Omega}t\big)\cos(\Omega t)$$
$$\Phi_2(t) = A\sin\big(\frac{\alpha^2}{2\Omega}t\big)\sin(\Omega t).$$

Man sieht, dass im Fall $\alpha \ll \omega$ die Bewegung der Pendel aus einer „schnellen“ Schwingung der Frequenz $\Omega \approx \omega$ besteht, die von einer „langsamen“ Schwingung der Frequenz $\frac{\alpha^2}{2\Omega}$ überlagert wird (man nennt dies eine Schwebung). Die Energie „fliesst“ zwischen den Pendeln hin und her (siehe Abbildung 6).

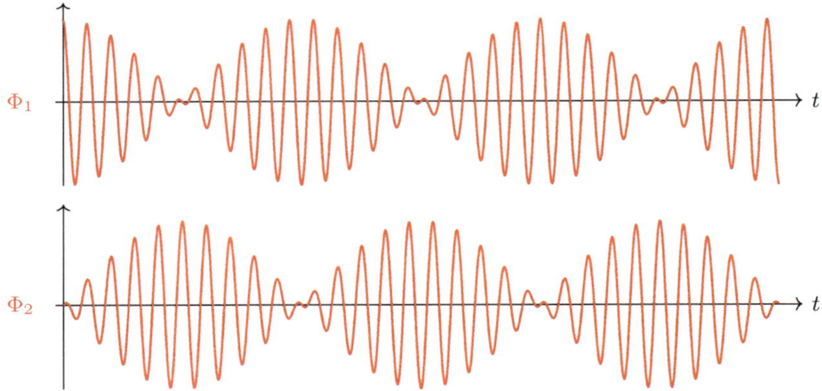


Abbildung 6: Bewegung der gekoppelten Pendel

Nun verwenden wir die Laplace-Transformation auch zur Lösung von PDEs.

### 5.2.2 Partielle Differentialgleichungen

Man löse das Wärmeleitungsproblem

$$a^2U_{xx} - U_t = 0 \qquad \text{für } 0 < x < L,\ t > 0 \tag{6}$$
$$U(x,0) = 0 \qquad \text{für } 0 < x < L \tag{7}$$
$$U(0,t) = 0,\ U(L,t) = B \qquad \text{für } t > 0. \tag{8}$$

**Lösung:** Wir transformieren das Problem bezüglich der Variablen $t$ und betrachten dabei $x$ als Parameter: Die transformierte Gleichung (6) lautet unter Berücksichtigung der Anfangsbedingung (7)

$$a^2 \frac{d^2u}{dx^2} - su = 0. \tag{9}$$

Die transformierten Randbedingungen (8) sind

$$u(0,s) = 0, \quad u(L,s) = \frac{B}{s}. \tag{10}$$

Im Bildraum ist dies (und nun betrachten wir $x$ als Variable und $s$ als Parameter) eine gewöhnliche Differentialgleichung mit der einfach zu bestimmenden Lösung

$$u(x,s) = \frac{B \sinh \frac{x\sqrt{s}}{a}}{s \sinh \frac{L\sqrt{s}}{a}}. \tag{11}$$

Das Problem ist nun die Rücktransformation: Dazu entwickeln wir die Funktion bezüglich $x$ auf dem Intervall $[0, L]$ in eine Sinusreihe. Man bekommt:

$$u(x,s) = \frac{-2a^2B\pi}{L^2} \sum_{k=1}^{\infty} (-1)^k \frac{k}{s(s + (\frac{ak\pi}{L})^2)} \sin \frac{k\pi x}{L}. \tag{12}$$

Diese Reihe wollen wir gliedweise zurücktransformieren. Wir wissen von Beispiel 5, dass $\frac{1}{s+\alpha} \bullet\!\!-\!\!\circ\ e^{-\alpha t}$ ist. Aus Regel 5 folgt daraus sofort

$$\frac{1}{s(s+\alpha)} \bullet\!\!-\!\!\circ\ \frac{1}{\alpha}(1 - e^{-\alpha t}).$$

Damit erhalten wir die Lösung

$$\begin{aligned} U(x,t) &= -\frac{2B}{\pi} \sum_{k=1}^{\infty} \sin\Big(\frac{k\pi x}{L}\Big) \frac{(-1)^k}{k} \Big(1 - \exp\Big(-\frac{a^2k^2\pi^2}{L^2}t\Big)\Big) \\ &= B\Big(\frac{x}{L} + \frac{2}{\pi} \sum_{k=1}^{\infty} \frac{(-1)^k}{k} \exp\Big(-\frac{a^2k^2\pi^2}{L^2}t\Big) \sin\Big(\frac{k\pi x}{L}\Big)\Big), \end{aligned}$$

wobei wir für das letzte Gleichheitszeichen das Resultat von der Sägezahnfunktion verwendet haben (siehe Beispiel 7 im Kapitel 2).

Die Laplace-Transformation spielt in der Elektrotechnik eine wichtige Rolle. Den Grund hierfür wollen wir im nächsten Abschnitt darlegen.

## 5.3 Die Übertragungsfunktion

Wir betrachten einen elektrischen Schwingkreis mit Widerstand $R$, Kapazität $C$ und Induktivität $L$ (siehe Abbildung 7).

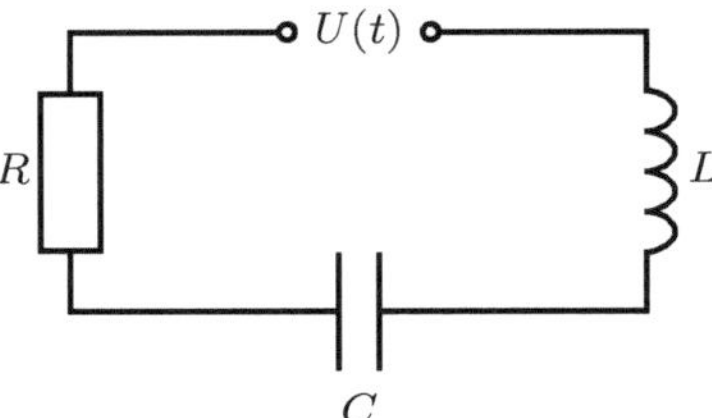


Abbildung 7: Schwingkreis

Fliesst im Schwingkreis der variable Strom $I(t)$, so beträgt der Spannungsabfall

- beim Widerstand $$U_R = RI, \tag{13}$$
- beim Kondensator $$U_C = \frac{Q_0}{C} + \frac{1}{C}\int_0^t I(\tau)\,d\tau, \tag{14}$$
- bei der Spule $$U_L = L\frac{dI}{dt}, \tag{15}$$

wobei $Q_0$ die Ladung des Kondensators zur Zeit $t = 0$ bedeutet. Wir setzen der Einfachheit halber $Q_0 = 0$, $I(0) = 0$. Nach dem Kirchhoffschen Gesetz ist die Summe der Spannungsabfälle gleich der angelegten Spannung $U(t)$:

$$U_R + U_C + U_L = U(t),$$

das heisst

$$RI + \frac{1}{C}\int_0^t I(\tau)\,d\tau + L\frac{dI}{dt} = U(t). \tag{16}$$

Diese Integrodifferentialgleichung unterwerfen wir der Laplace-Transformation, wobei wir setzen: $U(t) \circ\!\!-\!\!\bullet\ u(s)$, $I(t) \circ\!\!-\!\!\bullet\ i(s)$. Gemäss den Regeln 1, 3 und 5 erhalten wir im Bildraum folgende Gleichung:

$$Ri(s) + \frac{1}{sC}i(s) + sLi(s) = u(s). \tag{16'}$$

Aufgelöst ergibt sich

$$i(s) = g(s)u(s) \tag{17}$$

mit der Funktion

$$g(s) := \frac{1}{R + \frac{1}{sC} + sL},$$

die wir **Übertragungsfunktion** des Schwingkreises nennen. Was ist nun ihre Bedeutung? Schematisch gesehen haben wir es hier mit einem „System" zu tun, mit einem Input (die angelegte Spannung) und einem Output (dem fliessenden Strom). Jeder Input erzeugt einen gewissen Output. Im physikalischen Raum hängt der Output in komplizierter Weise durch die Gleichung (16) vom Input ab. Im Bildraum ist es viel einfacher:

*Die Bildfunktion des Outputs ist gleich dem Produkt der Bildfunktion des Inputs mit der Übertragungsfunktion.*

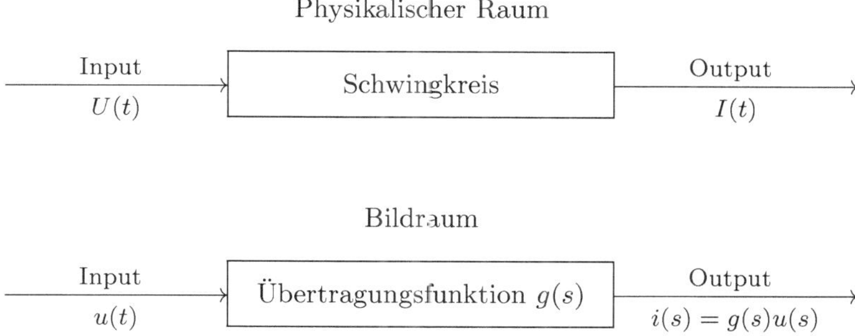


Ein System, dessen Wirkung im Bildraum durch eine Gleichung der Form (17) beschrieben wird, heisst **linear**.

Nun wollen wir unser Beispiel noch zu Ende rechnen, wobei wir annehmen, wir hätten eine Wechselspannung $U(t) = U_0 \cos(\omega_0 t)$ gegeben. Es soll also $I(t)$ berechnet werden, und zwar wollen wir den Dauerzustand nach langer Zeit bestimmen und von Einschwingvorgängen absehen. Es gilt

$$U(t) \circ\!\!-\!\!\bullet\ U_0 \frac{s}{s^2 + \omega_0^2}.$$

Damit erhalten wir aus (16):

$$i(s) = \frac{1}{R + \frac{1}{sC} + sL} \frac{s}{s^2 + \omega_0^2} U_0 = \frac{s^2}{(s^2 L + sR + \frac{1}{C})(s^2 + \omega_0^2)} U_0.$$

Zur Rücktransformation zerlegen wir $i(s)$ in Partialbrüche. Die Nullstellen des Nenners sind $s_1 = i\omega_0$, $s_2 = -i\omega_0$ und die beiden Pole der Übertragungsfunktion, $s_3$ und $s_4$. Unter der Annahme $s_3 \neq s_4$ (d. h. $R^2 \neq \frac{4L}{C}$) hat die Partialbruchzerlegung die Form

$$i(s) = \frac{A}{s - i\omega_0} + \frac{\overline{A}}{s + i\omega_0} + \frac{B}{s - s_3} + \frac{C}{s - s_4}. \tag{18}$$

Wir wissen schon: $\frac{1}{s - s_k} \bullet\!\!-\!\!\circ\ e^{s_k t}$. Ist $R > 0$, so sind die Realteile von $s_3$ und $s_4$ negativ. Damit klingen die Originalfunktionen der letzten beiden Terme in (18) exponentiell mit $t$ ab. Sie rühren vom Einschwingvorgang her. Zur Bestimmung des Dauerzustandes $I_\infty(t)$ genügt es somit, $A$ zu berechnen:

$$A = \frac{s^2 U_0}{(s^2 L + sR + \frac{1}{C})(s + i\omega_0)}\Bigg|_{s = i\omega_0} = \frac{U_0}{2(i\omega_0 L + R + \frac{1}{i\omega_0 C})}.$$

Damit erhalten wir das finale Resultat

$$I_\infty(t) = Ae^{i\omega_0 t} + \overline{A}e^{-i\omega_0 t} = 2\,\mathrm{Re}(Ae^{i\omega_0 t}) = U_0\ \mathrm{Re}\Big(\frac{e^{i\omega_0 t}}{R + i\omega_0 L + \frac{1}{i\omega_0 C}}\Big).$$

Die Gesetze für die Spannungsabfälle (13)–(15) nehmen im Bildraum eine ganz besonders einfache Form an. Setzen wir nämlich

$$U_R(t) \circ\!\!-\!\!\bullet\; u_R(s),\; U_C(t) \circ\!\!-\!\!\bullet\; u_C(s) \text{ und } U_L(t) \circ\!\!-\!\!\bullet\; u_L(s),$$

so lauten sie

$$\begin{aligned} u_R(s) &= Ri(s) \\ u_C(s) &= \frac{1}{sC}i(s) \\ u_L(s) &= sLi(s). \end{aligned}$$

Alle drei Gesetze sind im Bildraum von der Form des Ohmschen Gesetzes, nämlich

$$u(s) = z(s) \cdot i(s),$$

wobei $z(s) = R$ beim Ohmschen Widerstand, $z(s) = \frac{1}{sC}$ beim Kondensator und $z(s) = sL$ bei der Spule zu setzen ist. $z(s)$ heisst **Bildwiderstand** oder **Impedanz** des betreffenden Bauteils. Im Bildraum gelten damit bezüglich der Bildwiderstände die gleichen Regeln wie im Originalraum bezüglich Ohmscher Widerstände:

(i) Bei zwei in Serie geschalteten Stromkreisen mit den Impedanzen $z_1$ und $z_2$ erhält man als Gesamtwiderstand

$$z = z_1 + z_2.$$

(ii) Bei zwei parallel geschalteten Stromkreisen mit den Impedanzen $z_1$ und $z_2$ gilt für den Gesamtwiderstand $z$

$$\frac{1}{z} = \frac{1}{z_1} + \frac{1}{z_2}.$$

### 5.3.1 Rechnen mit Übertragungsfunktionen

Gegeben sind zwei lineare Systeme mit den Übertragungsfunktionen $g_1$ beziehungsweise $g_2$. Die beiden Systeme seien in Serie geschaltet, das heisst, der Output des ersten Systems wird als Input des zweiten Systems benutzt. Was ist die Übertragungsfunktion des kombinierten Systems? Das folgende Schema zeigt den einfachen Zusammenhang:

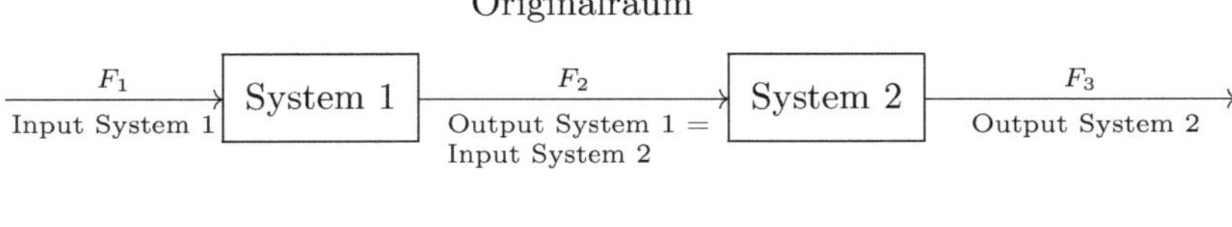


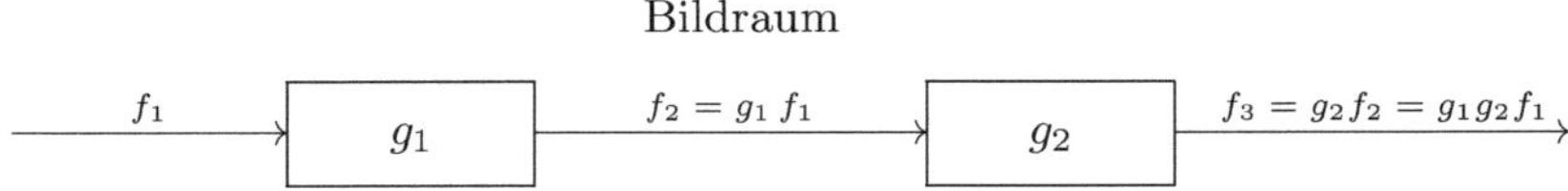

Sind $f_1$, $f_2$, $f_3$ die Bildfunktionen von $F_1$, $F_2$, $F_3$, so gilt

$$f_2(s) = g_1(s) \cdot f_1(s)$$
$$f_3(s) = g_2(s) \cdot f_2(s) = g_1(s)g_s(s)f_1(s).$$

Wir haben also den folgenden Satz:

**Satz 11: Serienschaltung von Systemen**

Die Übertragungsfunktion zweier in Serie geschalteter Systeme ist das Produkt der Übertragungsfunktionen der beiden Einzelsysteme.

Eine andere wichtige Kombination von linearen Systemen, die mittels Übertragungsfunktionen elegant behandelt werden kann, ist die **Rückkopplung**. Ein Teil des Outputs eines linearen Systems, $\alpha F_2$ ($\frac{1}{\alpha}$ = Verstärkungsfaktor), wird dazu benutzt, eine Steuerung zu bedienen, die selbst ein lineares System ist. Der Output $F_3$ der Steuerung wird dann vom Input $F_1$ des Gesamtsystems abgezogen.

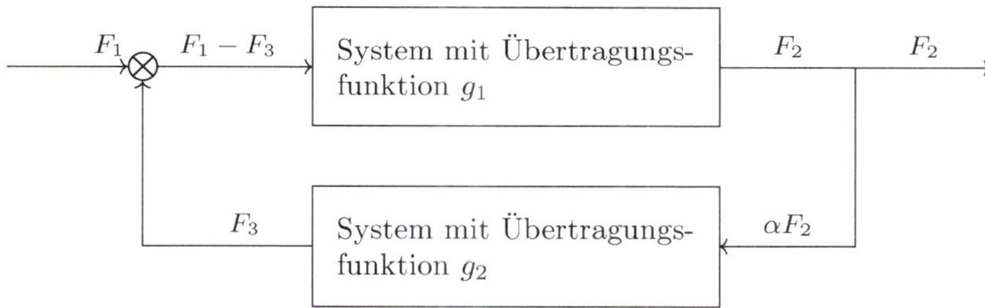


Ist $g_1$ die Übertragungsfunktion des Systems und $g_2$ die Übertragungsfunktion der Steuerung, so gilt im Bildraum:

$$f_2 = g_1(f_1 - f_3)$$
$$f_3 = g_2(\alpha f_2) = \alpha g_2 f_2.$$

Eliminieren wir daraus $f_3$, so ergibt sich

$$f_2 = \frac{g_1}{1 + \alpha g_1 g_2} f_1,$$

und wir lesen ab:

**Satz 12: System mit Rückkopplung**

Die Übertragungsfunktion eines Rückkopplungssystems ist

$$g := \frac{g_1}{1 + \alpha g_1 g_2},$$

wobei $g_1$ die Übertragungsfunktion des Systems ohne Rückkopplung, $g_2$ die Übertragungsfunktion der Steuerung und $\frac{1}{\alpha}$ den Verstärkungsfaktor bezeichnet.

### 5.3.2 Die Stossantwort

Wir wollen nun die Laplace-Transformation auch für einige Distributionen erklären. Originalfunktionen sind für $t < 0$ identisch gleich 0, dies übersetzt sich wie folgt auf Distributionen: Wir sagen, eine Distribution $T$ sei erlaubt für die Laplace-Transformation, falls

$$(T, \varphi) = 0$$

für alle Testfunktionen $\varphi \in \mathscr{D}$ für welche $\varphi(t) = 0$ für alle $t \geqslant 0$ gilt.

**Definition 13: Laplace-Transformierte von Distributionen**

Es sei $e_s(t) := \exp(-st)$ und $T$ eine erlaubte Distribution. Dann ist die Laplace-Transformierte von $T$

$$\mathscr{L}T(s) := (T, e_s)$$

falls die rechte Seite definiert ist.

Falls wir wie üblich Funktionen mit den entsprechenden Distributionen identifizieren, so stimmen die gewöhnliche und die distributionelle Laplace-Transformierte überein. Ferner gilt

$$(\mathscr{L}T, \varphi) = (T, \mathscr{L}\varphi)$$

für Originalfunktionen $\varphi$.

Welches ist die Laplace-Transformierte der Diracschen $\delta$-Distribution? Zunächst bemerken wir, dass $\delta_a$ (eine Dirac-Masse an der Stelle $a$) eine erlaubte Distribution für die Laplace-Transformation ist, sofern $a \geqslant 0$. Dann gilt nach Definition

$$\mathscr{L}\delta_a(s) = (\delta_a, e_s) = e_s(a) = e^{-sa}.$$

Insbesondere erhalten wir für $a = 0$

$$\delta \circ\!\!-\!\!\bullet\; 1.$$

Der scheinbare Widerspruch zum Satz 6 löst sich auf, wenn wir bemerken, dass $\delta$ keine Originalfunktion, sondern eben eine Distribution ist. Man erhält das obige Resultat auch mit der folgenden Rechnung: Die Originalfunktionen

$$\delta_n(x) := \begin{cases} n & \text{für } x \in [0, \frac{1}{n}] \\ 0 & \text{sonst} \end{cases}$$

approximieren die $\delta$-Distribution (vergleiche Kapitel 2). Wir erhalten

$$\delta_n(t) \circ\!\!-\!\!\bullet \int\limits_0^\infty \delta_n(t) e^{-st}\, dt = \int\limits_{-\infty}^\infty \delta_n(t) e^{-st}\, dt \overset{n\to\infty}{\longrightarrow} e^{-st}\big|_{t=0} = 1.$$

Wie reagiert nun ein lineares System auf einen Dirac-Stoss $\delta$? Sei $g(s)$ die Übertragungsfunktion des Systems. Dem Input $\delta(t)$ im Originalraum entspricht der Input 1 im Bildraum. Also haben wir im Bildraum den Output

$$g(s) \cdot 1 = g(s).$$

Dies bedeutet aber, dass im Originalraum der Output die zur Übertragungsfunktion $g(s)$ gehörige Originalfunktion $G(t)$ ist. Man definiert daher

**Definition 14: Stossantwort eines linearen Systems**

Die zur Übertragungsfunktion eines lineares Systems gehörige Originalfunktion heisst **Stossantwort** des Systems.

$$\text{Übertragungsfunktion } g(s) \;\bullet\!\!-\!\!\!-\!\!\circ\; \text{Stossantwort } G(t).$$

### 5.3.3 Stabilität

Man sagt, ein System sei stabil, wenn es nach einer Erregung in Form eines Stosses wieder dem Ruhezustand zustrebt. Also:

**Definition 15: Stabilität eines Systems**

Ein lineares System heisst **stabil**, wenn für die Stossantwort $G(t)$

$$\lim_{t\to\infty} G(t) = 0 \tag{19}$$

gilt.

Was bedeutet Bedingung (19) für die Übertragungsfunktion $g(s)$? Wir wollen diese Frage für den Fall beantworten dass $g(s)$ eine rationale Funktion mit $\lim_{s\to\infty} g(s) = 0$ (das heisst, der Grad des Nennerpolynoms ist grösser als der Grad des Zählerpolynoms): Es sei $s_k$ eine Polstelle der Ordnung $m_k$ von $g(s)$. $s_k$ liefert dann zur Partialbruchzerlegung von $g(s)$ den Beitrag

$$r_k(s) = \frac{A_1}{s-s_k} + \frac{A_2}{(s-s_k)^2} + \ldots + \frac{A_{m_k}}{(s-s_k)^{m_k}}$$

mit komplexen Konstanten $A_1, A_2, \ldots, A_{m_k}$. Durch Rücktransformation von $r_k(s)$ erhalten wir den von $s_k$ stammenden Beitrag zur Stossantwort $G(t)$:

$$r_k(s) \;\bullet\!\!-\!\!\!-\!\!\circ\; R_k(t) = \Big(A_1 + A_2 t + \ldots + \frac{A_{m_k}}{(m_k-1)!} t^{m_k-1}\Big) e^{s_k t}.$$

$R_k(t)$ geht aber für $t \to \infty$ dann und nur dann gegen null, wenn $\operatorname{Re} s_k < 0$. Daraus folgt:

**Satz 16: Rationale Übertragungsfunktion**

Ein lineares System mit einer rationalen Übertragungsfunktion $g(s)$ mit $\lim_{s\to\infty} g(s) = 0$, ist genau dann stabil, wenn alle Polstellen von $g(s)$ in der linken Halbebene liegen.

**Beispiel 17: Stabilität eines Schwingkreises**

Untersuchen wir die Stabilität des in Abbildung 8 abgebildeten Stromkreises. Die Regeln (i) und (ii) auf Seite 98 liefern

$$u(s) = \big(sL + \frac{1}{\frac{1}{R} + sC}\big)i(s).$$

Die Übertragungsfunktion ist daher

$$g(s) = \frac{1 + sRC}{(1 + sRC)sL + R}.$$

Die Nullstellen des Nenners sind

$$s_k = \frac{1}{2LRC}(-L \pm \sqrt{L^2 - 4R^2CL}).$$

Das System ist also genau dann stabil, wenn $0 < R < \infty$ ist (wie zu erwarten war).

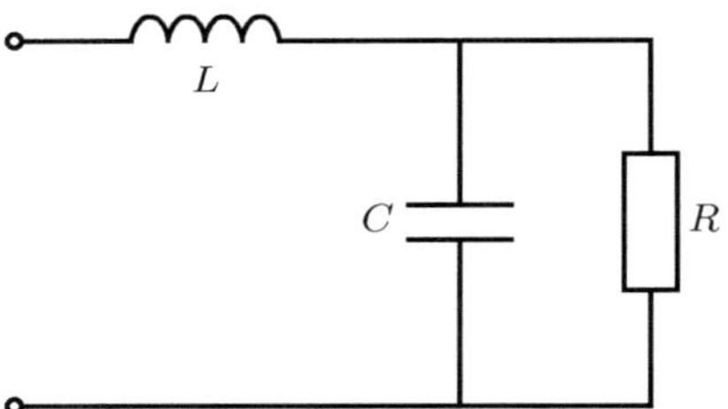


Abbildung 8: Ein einfacher Stromkreis

### 5.3.4 Die Faltung

Im Kapitel 4 über die Fourier-Transformation haben wir allgemein für zwei Funktionen $F$ und $G$ die Faltung

$$(F * G)(t) := \int_{-\infty}^{\infty} F(\tau)G(t - \tau)\, d\tau \tag{20}$$

erklärt. Sind $F$ und $G$ Originalfunktionen, so reduziert sich (20) auf

$$(F * G)(t) = \int_{0}^{t} F(\tau)G(t - \tau)\, d\tau, \tag{20'}$$

denn für $s < 0$ ist $F(s) = 0$ und für $s > t$ ist $G(t - s) = 0$.

Was ist nun die Laplace-Transformierte einer Faltung?

**Regel 10: Faltungssatz**

Seien $F$ und $G$ Originalfunktionen und $f$ und $g$ ihre Laplace-Transformierten. Dann ist $F * G$ ebenfalls eine Originalfunktion, und es gilt

$$F * G \circ\!\!-\!\!\bullet\; f\,g.$$

*Beweis.* Zunächst überzeugt man sich leicht davon, dass $F * G$ auch eine Originalfunktion ist. Dann folgt:

$$\begin{aligned}
(F * G) \circ\!\!-\!\!\bullet\; & \int_0^\infty e^{-st}\Big(\int_0^t F(\tau)G(t-\tau)\,d\tau\Big)dt \\
&= \int_0^\infty\Big(\int_\tau^\infty e^{-st}F(\tau)G(t-\tau)\,dt\Big)d\tau \\
&= \int_0^\infty F(\tau)\Big(\int_\tau^\infty e^{-st}G(t-\tau)\,dt\Big)d\tau \\
&= \int_0^\infty F(\tau)\Big(\int_0^\infty e^{-s(u+\tau)}G(u)\,du\Big)d\tau \qquad \Big|\; t-\tau =: u \\
&= \int_0^\infty F(\tau)e^{-s\tau}\underbrace{\Big(\int_0^\infty e^{-su}G(u)\,du\Big)}_{=g(s)}d\tau = g(s)\,f(s).
\end{aligned}$$

Dabei haben wir im ersten Schritt die Integrationsreihenfolge vertauscht (siehe Abbildung 9). □

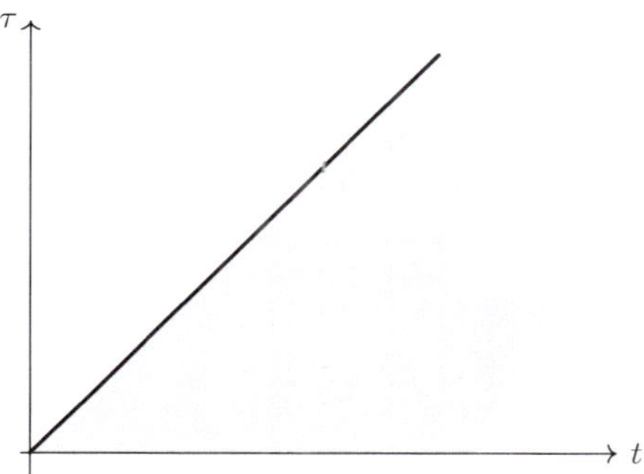


Abbildung 9: Integrationsgebiet

Die zum Produkt $f\,g$ gehörige Originalfunktion ist also die Faltung von $F$ und $G$.

Nach Obigem hat der Faltungssatz für lineare Systeme die folgende Bedeutung:

**Satz 18: Output eines linearen Systems**

Der Output eines linearen Systems entsteht durch Faltung des Inputs mit der Stossantwort.

**Beispiel 19**

Sei $F$ eine beliebige Originalfunktion und $\alpha > 0$. Man löse die Differentialgleichung

$$Y''(t) + \alpha^2 Y(t) = F(t)$$

mit den Anfangsbedingungen

$$Y(0) = Y'(0) = 0.$$

**Lösung:** Mit

$$F(t) \circ\!\!-\!\!\bullet\ f(s) \quad \text{und} \quad Y(t) \circ\!\!-\!\!\bullet\ y(s)$$

geht die Differentialgleichung durch Laplace-Transformation über in

$$s^2 y(s) + \alpha^2 y(s) = f(s).$$

Es folgt

$$y(s) = g(s)\, f(s)$$

mit $g(s) = \frac{1}{s^2+\alpha^2}$. Die Bildfunktion $g(s)$ besitzt als Originalfunktion

$$G(t) = \frac{1}{\alpha}\sin(\alpha t).$$

Anwendung von Regel 10 ergibt als Lösung

$$Y(t) = (F * G)(t) = \int_0^t F(\tau) G(t-\tau)\, d\tau = \frac{1}{\alpha}\int_0^t F(\tau)\sin(\alpha(t-\tau))\, dt.$$

Dieses Resultat kann man auf „klassischem Weg“ durch Variation der Konstanten finden.

### 5.3.5 Rechenregeln für die Faltung

Die Faltung kann als neue algebraische Operation zwischen zwei Originalfunktionen aufgefasst werden. Es gelten die Rechenregeln

(i) kommutatives Gesetz: $F * G = G * F$

(ii) assoziatives Gesetz: $(F * G) * H = F * (G * H)$

(iii) distributives Gesetz: $F * (G + H) = F * G + F * H$

*Beweis.* (i)–(iii): Die Funktionen auf der linken und auf der rechten Seite des Gleichheitszeichens haben dieselbe Bildfunktion, daher müssen sie aufgrund der Eineindeutigkeit der Laplace-Transformation identisch sein. □

Die Faltung lässt sich auch für gewisse Distributionen erklären: Sind $U$ und $V$ Distributionen, so wird die Faltung $U * V$ definiert durch

$$(U * V, \varphi) := (U_x, (V_y, \varphi(x + y)))$$

für Testfunktionen $\varphi \in \mathscr{D}$. Hierbei bedeutet $U_x$ respektive $V_y$ dass $U$ auf die $x$-Variable und $V$ auf die $y$-Variable in der Testfunktion wirken soll. Man sieht durch Nachrechnen leicht ein, dass mit dieser Definition (bei der üblichen Identifikation) die gewöhnliche und die distributionelle Faltung übereinstimmen und dass das Neutralelement der Faltung die Diracsche $\delta$-Distribution ist.

## 5.4 Rücktransformation

Bis jetzt konnten wir die Rücktransformation mithilfe unserer Regeln immer irgendwie bewältigen. Obwohl dies in der Praxis der am häufigsten zur Anwendung kommende Weg ist, wollen wir dennoch eine prinzipielle Methode der Rücktransformation angeben.

Zunächst zur Frage: Welche Funktionen können überhaupt Laplace-Transformierte sein? Nach dem bisher Gesagten sind folgende Bedingungen notwendig dafür, dass eine Funktion $f$ eine Laplace-Transformierte ist:

1. $f$ muss auf einer Halbebene $\text{Re}(s) > \sigma_0$ analytisch sein (was das genau heisst, wird in der komplexen Analysis besprochen).

2. Es muss

   $$\lim_{s \to \infty} f(s) = 0$$

   gelten, wenn $s$ derart gegen $\infty$ strebt, dass $\text{Re}(s)$ gegen $\infty$ geht.

Nun zur angekündigten Umkehrformel.

Sei $F$ eine Originalfunktion mit Wachstumskoeffizient $\sigma_0$ und $f$ ihre Laplace-Transformierte:

$$f(s) = \int_0^\infty e^{-st} F(t)\, dt = \int_{-\infty}^\infty e^{-st} F(t)\, dt.$$

Wir setzen nun $s =: \sigma_1 + i\omega$ mit festem $\sigma_1 > \sigma_0$ und betrachten die Funktion

$$\begin{aligned} g\colon \mathbb{R} \to \mathbb{C}, \quad \omega \mapsto f(\sigma_1 + i\omega) &= \int_{-\infty}^{\infty} e^{-(\sigma_1+i\omega)t} F(t)\,dt \\ &= \int_{-\infty}^{\infty} e^{-i\omega t} e^{-\sigma_1 t} F(t)\,dt. \end{aligned}$$

Offenbar ist $g$ die Fourier-Transformierte der Funktion

$$G\colon \mathbb{R} \to \mathbb{C}, \quad t \mapsto e^{-\sigma_1 t} F(t) \qquad (-\infty < t < \infty)$$

(siehe Kapitel 4). Aus Satz 2 im Kapitel 4 über die Umkehrformel der Fourier-Transformation folgt dann

$$e^{-\sigma_1 t} F(t) = G(t) = \frac{1}{2\pi} \int_{-\infty}^{\infty} e^{i\omega t} g(\omega)\,d\omega = \frac{1}{2\pi} \int_{-\infty}^{\infty} e^{i\omega t} f(\sigma_1 + i\omega)\,d\omega$$

an allen Stetigkeitsstellen $t$ von $F$. Damit haben wir folgenden Satz gezeigt:

**Satz 20: Inverse Laplace-Transformation**

Sei $F$ eine Originalfunktion mit Wachstumskoeffizient $\sigma_0$, und sei $f$ ihre Laplace-Transformierte. Dann gilt für ein beliebiges $\sigma_1 > \sigma_0$ und alle Stetigkeitsstellen $t$ von $F$:

$$F(t) = \frac{1}{2\pi} \int_{-\infty}^{\infty} e^{(\sigma_1+i\omega)t} f(\sigma_1 + i\omega)\,d\omega. \tag{21}$$

In allen Unstetigkeitsstellen von $F$ ist das obige Integral gleich

$$\frac{1}{2}\big(F(t^+) + F(t^-)\big).$$

**Bemerkungen**

1. Aus Satz 20 folgt nochmals der Satz 7 (Eindeutigkeit der Laplace-Transformation).

2. Es kann vorkommen, dass die Funktion $f(\sigma_1 + i\omega)$ für $\omega \to \pm\infty$ so langsam gegen null strebt, dass das Integral (21) nicht absolut konvergiert. In diesem Fall ist das Integral (21) als **Hauptwert** zu verstehen, das heisst als

$$\lim_{\Omega\to\infty} \int_{-\Omega}^{\Omega} e^{(\sigma_1+i\omega)t} f(\sigma_1 + i\omega)\,d\omega.$$

3. Der Grund für die überraschende Tatsache, dass der Wert des Integrals nicht von $\sigma_1$ abhängt, wird in der komplexen Analysis aufgedeckt. Ebenfalls dort wird eine Methode angegeben, wie das Integral (21) auf elegante Art ausgewertet werden kann (Stichwort: Residuensatz).

## 5.5 Die Gamma-Funktion

Als letzte Anwendung der Laplace-Transformation betrachten wir jetzt noch die berühmte Gamma-Funktion, die in vielen Gebieten der Mathematik und der Technik eine Rolle spielt. Betrachten wir die Originalfunktion $F_z(t) = t^z$. Für $z > 0$ gilt

$$\frac{d}{dt}F_z(t) = zt^{z-1} = zF_{z-1}(t). \tag{22}$$

Wie sieht die Beziehung (22) im Bildraum aus? Laut Regel 3 gilt mit der Bezeichnung $F_z(t) \circ\!\!-\!\!\bullet\; f_z(s)$:

$$sf_z(s) = zf_{z-1}(s). \tag{23}$$

Für $s = 1$ gilt speziell

$$f_z(1) = zf_{z-1}(1). \tag{24}$$

Weiter berechnet man leicht

$$f_1(1) = 1. \tag{25}$$

Aus (24) und (25) folgt für $n \in \mathbb{N}$

$$f_n(1) = n!$$

Die Funktionen $f_z(s)$ sind aber nicht nur für $z \in \mathbb{N}$ definiert! Man setzt für $z$ mit $\operatorname{Re} z > 0$

$$\Gamma(z) := f_{z-1}(1) = \int_0^\infty t^{z-1}e^{-t}\,dt \tag{26}$$

(die Verschiebung in $z$ um 1 hat historische Gründe). $\Gamma(z)$ heisst **Gamma-Funktion**, (26) ist das Eulersche Integral 2. Gattung. Es gilt

$$\Gamma(n) = (n-1)! \qquad \text{(für alle } n \in \mathbb{N}\text{)}.$$

Die Gamma-Funktion ist (in gewissem Sinne) die einzige legitime Fortsetzung der Fakultät auf nicht natürliche Zahlen.

## Übungsaufgaben zum Kapitel 5

1. Sind die folgenden Funktionen Originalfunktionen? Wenn ja, bestimme man den Wachstumskoeffizienten und die Laplace-Transformierte.

   (a) $F(t) := t^2\cos(2t)$

   (b) $F(t) := \min\{e^{(t^2)}, t^{-2}\}$ (die Laplace-Transformierte nicht bestimmen)

(c) $F(t) := (t-1)^2$

(d) $F(t) := t^t$

(e) $F(t) := \int\limits_0^t e^{-2s}(s-1)^2\,ds$

(f) $F(t) := A|\sin(\omega t)|e^{-\varphi t}$

Alle Funktionen werden für $t < 0$ durch 0 fortgesetzt.

2. Man berechne die Funktionen $F_1(t)$, $F_2(t)$ und $F_3(t)$, deren Laplace-Transformierte gegeben sind durch

   (a) $f_1(s) := \dfrac{s-1}{s^2+s+1}$

   (b) $f_2(s) := \dfrac{se^{-s}}{(s+1)^2}$

   (c) $f_3(s) := \dfrac{1}{2}\ln\dfrac{\sqrt{s^2+4}}{2}$. **Hinweis:** Betrachte $f_3'$.

3. Man löse mithilfe der Laplace-Transformation das folgende Anfangswertproblem:

$$\left\{\begin{array}{rcl} \ddot{x}+2\dot{x}+x & = & te^{-t}+e^t \\ x(0) & = & 1 \\ \dot{x}(0) & = & -1. \end{array}\right.$$

4. Seien $m$ und $n$ natürliche Zahlen. Die Funktion

$$F : t \mapsto \int\limits_0^t \tau^m(t-\tau)^n d\tau$$

   kann als Faltung gedeutet werden. Man benutze diesen Umstand zur Bestimmung von $F$. Welchen Wert haben folglich die Integrale

$$I_{m,n} := \int\limits_0^1 \tau^m(1-\tau)^n d\tau \ ?$$

5. Die in Abbildung 10 abgebildeten Stromkreise sind gekoppelt mit Induktanz $M$. Zur Zeit $t = 0$ fliesst in beiden Kreisen kein Strom.

   (a) Man zeige: Die Differentialgleichungen lauten

$$\left\{\begin{array}{rcl} L_1I_1'+R_1I_1 & = & MI_2'+V_0u_0(t) \\ L_2I_2'+R_2I_2 & = & MI_1', \end{array}\right.$$

   wobei $u_0(t) = 0$ für $t < 0$ und $u_0(t) = 1$ für $t \geqslant 0$.

   (b) Man zeige: die transformierten Gleichungen lauten

$$\left\{\begin{array}{rcl} L_1si_1+R_1i_1 & = & Msi_2+V_0s^{-1} \\ L_2si_2+R_2i_2 & = & Msi_1. \end{array}\right.$$

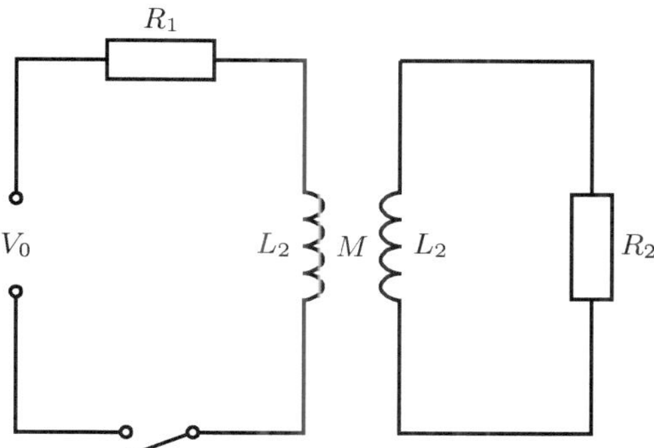


Abbildung 10: Gekoppelte Stromkreise

(c) Man zeige: Unter der Annahme $A = L_1L_2 - M^2 > 0$ gilt

$$i_2 = \frac{K}{(s+\alpha)^2 + \omega^2}$$

mit $K = A^{-1}V_0M$, $\alpha = (2A)^{-1}(R_1L_2 + R_2L_1)$, $\omega^2 = A^{-1}R_1R_2 - \alpha^2$. Man zeige: Die Rücktransformierte ist

$$I_2(t) = \begin{cases} \frac{K}{\omega}e^{-\alpha t}\sin(\omega t) & \text{falls } \omega^2 > 0 \\ Kte^{-\alpha t} & \text{falls } \omega^2 = 0 \\ \frac{K}{\beta}e^{-\alpha t}\sinh(\beta t) & \text{falls } \omega^2 = -\beta^2 < 0. \end{cases}$$

(d) Man berechne $I_1(t)$.

(e) Man zeige: Falls $A = 0$ ist, dann ist $I_2(t) = K_0e^{-\alpha t}$ mit $K_0 = BV_0M$, $\alpha = BR_1R_2$ und $B = (R_1L_2 + R_2L_1)^{-1}$.

6. Man löse die Differentialgleichung

$$y''(t) + y(t) = f(t)$$

mit den Anfangsbedingungen $y(0) = y'(0) = 0$ mithilfe der Laplace-Transformation.

# Kapitel 6

# Die Potentialgleichung

Die lineare homogene PDE zweiter Ordnung

$$\Delta u = 0$$

in einer, zwei oder mehr räumlichen Variablen heisst **Potentialgleichung**. Sie tritt in vielen Gebieten der mathematischen Physik auf. Funktionen, die der Potentialgleichung genügen, heissen **harmonische Funktionen** oder in der Physik **Potentiale**. Oft nennt man die Potentialgleichung auch **Laplacesche Gleichung**.

**Beispiel 1: Stationäre Temperaturverteilung**

Eine stationäre Temperaturverteilung in einem homogenen Medium ist eine Lösung der Potentialgleichung:

$$\Delta u = \frac{1}{a^2}\frac{\partial u}{\partial t} = 0.$$

Insbesondere ist die stationäre Temperaturverteilung unabhängig von der Materialkonstante $a^2$: Die Lösung $u$ hängt somit nur von der Geometrie des betrachteten Bereiches und den Randbedingungen ab.

Wie erwähnt, genügen die physikalischen Potentiale (elektrostatisches Potential, Gravitationspotential, ...) der Potentialgleichung. Dabei sind gewisse Daten auf dem Rand des Gebietes vorgegeben. Die Situation ist dort üblicherweise wie im Folgenden beschrieben.

## 6.1 Randbedingungen

(i) Gegeben ist ein Gebiet $G$ und auf dem Rand $\partial G$ eine Funktion $f$. Gesucht ist eine Funktion $u\colon G \to \mathbb{R}$ mit

$$\begin{cases} \Delta u &= 0 \quad \text{in } G, \\ u(x) &= f(x) \quad \text{für alle } x \in \partial G. \end{cases} \tag{1}$$

Eine derartige Problemstellung heisst **Dirichlet-Problem** (aufgrund der Dirichletschen Randdaten, vergleiche Kapitel 1). Sie tritt beim elektrostatischen und beim Gravitationspotential auf.

(ii) Gegeben ist wieder ein Gebiet $G$ und eine Funktion $g$ auf dem Rand $\partial G$. Gesucht ist eine Funktion $u$ mit

$$\begin{cases} \Delta u &= 0 & \text{in } G, \\ \dfrac{\partial u}{\partial n}(x) &= g(x) & \text{für alle } x \in \partial G. \end{cases} \tag{2}$$

Diese Aufgabe heisst **Neumann-Problem**. Hier bezeichnet $\frac{\partial u}{\partial n} = n \cdot \operatorname{grad} u$ die Normalenableitung ($n$ ist die Einheitsnormale auf $\partial G$, die in das Innere von $G$ zeigt).

**Beispiel 2: Neumann-Problem: Strömungspotential**

Gewisse Strömungsfelder $v$ sind Potentialfelder im Sinne der Vektoranalysis, das heisst, es gibt eine skalare Funktion $u(x)$ mit

$$v = \operatorname{grad} u.$$

Dann heisst $u$ **Strömungspotential von $v$**. Ist $v$ überdies **quellenfrei**, das heisst

$$\operatorname{div} v = 0,$$

so gilt

$$\operatorname{div}(\operatorname{grad} u) = \Delta u = 0.$$

Im Gegensatz zu einer Dirichlet-Randbedingung (i) ist hier jedoch die Randbedingung vom Neumannschen Typ: In jedem Randpunkt muss die Strömung tangential zu $\partial G$ verlaufen, das heisst, $v$ muss senkrecht auf der Flächennormale $n$ stehen (siehe Abbildung 1). Es muss also gelten

$$v \cdot n = 0,$$

das heisst

$$\frac{\partial u}{\partial n} = \operatorname{grad} u \cdot n = 0.$$

Bei der Umströmung eines Hindernisses (z. B. einer Kugel) tritt eine weitere Randbedingung auf, nämlich eine Bedingung über das Verhalten der Strömung im Unendlichen: In grosser Entfernung soll das Feld $v$ homogen sein, das heisst eine Parallelströmung mit vorgeschriebener Geschwindigkeit.

## 6.2 Lösbarkeit von Dirichlet- und Neumann-Problemen

(D) Sind der Rand $\partial G$ sowie die Randfunktion $f(x)$ genügend glatt, so besitzt das Dirichlet-Problem (i) eine eindeutige Lösung.

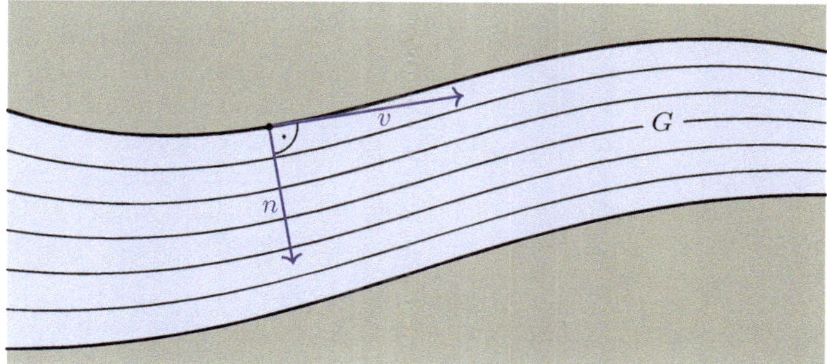


Abbildung 1: Strömungskanal. Die Strömung verläuft tangential zum Rand $\partial G$, das heisst, die Strömungsgeschwindigkeit $v$ ist dort senkrecht zum Normalenvektor $n$.

Die Existenz werden wir nicht allgemein beweisen. Die Eindeutigkeit wird später mit dem Maximumprinzip gezeigt.

(N) Beim Neumann-Problem ist die Existenz einer Lösung an eine zusätzliche Bedingung geknüpft: Für die Randfunktion $g(x)$ im Problem (ii) muss gelten

$$\int_{\partial G} g(x)\, d\sigma = 0.$$

Dies folgt aus dem Satz von Gauss:

$$\begin{aligned}\int_{\partial G} g(x)\, d\sigma &= \int_{\partial G} \frac{\partial u}{\partial n}\, d\sigma = \int_{\partial G} \operatorname{grad} u \cdot n\, d\sigma \\ &= \int_{G} \operatorname{div}(\operatorname{grad} u)\, dV = \int_{G} \Delta u\, dV = 0.\end{aligned}$$

Zudem ist die Lösung hier nicht eindeutig bestimmt: Mit $u(x)$ ist auch $u(x) +$ Konstante eine Lösung. Andererseits folgt aus dem Hopfschen Randpunktlemma (auf das wir hier nicht eingehen), dass sich zwei Lösungen des Neumann-Problems auf einem zusammenhängenden, beschränkten Gebiet nur um eine Konstante unterscheiden.

## 6.3 Beispiele für Dirichlet-Probleme

### 6.3.1 Potentialproblem für zwei konzentrische Kreiszylinder

Im Hohlraum zwischen zwei konzentrischen Kreiszylindern mit den Radien $\rho_1 < \rho_2$ ist eine Potentialfunktion $u$ gesucht (siehe Abbildung 2). Die Randdaten

$$u(\rho_1, \varphi, z) = u_1, \quad u(\rho_2, \varphi, z) = u_2$$

seien von $\varphi$ und $z$ unabhängig. Wir verwenden hier dem Problem angepasste Zylinderkoordinaten: Der Ort eines Punktes $P$ ist durch den Abstand $r$ von der Zylinderachse, dem Winkel $\varphi$ gemessen ab einer Referenzlinie und der Höhe $z$ über der $(x, y)$-Ebene bestimmt (siehe Abbildung 2). Unter diesen Umständen ist auch die Lösung $u(r, \varphi, z)$ von $\varphi$ und $z$ unabhängig. Warum dies? Andernfalls wäre die Funktion $w(r, \varphi, z) := u(r, \varphi - \varphi_0, z - z_0)$ für geeignete $\varphi_0$ und $z_0$ eine von $u(r, \varphi, z)$ verschiedene weitere Lösung des gegebenen Dirichlet-Problems. Dies steht im Widerspruch zur eindeutigen Lösbarkeit des Dirichlet-Problems.

Also gilt $u(r, \varphi, z) =: u(r)$, $\rho_1 \leqslant r \leqslant \rho_2$.

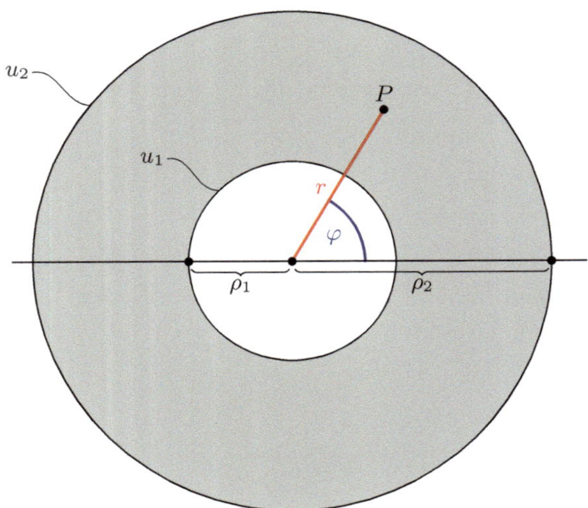


Abbildung 2: Potentialproblem für zwei konzentrische Kreiszylinder

Wir müssen den $\Delta$-Operator durch Ableitungen $u'(r)$ und $u''(r)$ ausdrücken:

$$\begin{aligned} u_x &= u' \cdot r_x = u' \cdot \frac{x}{r}, \\ u_{xx} &= u'' \frac{x^2}{r^2} + u' \frac{r - x \cdot \frac{x}{r}}{r^2} = u'' \frac{x^2}{r^2} + u' \frac{r^2 - x^2}{r^3}, \\ u_{yy} & \text{ analog; } u_{zz} = 0. \end{aligned}$$

Also gilt

$$\Delta u = u_{xx} + u_{yy} + u_{zz} = u'' + \frac{u'}{r}$$

Die Potentialgleichung lautet somit in diesem Fall

$$u'' + \frac{u'}{r} = 0. \tag{3}$$

Dies ist eine Eulersche Differentialgleichung, die man hier ohne Betrachtung des Indexpolynoms direkt lösen kann: Durch Multiplikation mit $r$ bringen wir (3) auf die Form

$$(u'r)' = 0,$$

die sich unmittelbar integrieren lässt: Zunächst ist

$$u'r = A$$

($A$ bezeichnet eine Integrationskonstante), dann folgt aus $u' = \frac{A}{r}$

$$u(r) = A \log r + B.$$

$A$ und $B$ sind nun so zu wählen, dass die Randbedingung erfüllt wird:

$$\begin{aligned} A \log \rho_1 + B &= u_1, \\ A \log \rho_2 + B &= u_2. \end{aligned}$$

Dieses lineare Gleichungssystem hat die Lösung

$$A = \frac{u_2 - u_1}{\log(\rho_2/\rho_1)} \quad \text{und} \quad B = \frac{u_1 \log \rho_2 - u_2 \log \rho_1}{\log(\rho_2/\rho_1)}.$$

### 6.3.2 Der Kugelkondensator

Im Hohlraum zwischen zwei konzentrischen Kugeln mit den Radien $\rho_1 < \rho_2$ ist eine Potentialfunktion $u$ gesucht. Die innere Kugel befinde sich auf dem Potential $u_1$, die äussere auf dem Potential $u_2$. Wiederum ist die gesuchte Funktion $u$ nur von $r$ abhängig: $u(x, y, z) =: u(r)$, $\rho_1 \leqslant r \leqslant \rho_2$.

Im Abschnitt 3.4 wurde auf Seite 57 gezeigt, dass in diesem Fall die Potentialgleichung übergeht in

$$u'' + \frac{2}{r} u' = 0.$$

Multiplikation mit $r^2$ verwandelt diese Gleichung in

$$r^2 u'' + 2ru' = (r^2 u')' = 0.$$

Zweimalige Integration liefert nacheinander

$$r^2 u' = A, \quad u(r) = -\frac{A}{r} + B.$$

Auch hier führen die Randbedingungen zu einem linearen Gleichungssystem:

$$\begin{aligned} -\frac{A}{\rho_1} + B &= u_1, \\ -\frac{A}{\rho_2} + B &= u_2. \end{aligned}$$

Es besitzt die Lösung

$$A = \frac{\rho_1 \rho_2 (u_2 - u_1)}{\rho_2 - \rho_1} \quad \text{und} \quad B = \frac{\rho_2 u_2 - \rho_1 u_1}{\rho_2 - \rho_1}.$$

### 6.3.3 Das Dirichlet-Problem auf der Kreisscheibe

Auf einer Kreisscheibe mit Mittelpunkt 0 und Radius $r_0$ wird eine Potentialfunktion $u$ gesucht, welche die vorgeschriebenen Randwerte

$$u(r_0, \varphi) = f(\varphi)$$

annimmt (siehe Abbildung 3).

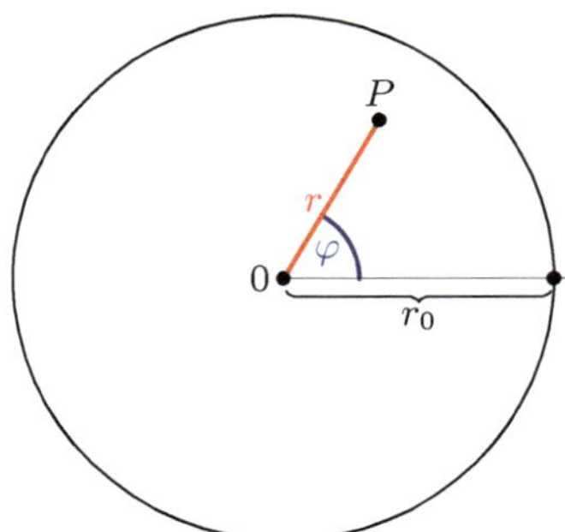


Abbildung 3: Dirichlet-Problem auf dem Kreis

Wir suchen die Lösung $u$ in Polarkoordinaten $u(r, \varphi)$. Zur Lösung benötigen wir daher den $\Delta$-Operator in Polarkoordinaten:

**Lemma 3: Laplace-Operator in Polarkoordinaten**

In Polarkoordinaten $(r, \varphi)$ lautet der Laplace Operator

$$\Delta u = u_{rr} + \frac{1}{r}\, u_r + \frac{1}{r^2}\, u_{\varphi\varphi}.$$

*Beweis.* In Polarkoordinaten gilt $x = r\cos\varphi,\ y = r\sin\varphi$. Dann gilt nach der allgemeinen Kettenregel

$$\begin{aligned} u_r &= u_x \cos\varphi + u_y \sin\varphi, \\ u_\varphi &= -u_x r\sin\varphi + u_y r\cos\varphi. \end{aligned}$$

Die Gleichungsmatrix ist orthogonal, deshalb folgt sofort

$$\begin{aligned} u_x &= u_r \cos\varphi - \frac{1}{r}\, u_\varphi \sin\varphi, \\ u_y &= u_r \sin\varphi + \frac{1}{r}\, u_\varphi \cos\varphi, \end{aligned}$$

und damit

$$u_{xx} = \cos\varphi \frac{\partial}{\partial r}(u_r \cos\varphi - \frac{1}{r}\, u_\varphi \sin\varphi) - \frac{1}{r}\, \sin\varphi \frac{\partial}{\partial \varphi}(u_r \cos\varphi - \frac{1}{r}\, u_\varphi \sin\varphi).$$

Analog berechnet man $u_{yy}$. Daraus folgt dann sofort die Behauptung. □

Nun gehen wir nach unserem bewährten Lösungsschema vor:

1. Schritt: Wir suchen Basislösungen der Form $u(r,\varphi) = f(r)g(\varphi)$, welche den homogenen Teil der Aufgabe (also $\Delta u = 0$) erfüllen. Es soll also gelten

$$(fg)_{rr} + \frac{1}{r}(fg)_r + \frac{1}{r^2}(fg)_{\varphi\varphi} = f''g + \frac{1}{r}f'g + \frac{1}{r^2}f\ddot{g} = 0 \tag{4}$$

(mit $' = \frac{d}{dr}$, $\dot{} = \frac{d}{d\varphi}$).

Wir schreiben (4) um und erhalten

$$\frac{1}{f}(r^2 f'' + rf') = -\frac{\ddot{g}}{g} = \omega^2.$$

Die linke Seite ist nur von $r$ abhängig, die rechte nur von $\varphi$; also müssen beide Seite konstant $= \omega^2$ sein (das Vorzeichen der Konstanten ist bereits so gewählt, dass in $\varphi$ periodische Lösungen herauskommen). Wir haben also jetzt die gewöhnlichen Differentialgleichungen

$$\ddot{g} + \omega^2 g = 0, \tag{5}$$

$$r^2 f'' + rf' - \omega^2 f = 0. \tag{6}$$

Gleichung (5) hat die allgemeine Lösung

$$g(\varphi) = A\cos(\omega\varphi) + B\sin(\omega\varphi).$$

Diese Funktion ist genau dann $2\pi$-periodisch, wenn $\omega$ eine ganze Zahl ist. Es genügen natürlich die Werte $\omega_n = n$, $n = 0, 1, 2\ \ldots$, und wir erhalten damit die Eigenfunktionen

$$g_n(\varphi) = A_n\cos(n\varphi) + B_n\sin(n\varphi).$$

Damit lautet (6) nun

$$r^2 f_n'' + rf_n' - n^2 f_n = 0. \tag{7}$$

Dies ist eine Eulersche Differentialgleichung. Sie wird mithilfe des Ansatzes $f_n(r) = r^\alpha$ bewältigt. Die zulässigen $\alpha$ sind die Nullstellen des Indexpolynoms

$$\alpha(\alpha - 1) + \alpha - n^2 = 0,$$

also $\alpha = \pm n$. Negative Werte sind aber in unserem Fall unbrauchbar, denn unsere Funktionen müssen an der Stelle $r = 0$ regulär sein! Es bleibt $f_n(r) = r^n$ $(n = 0, 1, \ldots)$. Unsere Basislösungen sind damit gefunden:

$$u_n(r,\varphi) = r^n(A_n\cos n\varphi + B_n\sin n\varphi)$$

(vergleiche Übungsaufgabe 15 im Kapitel 2).

2. Schritt: Durch Superposition der Basislösungen soll nun auch noch der inhomogene Anteil der Aufgabe, d. h. die Randbedingung $u(r_0,\varphi) = f(\varphi)$, erfüllt werden. Es sollen also $A_n$ und $B_n$ so gefunden werden, dass

$$u(r_0,\varphi) = A_0 + \sum_{n=1}^{\infty}(A_n r_0^n\cos(n\varphi) + B_n r_0^n\sin(n\varphi)) \stackrel{!}{=} f(\varphi). \tag{8}$$

Die $2\pi$-periodische Funktion $f(\varphi)$ besitzt eine Fourier-Reihe

$$f(\varphi) = \frac{a_0}{2} + \sum_{n=1}^{\infty} \big(a_n \cos(n\varphi) + b_n \sin(n\varphi)\big).$$

Die Bedingung (8) ist somit erfüllt, wenn man Folgendes setzt:

$$A_0 = \frac{a_0}{2} \text{ und } A_n = \frac{a_n}{r_0^n}, \quad B_n = \frac{b_n}{r_0^n} \text{ für } n \geqslant 1.$$

Die Lösung lautet also

$$u(r,\varphi) = \frac{a_0}{2} + \sum_{n=1}^{\infty} \big(a_n \cos(n\varphi) + b_n \sin(n\varphi)\big) \Big(\frac{r}{r_0}\Big)^n.$$

So erhalten wir zum Beispiel für

$$f(\varphi) := \begin{cases} 1 & \text{für } 0 \leqslant \varphi < \pi \\ 0 & \text{für } \pi \leqslant \varphi < 2\pi \end{cases}$$

die Lösung

$$u(r,\varphi) = \frac{1}{2} + \frac{2}{\pi} \sum_{\substack{n=1 \\ n \text{ ungerade}}}^{\infty} \frac{r^n}{n} \sin(n\varphi).$$

In der Abbildung 4 ist die Lösung dargestellt. Die Temperatur $u(r,\varphi)$ ist als Graph über der Kreisscheibe $B$ dargestellt. Der Graph ist so eingefärbt, dass rot heiss ($u = 1$), und blau kalt ($u = 0$) andeutet.

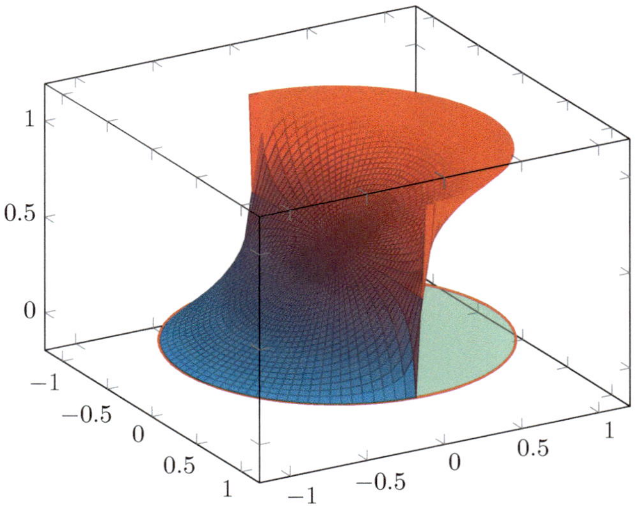


Abbildung 4: Die Lösung der Laplace-Gleichung auf der Kreisscheibe $B$. Auf der vertikalen Achse ist die Temperatur $u$ abgetragen.

Im Folgenden wird es uns nun gelingen, mithilfe der Formeln für die Fourier-Koeffizienten die Fourier-Zerlegung wieder rückgängig zu machen, und das geht so:

$$\begin{aligned}
u(r,\varphi) &= \frac{1}{2\pi}\int_0^{2\pi} f(t)\,dt + \sum_{n=1}^{\infty}\frac{1}{\pi}\Big(\int_0^{2\pi} f(t)\cos(nt)\,dt\cdot\cos(n\varphi)+ \\
&\qquad + \int_0^{2\pi} f(t)\sin(nt)\,dt\cdot\sin(n\varphi)\Big)\Big(\frac{r}{r_0}\Big)^n \\
&= \frac{1}{2\pi}\int_0^{2\pi} f(t)\Big(1+2\sum_{n=1}^{\infty}\big(\cos(nt)\cos(n\varphi)+\sin(nt)\sin(n\varphi)\big)\Big(\frac{r}{r_0}\Big)^n\Big)\,dt \\
&= \frac{1}{2\pi}\int_0^{2\pi} f(t)\underbrace{\Big(1+2\sum_{n=1}^{\infty}\cos\big(n(t-\varphi)\big)\Big(\frac{r}{r_0}\Big)^n\Big)}_{=:P}\,dt. \qquad (9)
\end{aligned}$$

Wir berechnen nun mithilfe der Formel für die geometrische Reihe die von $f$ unabhängige Grösse $P$:

$$\begin{aligned}
P &= \mathrm{Re}\Big(1+2\sum_{n=1}^{\infty}\Big(\frac{r}{r_0}e^{i(t-\varphi)}\Big)^n\Big) \\
&= \mathrm{Re}\Big(1+2\frac{\frac{r}{r_0}\exp\big(i(t-\varphi)\big)}{1-\frac{r}{r_0}\exp\big(i(t-\varphi)\big)}\Big) \\
&= \mathrm{Re}\Big(\frac{r_0+r\exp\big(i(t-\varphi)\big)}{r_0-r\exp\big(i(t-\varphi)\big)}\Big) \\
&= \frac{r_0^2-r^2}{r_0^2-2r_0r\cos(t-\varphi)+r^2}.
\end{aligned}$$

Setzen wir dies in (9) ein, so erhalten wir die berühmte **Poissonsche Integralformel**:

**Satz 4: Lösung der Potentialgleichung auf der Kreisscheibe**

In Polarkoordinaten lautet die Lösung der Potentialgleichung $\Delta u = 0$ im Kreis mit Radius $r_0$ und Zentrum 0 bei gegebenen Randwerten $u(r_0,\varphi) = f(\varphi)$

$$u(r,\varphi) = \frac{1}{2\pi}\int_0^{2\pi} f(t)\,\frac{r_0^2-r^2}{r_0^2-2r_0r\cos(t-\varphi)+r^2}\,dt \quad (r < r_0).$$

Die Poissonsche Integralformel stellt den Funktionswert $u(r,\varphi)$ als gewichtetes Mittel der Randwerte $f(t)$ dar. Man kann zeigen, dass neben der durch die Poissonsche Formel gegebenen Lösung keine weitere Lösung der Potentialgleichung mit denselben Randwerten existiert.

Speziell erhalten wir als Funktionswert im Ursprung

$$u(0,\varphi) = \frac{1}{2\pi}\int_0^{2\pi} f(t)\,dt. \tag{10}$$

Der Funktionswert im Ursprung ist also gleich dem Mittelwert der Funktionswerte auf dem Kreis mit Radius $r_0$. Wir verallgemeinern diesen Sachverhalt im nächsten Abschnitt.

## 6.4 Mittelwertsatz und Maximumprinzip

Die folgenden Sätze sind zentrale Aussagen über das Verhalten der Lösungen der Potentialgleichung.

**Satz 5: Mittelwertsatz harmonischer Funktionen**

Ist $G$ eine Kreisscheibe mit Radius $\rho$ im Definitionsbereich einer harmonischen Funktion $u$, so ist der Funktionswert $u(x_0, y_0)$ im Zentrum $(x_0, y_0)$ von $G$ gleich dem Mittelwert von $u$ auf $\partial G$:

$$u(x_0, y_0) = \frac{1}{2\pi}\int_0^{2\pi} u(x_0 + \rho\cos t, y_0 + \rho\sin t)\,dt.$$

*Beweis.* Im Inneren von $G$ kann man $u$ als Lösung des Dirichlet-Problems für $G$ mit Randwerten

$$f(t) := u(x_0 + \rho\cos t, y_0 + \rho\sin t)$$

betrachten. Die Behauptung folgt dann sofort aus (10). □

Die Mittelwerteigenschaft harmonischer Funktionen gilt in jeder Dimension. (Was bedeutet der Satz in Dimension 1?!)

Aus Satz 5 folgt nun das wichtige Maximumprinzip:

**Satz 6: Maximumprinzip**

Sei $G$ ein zusammenhängendes Gebiet und $u : G \to \mathbb{R}$ eine harmonische Funktion. Dann gilt: Falls $u$ im Innern von $G$ ein Maximum annimmt, so ist $u$ eine Konstante.

*Beweis.* Es sei $P_0 \in G$ ein Punkt, in dem $u(x,y)$ sein Maximum $M$ annimmt und $P_1$ ein Punkt, wo $u(x,y)$ einen Wert $< M$ annimmt. Sei $\gamma$ ein in $G$ liegender Weg, der $P_0$ mit $P_1$ verbindet (siehe Abbildung 5).

Geht man auf $\gamma$ von $P_0$ nach $P_1$, so sei $P$ der letzte Punkt, in dem $u$ den Wert $M$ annimmt, nachher sei $u$ stets kleiner als $M$. Sei noch $B$ eine Kreisscheibe mit Zentrum $P$, die ganz in $G$ liegt, aber $P_1$ nicht enthält. Es gilt

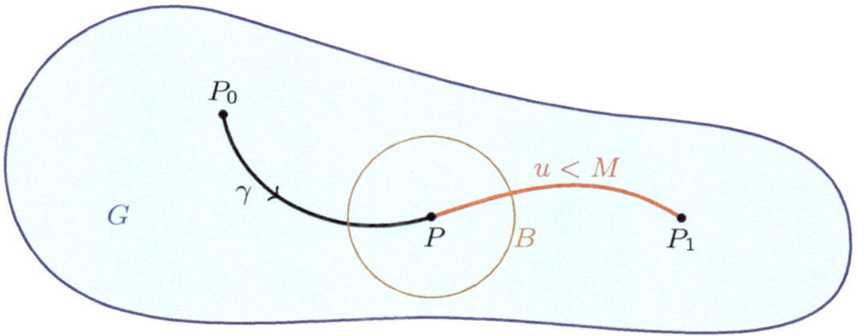


Abbildung 5: Zum Beweis des Maximumprinzips

(i) $u(P) = M$.

(ii) $u \leqslant M$ auf $\partial B$.

(iii) $u < M$ in der Nähe des Punktes, wo $\gamma$ die Kreisscheibe $B$ verlässt.

Aus (ii) und (iii) folgt, dass der Mittelwert von $u$ auf $\partial B$ streng kleiner ist als $M$. Dies ist laut Satz 5 ein Widerspruch zu (i). Die Annahme $u(P_1) < M$ ist also falsch, und der Satz ist bewiesen. □

Eine wichtige Anwendung von Satz 6 ist die Eindeutigkeit der Lösung des Dirichlet-Problems:

**Satz 7: Eindeutigkeit der Lösung des Poisson-Problems**

Das Poisson-Problem auf dem beschränkten Gebiet $G$

$$\begin{cases} \Delta u = f & \text{in } G, \\ u = g & \text{auf } \partial G \end{cases} \tag{11}$$

besitzt höchstens eine Lösung.

*Beweis.* Seien $u_1$ und $u_2$ Lösungen von (11) und $v := u_1 - u_2$. Dann gilt

$$\begin{cases} \Delta v = \Delta u_1 - \Delta u_2 = f - f = 0 & \text{in } G \\ v = u_1 - u_2 = g - g = 0 & \text{auf } \partial G. \end{cases}$$

Es gibt nun drei Fälle:

1. $v \equiv 0$: Hier ist nichts mehr zu beweisen.
2. $v$ besitzt im Inneren von $G$ ein Maximum $> 0$. Laut Satz 6 ist dann $v =$ konstant $> 0$ im Widerspruch zu $v = 0$ auf $\partial G$.
3. $-v$ besitzt im Innern von $G$ ein Maximum $> 0$. Wie im 2. Fall schliesst man einen Widerspruch: Dann wäre nämlich $v =$ konstant $< 0$, was wiederum unmöglich ist. □

# Übungsaufgaben zum Kapitel 6

1. In der Abbildung 6 ist ein Viertelkreisring $B$ dargestellt. Man löse in diesem Gebiet $B$ das folgende Potentialproblem:

$$\begin{aligned} &\Delta u = 0 && \text{in } B, \\ u(r_0,\varphi) = 0, \quad &\frac{\partial u}{\partial r}(r_1,\varphi) = 1 && \text{für } 0 < \varphi < \frac{\pi}{2}, \\ u(r,0) = u(r,&\frac{\pi}{2}) = 0 && \text{für } r_0 < r < r_1. \end{aligned}$$

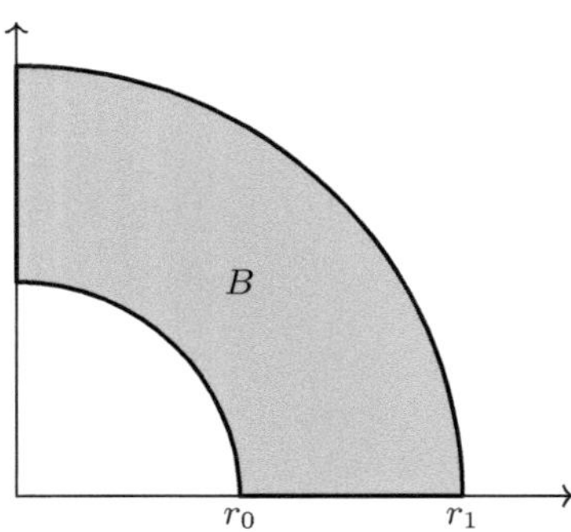


Abbildung 6: Potentialproblem auf einem Viertelkreisring

2. Sei $P(z) = a_0 + a_1 z + \cdots + a_n z^n$ ($z \in \mathbb{C}$) ein Polynom mit reellen Koeffizienten. Man zeige, dass dann die reellen Funktionen

$$u(x,y) = \operatorname{Re}\big(P(x+iy)\big) \text{ und } v(x,y) = \operatorname{Im}\big(P(x+iy)\big)$$

harmonisch sind.

**Hinweis:** Man beachte Aufgabe 15(a) im Kapitel 2.

3. Sei $u$ die im Einheitskreis $K = \{(x,y) \,|\, x^2 + y^2 \leqslant 1\}$ harmonische Funktion mit Randwerten

$$u(x,y) = \frac{|y|}{1+x^2} \qquad \text{für } x^2 + y^2 = 1.$$

(a) Man bestimme $u(0,0)$.

(b) Man bestimme das Minimum und das Maximum von $u$ in $K$.

4. Sei $G = \{(x,y) \in \mathbb{R}^2 \,|\, 0 < x < 2,\ 0 < y < 4 - x^2\}$. Man betrachte das folgende Dirichlet-Problem:

$$\begin{cases} \Delta u = 0 & \text{in } G, \\ u(0,y) = 0 & \text{für } 0 \leqslant y \leqslant 4, \\ u(x,0) = 4x & \text{für } 0 \leqslant x \leqslant 2, \\ u(x,4-x^2) = x^3 + 4x^2 - 8x & \text{für } 0 \leqslant x \leqslant 2. \end{cases}$$

Man beweise für die Lösung $u(x,y)$ des Problems die Abschätzung

$$\frac{1}{27}(416 - 160\sqrt{10}) < u(x,y) < x(4-y)$$

für alle $(x,y) \in G$.

**Hinweis:** Man kann für die zweite Ungleichung das Maximumprinzip auf die harmonische Funktion $x(4-y) - u(x,y)$ anwenden.

5. Es sei $B = \{(r,\varphi) : 0 < r_0 < r < r_1, 0 \leqslant \varphi < 2\pi\}$, ein Ringgebiet. Man behandle das folgende Dirichlet-Problem:

$$\begin{cases} \Delta u &= 0 & \text{in } B, \\ u(r_0,\varphi) &= \cos(\varphi) & \text{für } 0 \leqslant \varphi < 2\pi, \\ u(r_1,\varphi) &= 1-\cos(2\varphi) & \text{für } 0 \leqslant \varphi < 2\pi, \end{cases}$$

**Hinweis:** Es besteht ein wesentlicher Unterschied zum Fall des Kreisgebietes, denn $0 \notin B$.

6. Man behandle das folgende Neumann-Problem für die Kreisscheibe $D$ vom Radius $r_0$:

$$\begin{cases} \Delta u &= 0 & \text{in } D, \\ \frac{\partial u}{\partial n} &= f(x,y) & \text{für } (x,y) \in \partial D, \\ u(0,0) &= 0. \end{cases}$$

Dabei ist die Funktion $f$ gegeben durch

$$f(x,y) = \begin{cases} 1 & \text{falls } y > 0, \\ -1 & \text{falls } y < 0. \end{cases}$$

**Hinweis:** Man betrachte das Problem in Polarkoordinaten.

7. (a) Für das Quadrat $Q = \{(x,y) : 0 < x < 1, 0 < y < 1\}$ löse man das folgende Dirichlet-Problem:

$$\begin{cases} \Delta u &= 0 & \text{in } Q, \\ u &= 0 & \text{auf } AB,\ BC,\ AD, \\ u &= a & \text{auf } CD. \end{cases}$$

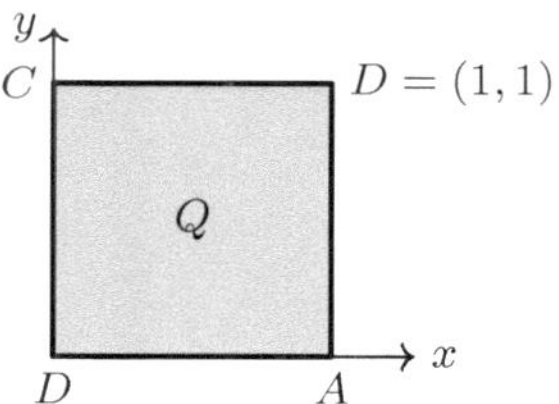


(b) Unter Verwendung des Resultates von (a) gebe man *ohne weitere Rechnung* die Lösung des folgenden Dirichlet-Problems an:

$$\begin{cases} \Delta u &= 0 & \text{in } G, \\ u &= 0 & \text{auf } AB \text{ und } BC, \\ u &= 1 & \text{auf } AC. \end{cases}$$

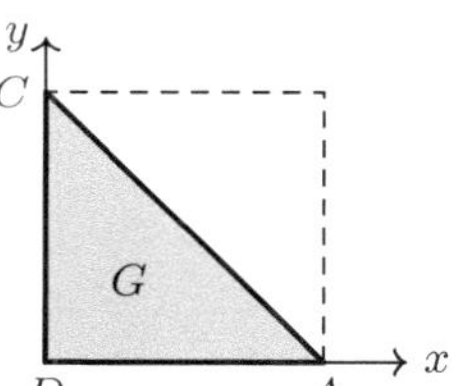

8. Wir betrachten die stationäre Temperaturverteilung auf einer Kreisscheibe mit wärmeundurchlässigem Schlitz, bei vorgegebenen Randwerten.

   Für das Gebiet

$$B = \{(r, \varphi) \,:\, 0 < r < 1, -\pi < \varphi < \pi\}$$

   löse man das Problem

$$\begin{cases} (1) & \Delta u &= 0 & \text{in } B, \\ (2) & u_\varphi(r, \pm\pi) &= 0 & \text{für } 0 < r < 1, \\ (3) & u(1, \varphi) &= \varphi & \text{für } -\pi < \varphi < \pi. \end{cases}$$

   **Hinweis:** Die Separation führt auf Basisfunktionen

$$U_\omega(r, \varphi) = R_\omega(r)\big(A\cos(\omega\varphi) + B\sin(\omega\varphi)\big)\,, \quad -\pi < \varphi < \pi.$$

   Wegen der Symmetrie von (3) schliesst man auf $A = 0$. Die zulässigen $\omega$ ergeben sich aus (2). Achtung: Die gemeinsame Periode der resultierenden Funktionen ist nicht $2\pi$.

9. Sei $u$ die im Einheitskreis $D = \{(x, y) \,:\, x^2 + y^2 \leqslant 1\}$ harmonische Funktion mit Randwerten $u(x, y) = x(y - x)$ für $x^2 + y^2 = 1$.

   (a) Man bestimme $u(0, 0)$.

   (b) Man bestimme das Maximum und das Minimum von $u$ in $D$.

# Kapitel 7

# Einführung in die Variationsrechnung

## 7.1 Der Variationssatz

In diesem Kapitel wird der Zusammenhang von Minimumproblemen und PDEs beleuchtet. In der Tat sind diese Gebiete eng miteinander verflochten. Man betrachtet oft Minimumprobleme, um Lösungen von PDEs zu finden und umgekehrt.

Ein fundamentales Prinzip in der Physik besagt: „Ein physikalisches System hat die Tendenz, sich innerhalb der Freiheit, die es hat, in dem stationären Zustand zu befinden, in dem die ihm zugeordnete Energie minimal ist.“

**Beispiel 1: Elektrisches Feld**

In der Physik wird gezeigt, dass einem elektrischen Feld $E$ die Energie $de = \alpha |E|^2\, dV$ im Volumenelement $dV$ entspricht. Durch geeignete Wahl der Einheiten kann man $\alpha = 1$ annehmen, und man erhält

$$de = |E|^2\, dV = |\nabla u|^2\, dV,$$

denn $E = \nabla u = \operatorname{grad} u$, wenn $u$ das elektrische Potential bezeichnet.

Betrachten wir einen Kugelkondensator. Wir geben das Potential $u_1$ auf der inneren und $u_2$ auf der äusseren Kugel vor. Dann besagt obiges Prinzip, dass das gesuchte Potential $u$ die Energie

$$e(u) = \int\limits_V |\nabla u|^2\, dV$$

unter den genannten Nebenbedingungen minimieren wird (das Volumenintegral erstreckt sich über den Hohlraum zwischen den Kugeln).

Wir werden später sehen, dass die Lösung dieser Minimumaufgabe dem Beispiel im Abschnitt 6.3.2 entspricht.

Wir wollen nun von der physikalischen Interpretation absehen und ganz allgemein das folgende Problem untersuchen.

**Gegeben** sei ein Integral

$$E(u) := \int_V F(x, u, \nabla u)\, dV.$$

**Man finde** eine Funktion $u$, welche (unter gewissen Nebenbedingungen) $E(u)$ minimiert.

Wir beschränken uns auf Minimumprobleme, denn ein Maximumproblem fällt durch einen Vorzeichenwechsel ebenfalls unter diese Kategorie.

Wir wollen das Problem an folgendem Modellfall studieren.

**Modellproblem:** Sei $G$ ein Gebiet im $\mathbb{R}^3$ mit Rand $\partial G$. Man finde eine Funktion $u$ mit

$$\left\{\begin{array}{rcl} E(u) & = & \int_G F(x, u, \nabla u)\, dV = \text{Minimum!} \\ u & = & g \qquad \text{auf } \partial G. \end{array}\right. \tag{1}$$

**Lösung:** Nehmen wir an, wir hätten die Lösung $u$ von (1) gefunden. Sei dann $\varphi$ eine beliebige Funktion auf $G$ mit $\varphi = 0$ auf dem Rand $\partial G$. Dann ist die Funktion $v_\varepsilon := u + \varepsilon\varphi$ ebenfalls als Kandidat zur Minimierung zugelassen, denn $v_\varepsilon$ erfüllt ja die Randbedingung $v_\varepsilon = g$ auf $\partial G$. Da $u$ Minimalstelle von $E$ ist, muss die Funktion

$$f(\varepsilon) := E(u + \varepsilon\varphi)$$

an der Stelle $\varepsilon = 0$ ein Minimum aufweisen. Folglich muss gelten

$$\left.\frac{df}{d\varepsilon}\right|_{\varepsilon=0} = \left.\frac{dE(u + \varepsilon\varphi)}{d\varepsilon}\right|_{\varepsilon=0} = 0.$$

Man nennt

$$\left.\frac{d}{d\varepsilon} E(u + \varepsilon\varphi)\right|_{\varepsilon=0}$$

die **erste Variation** von $E$ in $u$ in Richtung $\varphi$. Wir haben also gezeigt:

**Satz 2: Variationsprinzip**

Ist $E(u)$ minimal, so verschwindet in $u$ die erste Variation von $E$ in jeder Richtung.

## 7.2 Die Euler-Lagrange-Gleichung

Nun wollen wir die erste Variation auch wirklich ausrechnen:

$$\begin{aligned} \left.\frac{dE(u + \varepsilon\varphi)}{d\varepsilon}\right|_{\varepsilon=0} &= \int_G \frac{d}{d\varepsilon} F\big(x, u + \varepsilon\varphi, \nabla(u + \varepsilon\varphi)\big)\Big|_{\varepsilon=0} dV \\ &= \int_G \Big(\frac{\partial F}{\partial u}\,\varphi + \frac{\partial F}{\partial u_x}\varphi_x + \frac{\partial F}{\partial u_y}\varphi_y + \frac{\partial F}{\partial u_z}\varphi_z\Big)\, dV. \end{aligned} \tag{2}$$

Aus dem Satz von Gauss, angewendet auf das Vektorfeld $(ab, 0, 0)$, folgt

$$\int_G (ab)_x \, dV = \int_G (a_x b + a b_x) \, dV = \int_{\partial G} ab \, n_1 \, d\sigma. \tag{3}$$

$n_1$ ist hier die $x$-Komponente des äusseren Normalenvektors an das Oberflächenelement $d\sigma$. Die Formel (3) heisst partielle Integration. Entsprechende Formeln gelten natürlich auch in $y$- und $z$-Richtung. Nun wenden wir die partielle Integration auf (2) an und erhalten

$$\frac{dE(u+\varepsilon\varphi)}{d\varepsilon}\bigg|_{\varepsilon=0} = \int_G \Big( \frac{\partial F}{\partial u} - \frac{\partial}{\partial x}\frac{\partial F}{\partial u_x} - \frac{\partial}{\partial y}\frac{\partial F}{\partial u_y} - \frac{\partial}{\partial z}\frac{\partial F}{\partial u_z} \Big) \varphi \, dV. \tag{4}$$

Dabei wurde bereits ausgenutzt, dass die Oberflächenintegrale wegen der Randbedingung $\varphi = 0$ auf $\partial G$ alle verschwinden. Das Integral auf der rechten Seite von (4) soll nun laut Satz 2 für alle Funktionen $\varphi$ verschwinden. Dies ist nur möglich, falls der Ausdruck in der Klammer null ist:

$$\frac{\partial F}{\partial u} - \frac{\partial}{\partial x}\frac{\partial F}{\partial u_x} - \frac{\partial}{\partial y}\frac{\partial F}{\partial u_y} - \frac{\partial}{\partial z}\frac{\partial F}{\partial u_z} = 0. \tag{5}$$

Man nennt (5) die zum Variationsproblem (1) gehörige **Euler-Lagrange-Gleichung**. Also haben wir folgenden Satz.

**Satz 3: Euler-Lagrange-Gleichung**

Eine Minimalstelle $u$ von $E(u)$ erfüllt notwendigerweise die Euler-Lagrange-Gleichung.

**Beispiel 4: Elektrisches Feld**

Im Beispiel 1 ist

$$F(u) = |\nabla u|^2 = u_x^2 + u_y^2 + u_z^2.$$

Es ist

$$\frac{\partial F}{\partial u} = 0, \quad \frac{\partial F}{\partial u_x} = 2u_x, \quad \frac{\partial F}{\partial u_y} = 2u_y, \quad \frac{\partial F}{\partial u_z} = 2u_z.$$

Die Euler-Lagrange-Gleichung lautet somit

$$-2(u_{xx} + u_{yy} + u_{zz}) = 0 \quad \text{resp. } \Delta u = 0.$$

Die im Abschnitt 6.3.2 gefundene Potentialfunktion minimiert übrigens tatsächlich das Energiefunktional (ein Maximum kann es nicht sein).

An dieser Stelle drängen sich einige Bemerkungen auf.

1. Die Euler-Lagrange-Gleichung ist eine *notwendige* Bedingung für ein Minimum, sie gilt auch für Maxima und „Sattelpunkte“. Hinreichende Bedingungen sind meist schwieriger anzugeben. Ebenso ist die Frage, ob überhaupt eine minimierende Funktion existiert, mit den Euler-Lagrange-Gleichungen noch nicht

beantwortet. Es gibt zum Beispiel, wie man leicht einsieht, keine Funktion, welche

$$\int_0^1 \left((u'(x)^2 - 1)^2 + u^2(x)\right) dx$$

unter den Randbedingungen $u(0) = u(1) = 0$ minimiert, obwohl die Euler-Lagrange-Gleichung eine Lösung besitzt.

2. Bei anders gestellten Variationsproblemen (z. B. bei Neumann-Randdaten statt wie in unserem Modellfall Dirichlet-Randdaten) muss die Variation (so etwa die Wahl der Störungen $\varphi$) dem Problem angepasst werden. Entsprechend ergeben sich dann andere Euler-Lagrange-Gleichungen.

3. Ist eine Nebenbedingung der Art

$$N(u) = \int_G H(x, u, \nabla u)\, dV \stackrel{!}{=} A$$

gegeben, welche die minimierende Funktion $u$ zusätzlich erfüllen soll, so bilde man die **Lagrange-Funktion**

$$E(u) + \lambda N(u) =: L(u)$$

und extremiere $L(u)$. $\lambda$ wird nachträglich durch $N(u) = A$ wieder eliminiert. Das Verfahren ist also ganz analog zum im Analysis-Grundkurs behandelten Vorgehen bei Extremalaufgaben mit Nebenbedingungen (Stichwort: Lagrange-Multiplikator).

### Beispiel 5: Isoperimetrisches Problem

Die Fläche

$$E(u) = \int_{x_1}^{x_2} u(x)\, dx$$

unter einer Kurve durch die Punkte $(x_1, 0)$ und $(x_2, 0)$ soll maximal gemacht werden unter der Nebenbedingung

$$N(u) = \int_{x_1}^{x_2} \sqrt{1 + (u'(x))^2}\, dx \stackrel{!}{=} l,$$

das heisst, die Länge der Kurve ist vorgeschrieben (siehe Abbildung 1).

Zur Lösung bilden wir die Lagrange-Funktion

$$L(u) = \int_{x_1}^{x_2} \left(u + \lambda\sqrt{1 + (u')^2}\right) dx,$$

d. h. $F(x, u, u') = u + \lambda\sqrt{1 + (u')^2}$. Die Euler-Lagrange-Gleichung (5) lautet dann

$$1 - \lambda \frac{d}{dx} \frac{u'}{\sqrt{1 + (u')^2}} = 0. \tag{6}$$

Diese Differentialgleichung kann durch geeignetes Umformen integriert werden. Wir gelangen jedoch einfacher zur Lösung, wenn wir uns an die Formel für den Krümmungsradius $r$ einer ebenen Kurve $u$ erinnern. Es gilt bekanntlich

$$\left(\frac{u'}{\sqrt{1+(u')^2}}\right)' = \frac{1}{r}.$$

Gleichung (6) sagt also $1 - \frac{\lambda}{r} = 0$ oder $r = \lambda =$ konst. Die gesuchte Kurve ist also ein Kreis. Sein Radius wird durch die Nebenbedingung bestimmt. Achtung: Was passiert, falls $l > \pi\, \frac{x_2 - x_1}{2}$ oder $l < x_2 - x_1$?

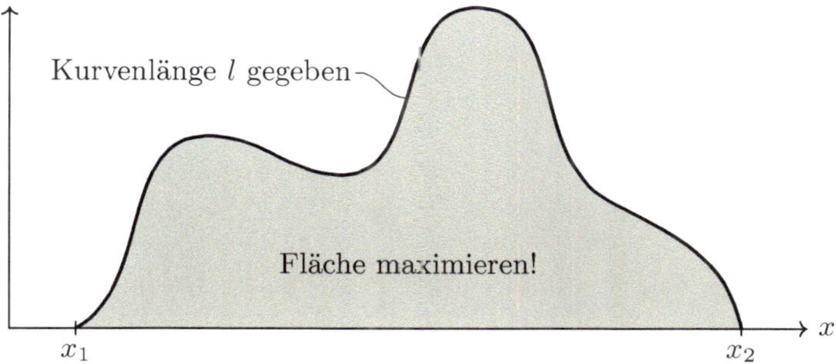


Abbildung 1: Isoperimetrisches Problem

## 7.3 Dynamik: Das Prinzip der kleinsten Wirkung

Nicht nur ein physikalisches System in Ruhe sucht sich einen Zustand kleinster Energie. Auch die Dynamik eines physikalischen Systems, also wie es sich bewegt, wird durch ein Minimumprinzip regiert. Als Erster erkannte dies Pierre Louis Moreau de Maupertuis Mitte des 18. Jahrhunderts. Leonhard Euler und Joseph-Louis Lagrange gelang es daraufhin, dieses Prinzip mathematisch zu fassen. So können die Gesetze der klassischen Mechanik (Newtonsche Gesetze) und der Elektrodynamik (Maxwellsche Gleichungen) aus einfachen Variationsprinzipien abgeleitet werden. In der Mechanik lautet das Variationsprinzip wie folgt.

**Satz 6: Prinzip der kleinsten Wirkung**

Ist der Anfangszustand eines physikalischen Systems durch $u(t_0)$ und der Endzustand durch $u(t_1)$ beschrieben, so verschwindet für die physikalische Bewegung die erste Variation des sogenannten **Wirkungsintegrals**

$$A = \int_{t_0}^{t_1} (\text{kinetische Energie} - \text{potentielle Energie})\, dt,$$

die Bewegungsgleichungen sind also gerade die zugehörigen Euler-Lagrange-Gleichungen.

Die enorme Macht dieses Prinzips zeigen wir nun an einigen Anwendungen.

**Beispiel 7: Massenpunkt im Gravitationsfeld**

Sei $u$ die Höhe des Massenpunktes der Masse $m$ über einem Referenzniveau, $mgu$ seine potentielle und $\frac{1}{2}m\dot{u}^2$ seine kinetische Energie. Die Wirkung ist

$$A = \int_{t_0}^{t_1} (\frac{1}{2}m\dot{u}^2 - mgu)\, dt.$$

Die zugehörige Euler-Lagrange-Gleichung ist laut (5)

$$-mg - \frac{d}{dt}(m\dot{u}) = 0$$

oder $m\ddot{u} = -mg =: F$, die Kraft.

**Beispiel 8: Mathematisches Pendel**

Die Abbildung 2 stellt ein mathematisches Pendel dar. Es gilt

$$E_{\text{kin}} = \frac{1}{2}m(\frac{d}{dt}l\varphi)^2,$$
$$E_{\text{pot}} = mg(l - l\cos\varphi).$$

Die Euler-Lagrange-Gleichung lautet

$$-mgl\sin\varphi - \frac{d}{dt}(ml^2\frac{d\varphi}{dt}) = 0$$

oder

$$\ddot{\varphi} + \frac{g}{l}\sin\varphi = 0.$$

In diesem Beispiel tritt ein weiterer Vorteil der variationellen Auffassung zutage: Das Prinzip der kleinsten Wirkung ist koordinatenfrei formuliert (vergleiche Aufgabe 2 am Ende des Kapitels).

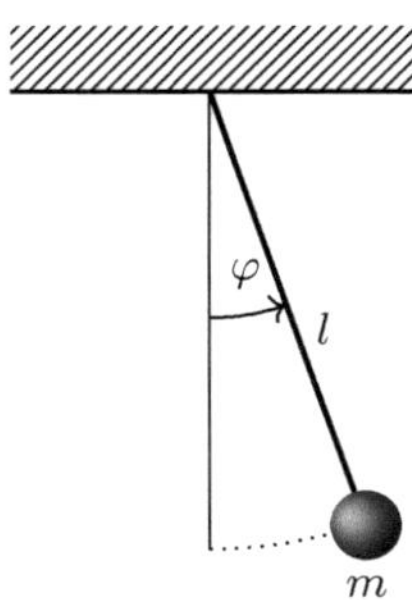


Abbildung 2: Mathematisches Pendel

Der Integrand des Wirkungsintegrals $L = E_{\text{kin}} - E_{\text{pot}}$ heisst in der Physik **Lagrange-Funktion** des Systems.

**Beispiel 9: Wellen in einem Gummiband**

Ein Gummiband habe die Länge $L$, die Masse $M$ und die homogene Massendichte $m := \frac{M}{L}$. Seine Elastizitätskonstante sei $c$. $u(x,t)$ beschreibe die longitudinale Auslenkung. Dann gilt

$$E_{\text{kin}} = \int_0^L \frac{1}{2} m \left(\frac{\partial u}{\partial t}\right)^2 dx, \quad E_{\text{pot}} = \int_0^L \frac{1}{2} c \left(\frac{\partial u}{\partial x}\right)^2 dx.$$

Das Wirkungsintegral heisst also

$$A = \int_{t_0}^{t_1} \int_0^L \left(\frac{1}{2} m \left(\frac{\partial u}{\partial t}\right)^2 - \frac{1}{2} c \left(\frac{\partial u}{\partial x}\right)^2\right) dx\, dt.$$

Die Euler-Lagrange-Gleichung des Systems sind dann laut (5)

$$\frac{\partial}{\partial x}\left(c \frac{\partial u}{\partial x}\right) - \frac{\partial}{\partial t}\left(m \frac{\partial u}{\partial t}\right) = 0.$$

Dies ist aber genau die Wellengleichung $u_{tt} = \frac{c}{m} u_{xx}$.

**Beispiel 10: Elektrischer Schwingkreis**

Wir studieren einen elektrischen Schwingkreis, wie er in der Abbildung 3 dargestellt ist. Die Energie in der Kapazität ist $E_C = \frac{1}{2}CU^2$, die Energie in der Induktivität $E_I = \frac{1}{2}LI^2$. Aus $U = \frac{Q}{C}$ folgt $C\dot{U} = \dot{Q} = I$, also $E_I = \frac{1}{2}LC^2\dot{U}^2$. Als Lagrange-Funktion wählen wir

$$L(U) = E_C - E_I = \frac{1}{2}(CU^2 - LC^2\dot{U}^2)$$

mit dem Wirkungsintegral

$$A = \int_{t_0}^{t_1} L(U)\, dt.$$

Die Euler-Lagrange-Gleichung lautet gemäss (5) $CU + \frac{d}{dt}(LC^2\dot{U}) = 0$ oder

$$\ddot{U} + \frac{1}{LC} U = 0.$$

Dies ist in der Tat die Schwingkreisgleichung.

Abbildung 3: Elektrischer Schwingkreis

## Übungsaufgaben zum Kapitel 7

1. **Das Brechungsgesetz von Snellius**

   Zwei lichtleitende Medien grenzen längs einer Ebene $E$ aneinander. Die Lichtgeschwindigkeit im einen Medium I sei $v_1$, im andern Medium II sei sie $v_2$. Ein Lichtstrahl, der von einem Punkt $A_1$ im Medium I zum Punkt $A_2$ im Medium II läuft, nimmt seinen Weg in einer Ebene durch $A_1$ und $A_2$, die senkrecht auf der Trennebene steht.

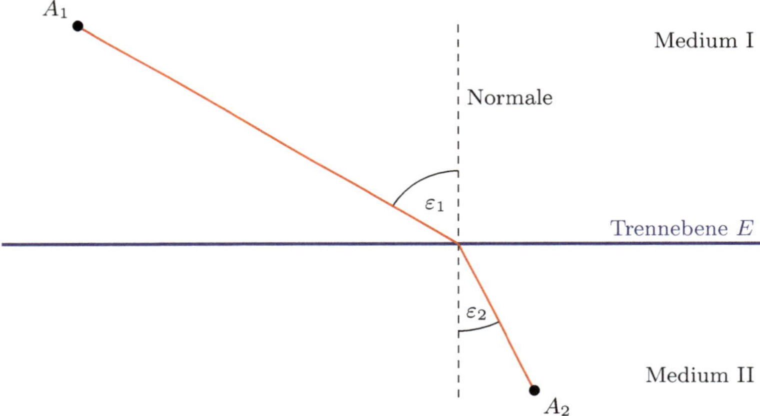


Abbildung 4: Lichtbrechung

   Das Brechungsgesetz von Snellius gibt dann Auskunft über den Einfallswinkel $\varepsilon_1$ und den Ausfallswinkel $\varepsilon_2$ (siehe Abbildung 4):

$$\frac{\sin \varepsilon_1}{\sin \varepsilon_2} = n.$$

   Dabei ist $n$ die Brechzahl, die nur von den Medien abhängt. Man zeige, dass dieses Brechungsgesetz aus dem Prinzip von Fermat gefolgert werden kann, das besagt, dass ein Lichtstrahl zwei Punkte des Raumes auf einem Weg verbindet, zu dessen Durchlaufen er eine kürzere Zeit braucht als auf jedem Nachbarweg. Man berechne ferner die Brechzahl.

   Zusatzfrage: Ist das Prinzip von Fermat richtig formuliert?

2. (a) Man stelle die Bewegungsgleichungen des mathematischen Pendels (mit Länge $l$, Masse $m$ und Gravitationskonstante $g$) sowohl über das 2. Newtonsche Gesetz als auch über die Euler-Lagrange-Gleichung auf.

   (b) Man versuche dasselbe für das in Abbildung 5 skizzierte mathematische Doppelpendel.

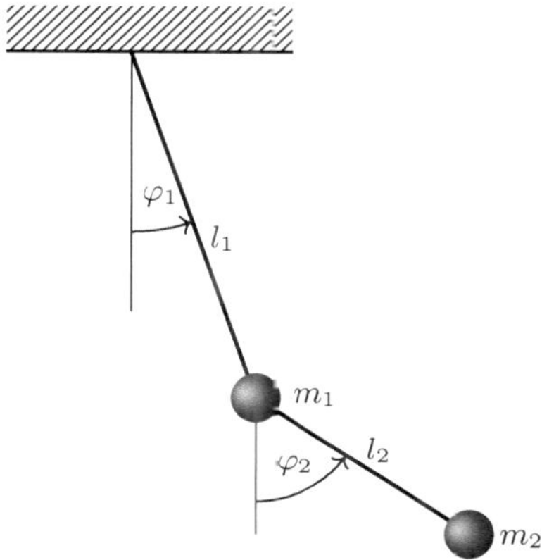


Abbildung 5: Doppelpendel

   **Bemerkung:** Der Versuch mithilfe des Newtonschen Gesetzes endet hierbei im Uferlosen.

3. **Das Brachystochronen-Problem** (Johann Bernoulli, 1696)

   Seien $P_1$ und $P_2$ zwei Punkte, die auf verschiedener Höhe, aber nicht übereinander liegen (siehe Abbildung 6). Unter allen möglichen Verbindungskurven, auf denen sich ein materieller Punkt unter den Einfluss der Schwerkraft reibungsfrei von $P_1$ nach $P_2$ bewegt, soll diejenige gefunden werden, für welche die Zeit des Durchlaufens ein Minimum ist.

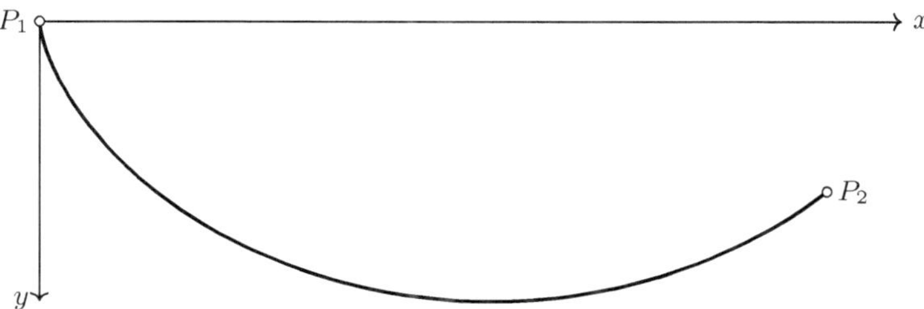


Abbildung 6: Brachystochrone

4. In einer Ebene liegt ein rechteckiger Rahmen der Länge $a$ und der Breite $b$. In diesen Rahmen soll eine Seifenhaut eingespannt werden, welche ein vorgegebenes Volumen $V_0$ mit der Ebene einschliessen soll. Man leite die Gleichung dieser Seifenhaut her aus der Forderung, dass es die Fläche minimalen Inhalts ist, welche obigen Bedingungen genügt. Dabei verwende man für die Fläche

die Näherungsformel

$$E(u) = \iint \sqrt{1 + \Big(\frac{\partial u}{\partial x}\Big)^2 + \Big(\frac{\partial u}{\partial y}\Big)^2}\,dx\,dy \approx$$

$$\approx \iint \Big(1 + \frac{1}{2}\Big(\frac{\partial u}{\partial x}\Big)^2 + \frac{1}{2}\Big(\frac{\partial u}{\partial y}\Big)^2\Big)\,dx\,dy.$$

Diese Näherung ist gut, falls die auftretenden partiellen Ableitungen klein sind (Taylor-Entwicklung).

**Bemerkung:** Die resultierende Euler-Lagrange-Gleichung muss nicht gelöst zu werden (sie wird im Kapitel 9 über die Poissonsche Gleichung behandelt).

5. (a) Man berechne die Euler-Lagrange-Gleichung des Minimumproblems

$$E(u) = \int_G (yu_x^2 + u_y^2)\,dx\,dy = \text{Minimum}$$

bei vorgegebenen Randwerten $u(x, y) = f(x, y)$ auf $\partial G$.

(b) Man berechne die Euler-Lagrange-Gleichung des Minimumproblems

$$E(u) = \frac{1}{2}\int_G (u_x^2 + u_y^2)\,dx\,dy = \text{ Minimum}$$

unter der Nebenbedingung

$$N(u) = \int_G u^2\,dx\,dy = 1$$

und bei vorgegebenen Randwerten $u(x, y) = 0$ auf $\partial G$.

(c) Man leite die Euler-Lagrange-Gleichung des Minimumproblems

$$\begin{cases} E(u) &= \int_{x_1}^{x_2} F(x, u, u', u'')\,dx = \text{ Minimum} \\ u(x_1) &= 0 \end{cases}$$

her. In $x_2$ ist kein Wert vorgeschrieben!

Als Anwendung bestimme man beim Brachystochronenproblem (Aufgabe 3) die günstigste Kurve, wenn die $y$-Koordinate des Punktes $P_2$ variabel ist (es ist keine Rechnung nötig!).

6. Man leite die Gleichung der Kettenlinie aus folgendem Minimumprinzip her: Eine Kette gegebener Länge $l$, die zwischen zwei Punkten aufgehängt ist, nimmt einen Zustand minimaler potentieller Energie ein.

# Kapitel 8

# Numerik der PDEs

Die Numerik partieller Differentialgleichungen ist ein riesiges Gebiet. In diesem Kapitel kann deshalb nicht mehr als ein kurzer Einblick in einige Grundideen gegeben werden. Die Wichtigkeit numerischer Rechnungen ergibt sich in der Praxis aus der Not, dass nur wenige PDEs explizite Lösungen zulassen. Auch eine qualitative Theorie der gerade aktuellen Gleichung, welche Fragen beantworten könnte wie z. B. ob die Lösung oszilliert, gegen null geht oder divergiert, ist nicht immer zur Hand. Für gewisse Klassen von PDEs existieren fertige Softwarepakete, aber häufig muss die Numerik dem Problem angepasst werden. Die Kenntnis der grundlegenden Methoden ist deshalb unerlässlich; auch um die Grenzen numerischer Rechnungen zu verstehen.

Die numerischen Methoden, mit denen man den PDEs zu Leibe rückt, lassen sich grob in drei Arten unterteilen:

1. Differenzenverfahren
2. Methode der finiten Elemente
3. Taylor-Methoden

## 8.1 Differenzenverfahren

Die zentrale Idee ist die Approximation des Differentialquotienten durch den Differenzenquotienten. Sei $y$ eine glatte Funktion. Nach Taylor gilt

$$\begin{aligned} y(x+h) &= y(x) + hy'(x) + \frac{h^2}{2}y''(x) + \frac{h^3}{6}y'''(\xi) \\ y(x-h) &= y(x) - hy'(x) + \frac{h^2}{2}y''(x) - \frac{h^3}{6}y'''(\eta) \end{aligned}$$

für ein $\xi \in\, ]x, x+h[$ und ein $\eta \in\, ]x-h, x[$.

Wir dividieren die Differenz der obigen Gleichungen durch $2h$ und erhalten

$$\frac{y(x+h) - y(x-h)}{2h} = y'(x) + h^2 C \approx y'(x)\,. \tag{1}$$

Die linke Seite von (1) heisst **zentraler erster Differenzenquotient** und approximiert $y'(x)$. Der Fehlerterm ist $h^2C$ mit $C = \frac{1}{12}(y'''(\xi) + y'''(\eta))$, er geht also von der Grössenordnung $h^2$ gegen null. Ganz analog erhält man den **zentralen zweiten Differenzenquotienten**:

$$\frac{y(x+h) - 2y(x) + y(x-h)}{h^2} = y''(x) + Ch^2 \approx y''(x)\,. \tag{2}$$

### 8.1.1 Das Verfahren von Richardson

Wir möchten mit diesem Verfahren die eindimensionale Wärmeleitungsgleichung approximativ lösen.

$$\begin{cases} u_t &= u_{xx} & \text{für } 0 < x < L,\ t > 0, \\ u(x,0) &= f(x) & \text{für } 0 < x < L, \\ u(0,t) &= u(L,t) = 0 & \text{für } t > 0. \end{cases} \tag{3}$$

Wir diskretisieren das Problem (3) nun wie folgt (siehe Abbildung 1):

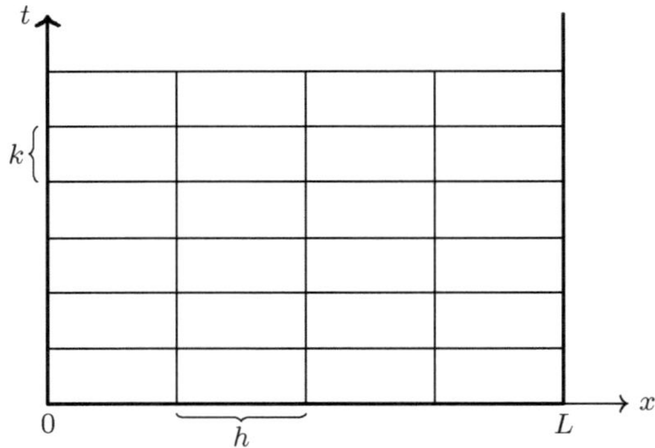


Abbildung 1: Diskretisierung beim Richardson-Verfahren

$$\begin{aligned} x_i &:= i\,h, \quad i = 0,1,2,\dots,N, \quad \text{mit } h = \frac{L}{N}\,, \\ t_j &:= j\,k, \quad j = 0,1,2,\dots\,, \\ u_{ij} &:= u(x_i, t_j)\,. \end{aligned}$$

Die Anfangsbedingung lautet dann

$$u_{i0} = f(x_i), \quad i = 0,1,\dots,N\,, \tag{4}$$

und die Randbedingung ist

$$u_{0j} = u_{Nj} = 0, \quad j = 0,1,2,\dots\,. \tag{5}$$

Nun versuchen wir noch, die PDE durch eine Differenzengleichung zu ersetzen. Es gilt

$$\begin{aligned} u_t(x_i,t_j) &\approx \frac{1}{k}(u_{i,j+1} - u_{ij}) \\ u_{xx}(x_i,t_j) &\approx \frac{1}{h^2}(u_{i-1,j} - 2u_{ij} + u_{i+1,j})\,, \end{aligned}$$

somit wird $u_t = u_{xx}$ durch

$$\frac{1}{k}(u_{i,j+1} - u_{ij}) = \frac{1}{h^2}(u_{i-1,j} - 2u_{ij} + u_{i+1,j}) \tag{6}$$

approximiert. Die Gleichung (6) wird nun mit $r := \frac{k}{h^2}$ zu

$$u_{i,j+1} = ru_{i+1,j} + (1 - 2r)u_{ij} + ru_{i-1,j} \tag{7}$$

umgeformt. Gleichung (7) gibt offenbar ein **explizites Verfahren** an, um aus den Anfangsdaten (4) und den Randdaten (5) neue Werte $u_{i,j+1}$ zu generieren (siehe Abbildung 2).

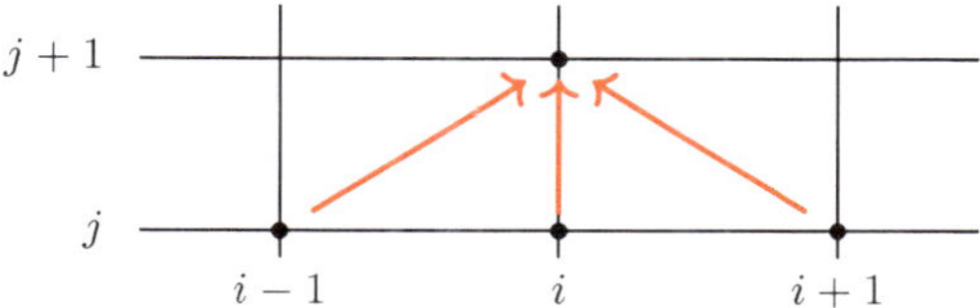


Abbildung 2: Berechnung neuer Werte mit dem Richardson-Schema

Die $u_{ij}$ sind dann als Näherungswerte für $u(x_i, t_j)$ zu verstehen. Die Numerik analysiert dann die Frage, wie gut (oder schlecht) diese Näherung ist. An dieser Stelle sei nur die folgende Konvergenzbedingung erwähnt: Sei $(x, t)$ ein fester Punkt und $i_m$ und $k_m$ seien Folgen von Indizes so, dass $i_m h_m = x$ und $j_m k_m = t$ für Folgen $h_m \to 0$ und $k_m \to 0$. Dann heisst ein numerisches Verfahren **konvergent**, falls

$$\lim_{m\to\infty} u_{i_m, j_m} = u(x, y).$$

Man kann Folgendes zeigen:

**Satz 1: Konvergenz des Richardson-Verfahrens**

Das Richardson-Verfahren für das Wärmeleitungsproblem (3) ist konvergent, falls die Bedingung

$$r_m = \frac{k_m}{h_m^2} \leqslant \frac{1}{2}$$

für alle $m$ gilt.

Neben dem oben skizzierten eher primitiven und an enge Konvergenzbedingungen geknüpfte Richardson-Verfahren sind auch das Crank-Nicholson-Verfahren, die Methode der Linien usw. im Gebrauch (implizite Verfahren). Hier sei auf die einschlägige Literatur verwiesen.

### 8.1.2 Das Gauss-Seidel-Relaxationsverfahren

Am Beispiel der Potentialgleichung in der Ebene wollen wir dieses Verfahren erläutern. Das Potentialproblem lautet

$$\begin{cases} \Delta u &= 0 \quad \text{in } B, \\ u &= f \quad \text{auf } \partial B, \end{cases} \tag{8}$$

wobei $B \subset \mathbb{R}^2$ ein beschränktes Gebiet bezeichnet.

Zur Diskretisierung überziehen wir die Ebene mit einem Gitter der Maschenweite $h$ (siehe Abbildung 3).

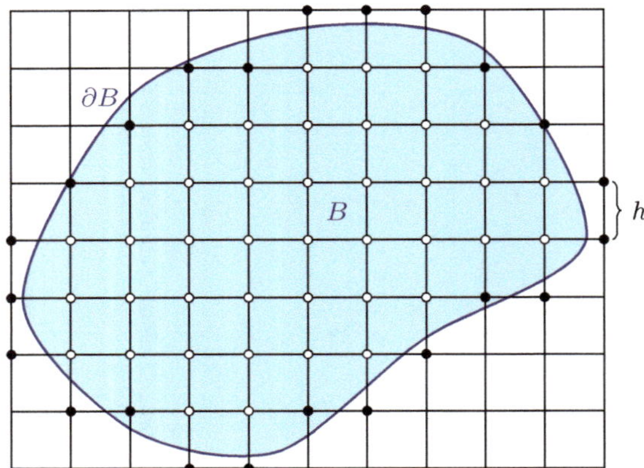


Abbildung 3: Gitter in Gauss-Seidel-Verfahren

Der Rand $\partial B$ des Gebietes wird uns im Allgemeinen nicht den Gefallen tun, auf dem Gitter zu liegen. Es gibt nun verschiedene Möglichkeiten, den Rand zu diskretisieren. Die einfachste geht so: Wir ersetzen den Rand durch Randgitterpunkte $\bullet$. Es sind diejenigen Gitterpunkte, die dem Rand am nächsten liegen. Wir führen wieder eine Numerierung der Gitterpunkte ein: Wir bezeichnen die Gitterpunkte mit $P_{kl}$ (der erste Index numeriert in horizontaler, der zweite in vertikaler Richtung). Die Randbedingung $u = f$ auf $\partial B$ können wir etwa so diskretisieren: Wir setzen

$$u(P_{kl}) = f(Q_{kl})$$

für alle Randgitterpunkte $P_{kl}$. Dabei ist $Q_{kl}$ ein geeigneter Punkt auf $\partial B$ in der Nähe von $P_{kl}$ (siehe Abbildung 4).

Zur Diskretisierung von $\Delta u = 0$ benutzen wir (2)

$$\begin{aligned} \Delta u = u_{xx} + u_{yy} \approx \frac{1}{h^2}\big(u(x+h,y) - 2u(x,y) + u(x-h,y)\big) + \\ + \frac{1}{h^2}\big(u(x,y+h) - 2u(x,y) + u(x,y-h)\big)\,. \end{aligned}$$

Also gilt

$$\Delta u \approx \frac{1}{h^2}\big(u(x+h,y) + u(x,y+h) + u(x-h,y) + u(x,y-h) - 4u(x,y)\big)\,. \tag{9}$$

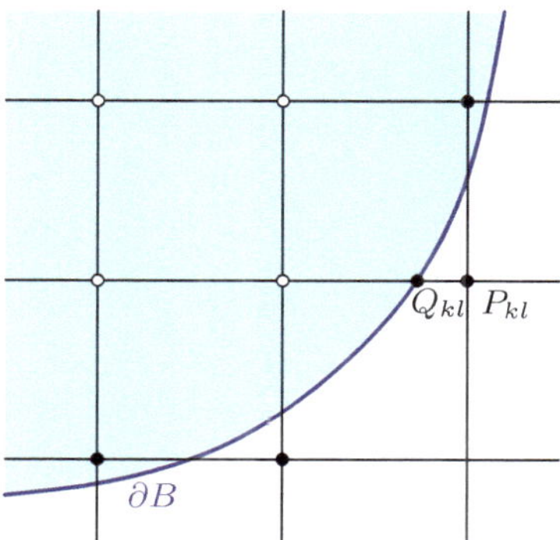


Abbildung 4: Diskretisierung des Randes

Setzen wir wieder $u_{kl} := u(P_{kl})$, so wird (9):

$$\Delta u_{kl} \approx \frac{1}{h^2}\big(u_{k+1,l} + u_{k,l+1} + u_{k-1,l} + u_{k,l-1} - 4u_{kl}\big)\,.$$

Somit lautet die diskretisierte Form von $\Delta u = 0$

$$u_{k+1,l} + u_{k,l+1} + u_{k-1,l} + u_{k,l-1} - 4u_{kl} = 0. \tag{10}$$

(10) ist ein lineares Gleichungssystem mit ebenso vielen Unbekannten $u_{kl}$, wie innere Gitterpunkte vorhanden sind (sagen wir $N$). Da jeder innere Gitterpunkt $\circ$ eine Gleichung liefert, haben wir auch $N$ Gleichungen. Dieses Gleichungssystem ist nur scheinbar homogen: Liegt nämlich ein $P_{kl}$ in der Nachbarschaft eines (oder mehrerer) Randgitterpunkte (wie in Abbildung 5), so ist $u_{k+1,l}$ nicht als

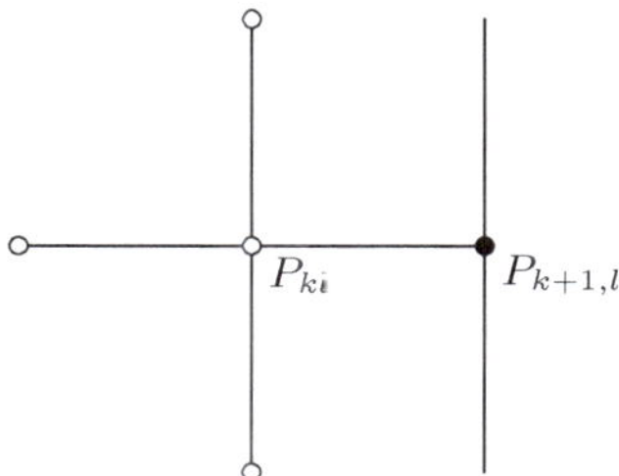


Abbildung 5: Randgitterpunkt

unbekannt, sondern als gegeben zu betrachten, denn es gilt ja $u_{k+1,l} = f(Q_{k+1,l})$. Alle derartigen $P_{kl}$ liefern somit eine inhomogene Gleichung.

Ein bekannter Satz der linearen Algebra sagt über solche $N \times N$ Gleichungssysteme:

**Satz 2: Lineare Gleichungssysteme**

**Entweder** besitzt das lineare Gleichungssystem $Ax = b$ ($A$ eine $N \times N$ Matrix, $x, b$ Vektoren) genau eine Lösung (bei beliebiger Wahl von $b$),

**oder** das zugehörige homogene System $Ax = 0$ besitzt eine nichttriviale Lösung.

Wir wollen nun nachweisen, dass für unser Gleichungssystem das „Oder" nicht zutrifft, dass also der „Entweder"-Fall gilt!

**Lemma 3: Das Gauss-Seidel-System bei Null-Randwerten**

Verschwindet $u_{kl}$ in allen Randgitterpunkten $P_{kl}$, so besitzt das Gleichungssystem (10) nur die Null-Lösung, das heisst, für alle $k$ und $l$ ist

$$u_{kl} = 0\,.$$

*Beweis.* Zunächst schreiben wir (10) in suggestiver Form

$$u_{kl} = \frac{1}{4}\big(u_{k+1,l} + u_{k,l+1} + u_{k-1,l} + u_{k,l-1}\big)\,. \tag{11}$$

Der Wert von $u_{kl}$ ist das arithmetische Mittel der Werte seiner vier Nachbarpunkte. Dies entspricht der Mittelwerteigenschaft der harmonischen Funktionen (siehe Satz 5 im Abschnitt 6.4).

Wir wollen nun annehmen, $u$ sei 0 in allen Randpunkten, ohne identisch zu verschwinden. Nimmt z. B. $u$ positive Werte in inneren Gitterpunkten an, so ist das Maximum $M$ von $u$ positiv und wird in einem inneren Gitterpunkt $P_{kl}$ angenommen. Dort gilt

$$M = u_{kl} = \frac{1}{4}\big(u_{k+1,l} + u_{k,l+1} + u_{k-1,l} + u_{k,l-1}\big)\,.$$

Da $u_{k+1,l}$, $u_{k,l+1}$, $u_{k-1,l}$ und $u_{k,l-1} \leqslant M$, schliessen wir

$$u_{k+1,l} = u_{k,l+1} = u_{k-1,l} = u_{k,l-1} = M\,.$$

Ist unter diesen Punkten ein Randgitterpunkt, so ist dies bereits ein Widerspruch. Sind alle Nachbarn von $P_{kl}$ innere Gitterpunkte, so kann man für sie die obige Schlussweise wiederholen: Auch in ihren Nachbarpunkten muss $u = M$ sein. Nach endlich vielen Schritten trifft man auf einen Randpunkt und erhält den Widerspruch.

Nimmt $u$ keine positiven (aber dafür negative) Werte an, so hat man statt des Maximums das Minimum zu betrachten. □

Als Folge erhalten wir:

**Korollar 4: Eindeutigkeit beim Gauss-Seidel-System**

Das lineare Gauss-Seidel-Gleichungssystem (10) besitzt bei beliebigen Randwerten genau eine Lösung.

Aber wie berechnen wir diese Lösung? Der sicherlich falsche Weg wäre, das System hinzuschreiben und mit einem Eliminationsverfahren anzugehen (bei 100 inneren Punkten hätte die Matrix 10'000 Elemente, die meisten davon null). Besser ist eine iterative Lösung:

(i) Man wähle eine Startnäherung: z. B. $u_{kl}^{(0)} := 0$ für alle inneren Gitterpunkte.

(ii) Man berechne die $(n+1)$-te Näherung $u_{kl}^{(n+1)}$ aus der $n$-ten Näherung $u_{kl}^{(n)}$ wie folgt:

- Man wähle einen inneren Gitterpunkt $P_{rs}$
- Man setze

$$\begin{aligned} u_{rs}^{(n+1)} &:= \frac{1}{4}\left(u_{r+1,s}^{(n)} + u_{r,s+1}^{(n)} + u_{r-1,s}^{(n)} + u_{r,s-1}^{(n)}\right) \\ u_{kl}^{(n+1)} &:= u_{kl}^{(n)} \qquad \text{für alle } P_{kl} \neq P_{rs}\,. \end{aligned}$$

Wird dafür gesorgt, dass alle inneren Gitterpunkte immer wieder drankommen (z. B. indem man zeilenweise vorgeht), so kann man Konvergenz beweisen: die $u_{kl}^{(n)}$ streben für $n \to \infty$ gegen die Lösung $u_{kl}$.

Dies ist das **Gauss-Seidel-Verfahren**. Auf den Konvergenzbeweis wollen wir hier verzichten. (Man vergleiche auch Aufgabe 2 am Ende des Kapitels.)

Zur Numerik von hyperbolischen PDEs werden wir später noch etwas mehr erfahren (siehe Kapitel 10).

## 8.2 Die Methode der finiten Elemente

### 8.2.1 Das Verfahren von Ritz

Im Kapitel über Variationsrechnung haben wir Folgendes gezeigt: Das Funktional

$$E(u) := \int_G \left(\frac{1}{2}k_1 u_x^2 + \frac{1}{2}k_2 u_y^2 - \frac{\rho}{2}u^2 + fu\right) dx\,dy$$

ist stationär (d. h., die erste Variation verschwindet) unter der Randbedingung

$$u = g \qquad \text{auf } \partial G \tag{12}$$

genau dann, wenn $u$ Lösung der Euler-Lagrange-Gleichung

$$(k_1 u_x)_x + (k_2 u_y)_y + \rho u = f \qquad \text{in } G \tag{13}$$

mit derselben Randbedingung ist.

Statt (13) zu lösen, können wir also auch versuchen, $E(u)$ stationär zu machen. Das ist die Idee von Ritz:

Wir wählen geeignete **Basisfunktionen**

$$\varphi_0(x,y),\ \varphi_1(x,y),\ldots,\ \varphi_N(x,y)\,,$$

sodass $\varphi_0 = g$ auf $\partial G$ und $\varphi_i = 0$ auf $\partial G$ für $n \geqslant 1$. Danach suchen wir die Lösung $u$ in der Form

$$u = \varphi_0 + \sum_{i=1}^{N} c_i\varphi_i\,. \tag{14}$$

Dann erfüllt $u$ für beliebige $c_i$ die Randbedingung. Setzen wir den Ansatz (14) in das Funktional $E(u)$ ein, so wird $E(u)$ zu einer Funktion von endlich vielen Variablen: $E(c_1, c_2, \ldots, c_N)$. Wir suchen nun die $c_i$ so, dass $E(c_1, c_2, \ldots, c_N)$ stationär wird, das heisst

$$\frac{\partial E}{\partial c_i} = 0 \qquad (i = 1, 2, \ldots, N)\,. \tag{15}$$

Die $c_i$ kommen in (14) in der ersten Potenz vor, also kommen die $c_i$ in $E(c_1, \ldots, c_N)$ quadratisch vor. Dann erscheinen die $c_i$ in den Ableitungen $\frac{\partial E}{\partial c_i}$ aber wieder in der ersten Potenz. Also ist (15) ist ein lineares Gleichungssystem für die $c_i$.

Die Theorie der finiten Elemente gibt dann Auskunft darüber, wie die Basisfunktionen $\varphi_i$ gewählt werden sollen, um einerseits eine gute Approxmation an $u$ zu gewährleisten und anderseits ein Gleichungssystem (15) zu erhalten, das mit vernünftigem Aufwand gelöst werden kann.

Zur Wahl der Basisfunktionen: Man trianguliert das Gebiet $G$, wie z. B. in Abbildung 6.

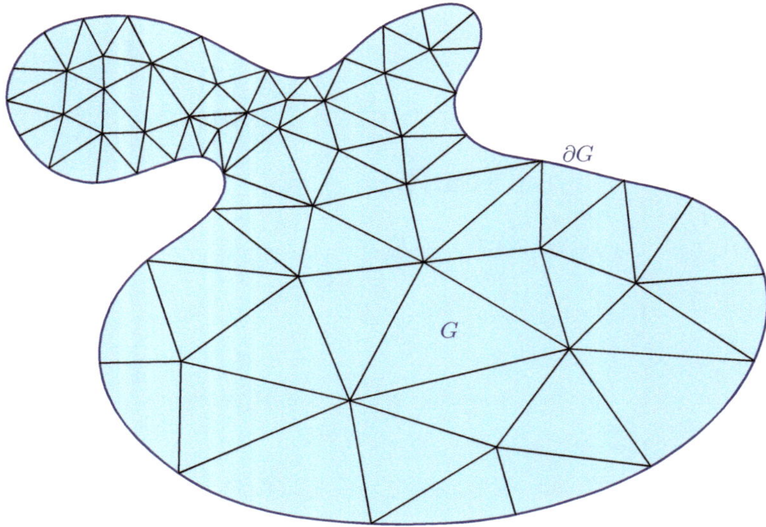


Abbildung 6: Finite Elemente

Die „Feinheit“ der Unterteilung kann man dabei den Gegebenheiten des Randes anpassen. Auf jedem Teildreieck wählt man dann z. B. affine Basisfunktionen wie in Abbildung 7.

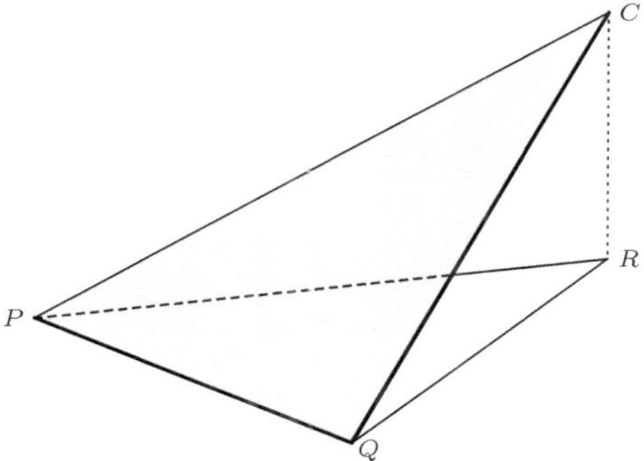


Abbildung 7: Affine Basisfunktionen $\varphi_j$

$$\varphi_j(x, y) = a_j x + b_j y + c_j \qquad \text{mit } \varphi_j(P) = \varphi_j(Q) = 0, \quad \varphi_j(R) = 1\,.$$

Ein anderes $\varphi_k$ ist dann 0 in $Q$ und $R$ und 1 in $P$. Ein weiteres $\varphi_l$ ist 0 in $P$ und $R$ und 1 in $Q$. Auf diese Weise kann man sofort durch die Linearkombination $r\varphi_j + p\varphi_k + q\varphi_l$ eine affine Funktion realisieren, welche die Werte $r$, $p$, $q$ in den Punkten $R$, $P$, $Q$ annimmt. Ausserhalb ihrer „Stammdreiecke“ wählt man die $\varphi_k = 0$. Als weitere Bedingung verlangt man gelegentlich, dass der Ansatz (14) stetig sein soll.

Durch geeignete Numerierung der Dreiecke und der $\varphi_j$ kann man erreichen, dass die Matrix des Gleichungssystems (15) „bandförmig“ wird, also etwa wie in Abbildung 8 aussieht. Für solche Matrizen sind dann effiziente Algorithmen zur Lösung bekannt; auch wenn die Matrizen sehr gross sind.

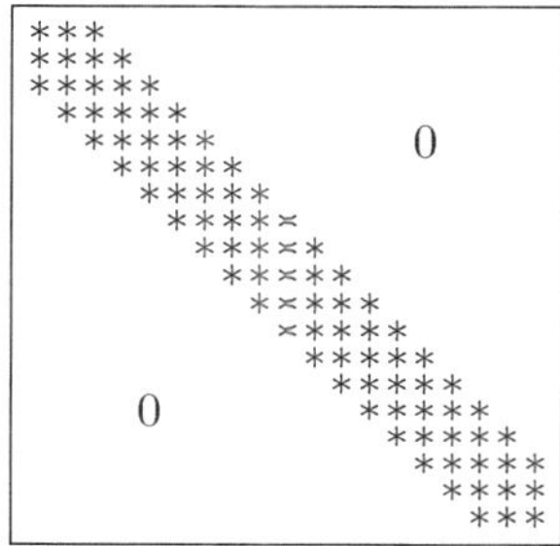


Abbildung 8: Bandmatrizen

### 8.2.2 Das Verfahren von Galerkin

Wir wollen die Gleichung

$$F(u) := (k_1 u_x)_x + (k_2 u_y)_y + \rho u - f = 0 \quad \text{in } G \tag{16}$$

unter der Randbedingung

$$u = g \quad \text{auf } \partial G$$

lösen.

Für $u$ machen wir wieder den Ansatz (14) wie im Ritz-Verfahren. Setzen wir (14) in $F(u)$ ein, so wird $F$ zu einer Funktion von $c_1, c_2, \ldots, c_N$: $F(x, y, c_1, \ldots, c_N)$. Man kann im Allgemeinen nicht erwarten, $c_i$ zu finden, so dass für alle $(x, y) \in G$ gilt

$$F(x, y, c_1, \ldots, c_N) = 0\,. \tag{17}$$

Aber wir können versuchen, (17) „so gut wie möglich“ zu erfüllen. Dieses „so gut wie möglich“ wollte Galerkin so verstanden wissen: Es soll gelten

$$\int_G F(x, y, c_1, \ldots, c_N)\varphi_j(x, y)\, dx\, dy = 0 \quad \text{für } j = 1, \ldots, N. \tag{18}$$

Man nennt (18) **Orthogonalisierungsmethode** oder **Verfahren des gewichteten Fehlers**.

Natürlich können auch andere Vorstellungen von „so gut wie möglich“ verwirklicht werden. Zum Beispiel kann man verlangen, dass

$$E(c_1, \ldots, c_N) := \int_G F^2(x, y, c_1, \ldots, c_N)\, dx\, dy = \text{Minimum}$$

das heisst

$$\frac{\partial E}{\partial c_i} \stackrel{!}{=} 0 \quad \text{für } i = 1, 2, \ldots, N. \tag{19}$$

Dies ist die **Methode der kleinsten Quadrate**. Bei einer weiteren Variante fordert man

$$F(x_i, y_i, c_1, \ldots, c_N) \stackrel{!}{=} 0 \quad \text{für } i = 1, 2, \ldots, N, \tag{20}$$

für gewisse ausgesuchte Punkte $(x_i, y_i) \in G$, die sogenannten **Kollokationspunkte**. Diese Methode heisst daher auch **Kollokationsmethode**. Das Ziel ist bei jeder dieser Methoden, ein lineares Gleichungssystem zu erhalten, nämlich (18), (19) oder (20), mit dem die $c_i$ bestimmt werden können.

## 8.3 Taylor-Methoden

Bei den Taylor-Methoden versucht man, mithilfe der Anfangsbedingungen und der PDE die Taylor-Entwicklung der Lösungsfunktion zu bestimmen. Ein Beispiel dazu wird in der Aufgabe 1 im anschliessenden Übungsteil behandelt.

# Übungsaufgaben zum Kapitel 8

1. Man berechne die Lösung des Problems

$$\begin{cases} u_x + (1+y^2)u_{yy} &= 2 \quad \text{für } x, y \in \mathbb{R}, \\ u(x,0) &= e^x \quad \text{für } x \in \mathbb{R}, \\ u_y(x,0) &= \sin x \quad \text{für } x \in \mathbb{R}, \end{cases}$$

im Punkt $(\frac{1}{3}, \frac{1}{2})$ näherungsweise durch Bestimmen der Taylor-Entwicklung in $(0,0)$ bis zum Grad 3.

2. Es sei $A$ eine $n \times n$ Matrix und $b \in \mathbb{R}^n$ ein Vektor. Um die Lösung der Gleichung

$$Ax = b \tag{1}$$

zu finden, betrachtet man die zu (1) äquivalente Fixpunktgleichung

$$x = M^{-1}\big((M-A)x + b\big), \tag{2}$$

die man in gewohnter Weise durch Iteration löst, das heisst, man wählt eine Startnäherung $x^{(0)}$ und berechnet iterativ

$$x^{(k+1)} = M^{-1}\big((M-A)x^{(k)} + b\big).$$

Der Trick dabei ist, eine Matrix $M$ zu wählen, die einfach zu invertieren ist; es gibt verschiedene Möglichkeiten:

(i) $M$ = Diagonale von $A$ (**Jacobi-Verfahren**)

(ii) $M$ = untere Dreiecksmatrix von $A$ (**Gauss-Seidel-Verfahren**)

(iii) $M$ eine Kombination von (i) und (ii) (**Überrelaxationsverfahren**).

Wenn die Folge $\{x^{(k)}\}$ konvergiert (dies ist z. B. der Fall, wenn die Matrix $A$ symmetrisch und positiv definit ist), so ist der Limes eine Lösung von (1).

(a) Man löse die Aufgabe 7(a) aus Kapitel 6 mit $a = 1$ auf einem $4 \times 4$ Gitter ($h = \frac{1}{3}$) (siehe Abbildung 9) mit dem Gauss-Seidel-Verfahren (einige Schritte genügen).

(b) Man berechne die exakte Lösung des diskretisierten Problems.

(c) Man berechne mithilfe der Aufgabe 7(a), Kapitel 6, numerisch die exakten Werte der Lösung in den Gitterpunkten.

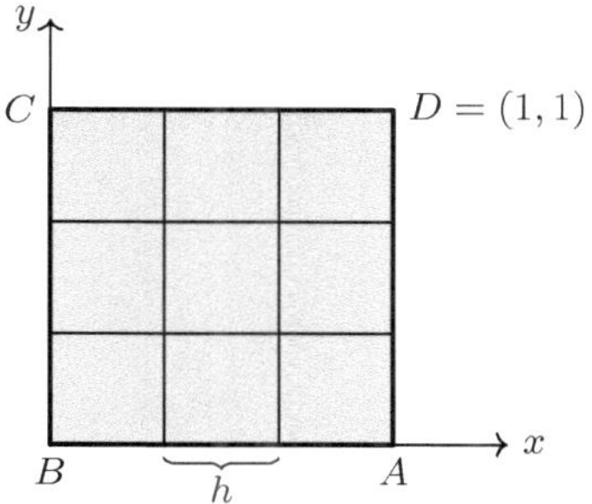


Abbildung 9: Gauss-Seidel-Gitter

# Kapitel 9

# Die Poisson-Gleichung

Die Grundgleichungen der Elektrostatik lauten

$$\operatorname{div} E = 4\pi\rho, \tag{1}$$

$$\operatorname{rot} E = 0. \tag{2}$$

Dabei ist $\rho(x)$ eine kontinuierliche Ladungsverteilung. Im Grundkurs Analysis wurde gezeigt, dass aus (2) folgt, dass $E$ ein Potentialfeld ist,

$$E = \operatorname{grad} u. \tag{3}$$

Das Potential $u$ genügt somit

$$\operatorname{div}(\operatorname{grad} u) = 4\pi\rho$$

und wegen $\operatorname{div}(\operatorname{grad} u) = \Delta u$ der **Poisson-Gleichung**

$$\Delta u = 4\pi\rho. \tag{4}$$

Dabei ist $\rho(x)$ eine gegebene Ladungsverteilung im Gebiet $G$, in dem (4) gelöst werden soll. Ferner soll $u$ auf dem Rand $\partial G$ vorgeschriebene Randwerte annehmen:

$$u = g \quad \text{auf } \partial G. \tag{5}$$

Ein solches Randwertproblem heisst auch Dirichlet-Problem.

## 9.1 Allgemeine Lösungsstrategie

Wir werden das Problem (4), (5) in zwei Schritten angehen.

1. Schritt: Man bestimme auf irgendeine Weise eine partikuläre Lösung $u_0$ von (4) allein:

$$\Delta u_0 = f := 4\pi\rho \tag{6}$$

2. Schritt: Für die gesuchte Funktion $u$ versuchen wir den Ansatz
$$u = u_0 + v \tag{7}$$
mit einer neuen unbekannten Funktion $v$. Es gilt
$$\Delta v = \Delta u - \Delta u_0 = f - f = 0 \quad \text{in } G \tag{8}$$
und
$$v = u - u_0 = g - u_0 \quad \text{auf } \partial G. \tag{9}$$
Also hat $v$ gemäss (8) und (9) ein homogenes Dirichlet-Problem im Sinne von Kapitel 6 zu lösen.

Mithilfe dieser Strategie lösen wir nun das Problem im folgenden Abschnitt.

## 9.2 Potential auf einer rechteckigen Platte

Man bestimme das elektrische Potential $u$ in einer rechteckigen Platte $P$, welche die homogene Ladungsdichte $4\pi\rho = 2$ aufweist und deren Ränder auf die Spannung 0 geerdet sind. Die mathematische Formulierung des Problems lautet:
$$\Delta u = 2 \quad \text{auf } P \tag{10}$$
$$u = 0 \quad \text{auf } \partial P. \tag{11}$$
Das Rechteck habe die Länge $2b$ und die Breite $2a$ ($a \leqslant b$). Die Wahl des Koordinatensystems ist der Abbildung 1 zu entnehmen.

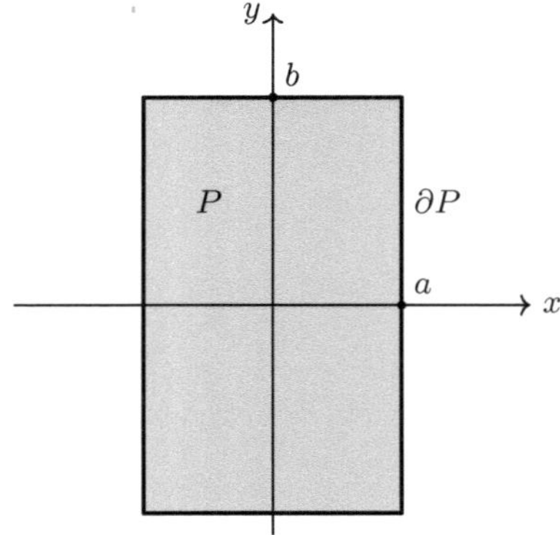


Abbildung 1: Potential einer rechteckigen Platte

1. Lösungsschritt: Für die Funktion $u_0$, die erst einmal (10) erfüllen soll, setzen wir an
$$u_0(x, y) = A + Bx^2.$$
$\Delta u_0 = 2$ liefert $B = 1$. $A$ ist noch frei; wir wählen $A$ so, dass $u_0$ die Bedingung (11) wenigstens auf den langen Rechteckseiten erfüllt: $u_0(\pm a, y) = 0$. Dies liefert $A = -a^2$. Wir erhalten damit
$$u_0(x, y) = x^2 - a^2.$$

2. Lösungsschritt: Wir setzen die Lösung $u$ des Problems (10), (11) in der Form

$$u = u_0 + v$$

an. Das „Korrekturglied“ $v$ muss gemäss (8) und (9) den folgenden Bedingungen genügen:

$$\begin{aligned} \Delta v &= 0 && \text{auf } P, \\ v(\pm a, y) &= 0 && \text{für } -b \leqslant y \leqslant b, && (12) \\ v(x, \pm b) &= a^2 - x^2 && \text{für } -a \leqslant x \leqslant a. && (13) \end{aligned}$$

Dieses Dirichlet-Problem haben wir zu lösen gelernt: Wir suchen zunächst Basisfunktionen des homongenen Teils der Aufgabe. Wir wollen von Anfang an die Symmetrie des Problems bezüglich $x$ und $y$ berücksichtigen.

Als Ansatz für die Basisfunktionen nehmen wir

$$v(x, y) = X(x)Y(y),$$

also gilt

$$\Delta v = X''Y + XY'' = 0, \qquad \text{d. h. } \frac{X''}{X} = -\frac{Y''}{Y} = \pm\omega^2.$$

Hier ist das obere Vorzeichen zu verwerfen: Aus $X'' - \omega^2 X = 0$ und der Symmetrie folgt nämlich

$$X(x) = c\cosh(\omega x).$$

Aus (12) würde dann aber $c = 0$ folgen, und (13) könnte nicht erfüllt werden. Somit haben wir endgültig

$$X'' + \omega^2 X = 0 \quad \text{und} \quad Y'' - \omega^2 Y = 0.$$

Die symmetrische Lösung für $X$ lautet

$$X(x) = \cos(\omega x).$$

Die Eigenwerte $\omega$ bestimmen sich aus (12): $X(\pm a) = \cos(\omega a) \stackrel{!}{=} 0$. Es muss also gelten $\omega a = (n + \frac{1}{2})\pi$, $n = 0, 1\ \ldots$, und damit

$$\omega_n = \frac{(2n+1)\pi}{2a}, \qquad n = 0, 1, 2, \ldots.$$

Die zugehörigen Eigenfunktionen lauten

$$X_n(x) = \cos\frac{(2n+1)\pi x}{2a}.$$

Für jedes $\omega_n$ besitzt dann die Gleichung für $Y$ die Lösung

$$Y_n(y) = \cosh(\omega_n y) = \cosh\frac{(2n+1)\pi y}{2a}.$$

Damit sind die Basislösungen gefunden:

$$v_n(x,y) = \cos\frac{(2n+1)\pi x}{2a}\cosh\frac{(2n+1)\pi y}{2a}, \qquad n = 0,1,2,\dots.$$

Diese Lösungen lassen sich linear kombinieren zu

$$v(x,y) = \sum_{k=1(2)}^{\infty} A_k \cos\frac{2k\pi x}{4a}\cosh\frac{k\pi y}{2a},$$

wobei durch „$k = 1(2)$“ angedeutet ist, dass nur über ungerade $k$ summiert werden soll. Nun gilt es, durch geeignete Wahl der $A_k$ auch noch (13) zu erfüllen. Es muss also für $-a \leqslant x \leqslant a$ gelten

$$v(x,\pm b) = \sum_{k=1(2)}^{\infty} A_k \cos\frac{2k\pi x}{4a}\cosh\frac{k\pi b}{2a} \stackrel{!}{=} a^2 - x^2. \tag{14}$$

Durch geeignete Wahl der $A_k$ kann die allgemeinste gerade Funktion der Periode $4a$ konstruiert werden, deren gerade Cosinus-Koeffizienten verschwinden. Was ausserhalb des Intervalls $[-a,a]$ passiert, ist ohne Belang. Wir ergänzen nun die Funktion auf der zweiten Hälfte der Periode $[a,3a]$ so, dass sie gerade eine Funktion der beschriebenen Art ist (siehe Abbildung 2). Die Funktion $f$

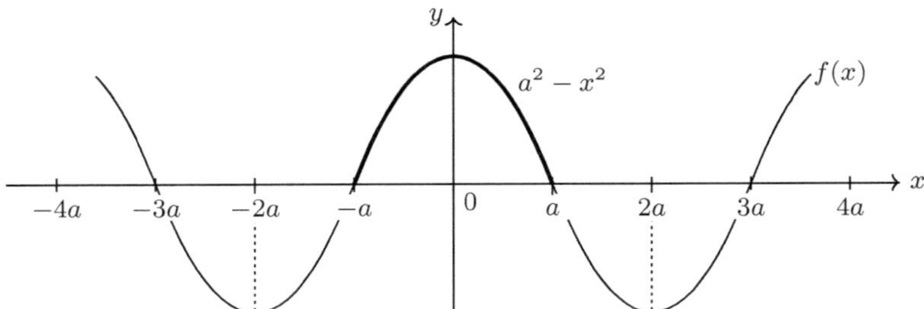


Abbildung 2: Fortsetzung der Funktion $a^2 - x^2$

ist auf dem Intervall $[-a,a]$ gleich $a^2 - x^2$ und besitzt die Fourier-Entwicklung

$$f(x) = \sum_{k=1(2)}^{\infty} a_k \cos\frac{2k\pi x}{4a} \tag{15}$$

(alle $b_k$ und alle geraden $a_k$ sind 0), wobei die auftretenden $a_k$ durch

$$\begin{aligned} a_k &= \frac{2}{4a}\int_{-2a}^{2a} f(x)\cos\frac{2k\pi x}{4a}\,dx \\ &= \frac{2}{a}\int_0^a (a^2 - x^2)\cos\frac{k\pi x}{2a}\,dx \qquad (k \text{ ungerade}) \end{aligned}$$

gegeben sind: Zweimalige partielle Integration liefert:

$$\begin{aligned} a_k &= \frac{2}{a}\Big(\frac{2a}{k\pi}(a^2-x^2)\sin\Big(\frac{k\pi x}{2a}\Big)\Big|_0^a + \int_0^a \frac{2a}{k\pi}2x\sin\Big(\frac{k\pi x}{2a}\Big)dx\Big) \\ &= -\frac{8}{k\pi}\Big(\frac{2a}{k\pi}x\cos\Big(\frac{k\pi x}{2a}\Big)\Big|_0^a - \int_0^a \frac{2a}{k\pi}\cos\Big(\frac{k\pi x}{2a}\Big)dx\Big) \\ &= -\frac{16a^2}{k^2\pi^2}\cos\Big(\frac{k\pi}{2}\Big) + \frac{16a}{k^2\pi^2}\cdot\frac{2a}{k\pi}\sin\Big(\frac{k\pi x}{2a}\Big)\Big|_0^a \\ &= \frac{32a^2}{k^3\pi^3}\sin\Big(\frac{k\pi}{2}\Big) = \frac{32a^2}{k^3\pi^3}(-1)^{\frac{k-1}{2}}. \end{aligned}$$

Der Koeffizientenvergleich zwischen (14) und (15) ergibt nun

$$A_k\cosh\Big(\frac{k\pi b}{2a}\Big) = a_k = \frac{32a^2}{k^3\pi^3}(-1)^{\frac{k-1}{2}}$$

und somit

$$A_k = (-1)^{\frac{k-1}{2}}\frac{32a^2}{k^3\pi^3\cosh\big(\frac{k\pi b}{2a}\big)}.$$

Setzen wir nun nacheinander alles in $u = u_0 + v$ ein, so erhalten wir als Potentialfunktion

$$u(x,y) = x^2 - a^2 + \sum_{k=1(2)}^{\infty}(-1)^{\frac{k-1}{2}}\frac{32a^2}{k^3\pi^3}\cos\Big(\frac{k\pi x}{2a}\Big)\frac{\cosh\big(\frac{k\pi y}{2a}\big)}{\cosh\big(\frac{k\pi b}{2a}\big)}.$$

In der Abbildung 3 ist der Graph der Funktion $-u(x,y)$ dargestellt. Das elektrische Feld, das zu diesem Potential gehört, kann nun aus $E = \operatorname{grad} u$ berechnet werden.

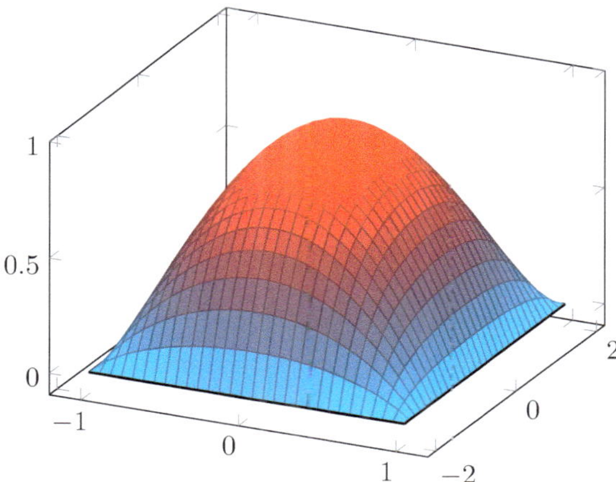


Abbildung 3: Potential auf einer rechteckigen Platte

Die Interpretation der Gleichungen (10) und (11) mit $u$ als elektrischem Potential ist nicht die einzig mögliche. Folgende physikalischen Phänomene werden ebenfalls durch (10) und (11) beschrieben:

(i) Torsion prismatischer Stäbe: Dann erfüllt die sogenannte Spannungsfunktion $\varphi$ die Gleichungen

$$\begin{aligned} \Delta\varphi &= -2G\theta \quad && \text{in } P \\ \varphi &= 0 && \text{auf } \partial P \end{aligned}$$

($G =$ Schubmodul, $\theta =$ Verdrehungswinkel). In unsrem Fall beschreibt also $-G\theta u = \varphi$ die Spannungsfunktion in einem Balken mit rechteckigem Querschnitt. Aus der Spannungsfunktion kann man dann folgende Grössen ableiten:

- Torsionsmoment: $M = 2 \int\limits_P \varphi(x, y)\, dx\, dy$
- Schubspannungen $\tau_{zx} = \varphi_y$, $\tau_{zy} = -\varphi_x$
  und folglich: $\tau = \sqrt{\tau_{zx}^2 + \tau_{zy}^2} = |\operatorname{grad} \varphi|$

(ii) **Prandtlsches Seifenhautproblem:** Spannt man eine Seifenhaut in einen ebenen Rahmen ein (bei uns ein Rechteck) und verlangt, dass unter der Seifenhaut ein vorgegebenes Volumen $V$ eingeschlossen wird, so genügt die Funktion $w$, deren Graph die Seifenhaut beschreibt, (näherungsweise) der Poisson-Gleichung

$$\begin{aligned} \Delta w &= c \quad && \text{in } P, \\ w &= 0 && \text{auf } \partial P. \end{aligned}$$

Die Abbildung 3 stellt also eine Seifenhaut dar ($w = \frac{c}{2}u$). (Wie das Wort „näherungsweise" hier zu verstehen ist, wurde in der Übungsaufgabe 4 am Schluss des Kapitels 7 über die Variationsrechnung diskutiert.)

## 9.3 Die Greensche Funktion des Poisson-Problems

Zunächst wollen wir die Diracsche $\delta$-Distribution im $\mathbb{R}^n$ in Erinnerung rufen. Es gilt

$$(\delta_y, \varphi) = \varphi(y) \tag{16}$$

für Testfunktionen $\varphi \in \mathscr{D}(\mathbb{R}^n)$ (siehe Beispiel 17 im Kapitel 2). Betrachtet man also $\delta$ als „Punktmasse" der Masse 1 im Ursprung, so ist entsprechend $\delta_y$ eine „Punktmasse" der Masse 1 im Punkt $y$.

**Definition 1: Greensche Funktion**

Eine Funktion $G_y\colon B \setminus \{y\} \to \mathbb{R}$ heisst **Greensche Funktion** (des Laplace-Operators) bezüglich des Gebietes $B \subset \mathbb{R}^n$, falls folgende Bedingungen erfüllt sind:

(i) Für alle $y \in B$ gilt: $G_y(x) = 0$ für alle $x \in \partial B$

(ii) Für alle $y \in B$ gilt: $\Delta G_y(x) = \delta_y$.

Eigentlich handelt es sich um eine Familie von Funktionen, denn die Greensche Funktion hängt ja auch noch von $y$ ab. Man denkt sich $G_y$ ausserhalb von $B$ mit 0 fortgesetzt. Die im Laplace-Operator auftretenden Ableitungen sind als Distributionsableitungen zu verstehen, das heisst es muss gelten

$$(\Delta G_y, \varphi) = \int_B G_y(x)\Delta\varphi(x)\,dx = (\delta_y, \varphi) = \varphi(y) \tag{17}$$

für alle Testfunktionen $\varphi \in \mathscr{D}$.

Hat man für ein gegebenes Gebiet $B$ eine Greensche Funktion gefunden, so hat man damit automatisch das folgende Dirichlet-Problem gelöst:

$$\begin{cases} \Delta u = f & \text{in } B \\ u = 0 & \text{auf } \partial B. \end{cases} \tag{18}$$

Es gilt nämlich der folgende Satz:

**Satz 2: Greensche Funktion**

Ist $G_y(x)$ eine Greensche Funktion bezüglich des Gebietes $B$, so ist die Lösung des Dirichlet-Problems (18) gegeben durch

$$u(x) = \int_B f(y)G_y(x)\,dy.$$

*Beweis.* 1. Teil:

$$\begin{aligned} \Delta u(x) &= \Delta \int_B f(y)G_y(x)\,dy \\ &= \int_B f(y)\Delta G_y(x)\,dy \\ &\overset{\text{(ii)}}{=} \int_B f(y)\delta(x-y)\,dy \overset{(16)}{=} f(x). \end{aligned}$$

Das letzte Gleichheitszeichen ist auch richtig, falls $f$ nicht in $\mathscr{D}$ liegt sondern nur stetig ist.

2. Teil: Sei $x \in \partial B$, so ist laut (i) $G_z(x) = 0$ für alle $z$, also $u(x) = 0$. □

Falls sich das Gebiet $G$ bis ins Unendliche erstreckt, interpretiert man (i) so, dass $G(x)$ gegen 0 geht, wenn $x$ gegen Unendlich strebt. Das bekannteste Beispiel einer Greenschen Funktion stammt aus der Physik:

**Beispiel 3: Potential einer Punktladung**

Das Potential einer Punktladung ist eine Greensche Funktion bezüglich des $\mathbb{R}^3$: Eine Einheitspunktladung im Punkt $y$ erzeugt bekanntlich das elektrische Potential

$$\gamma_y(x) = -\frac{1}{4\pi|x-y|}.$$

Um zu zeigen, dass dies eine Greensche Funktion ist, müssen wir die definierenden Eigenschaften (i) und (ii) prüfen:

(i): Da $B = \mathbb{R}^3$ ist, sollte gelten

$$\lim_{|x|\to\infty} \gamma_y(x) = 0.$$

Dies ist offenbar der Fall.

(ii): Wir führen den Beweis für $\gamma := \gamma_0$ (der allgemeine Fall geht daraus durch Translation hervor). Dann ist $\gamma$ offenbar nur von $|x| = r$ abhängig: $\gamma(r) = -\frac{1}{4\pi r}$ ist ausser für $r = 0$ überall differenzierbar. Im Kapitel 3 hatten wir für diesen Fall die folgende Formel hergeleitet:

$$\Delta\gamma = \frac{d^2\gamma}{dr^2} + \frac{2}{r}\frac{d\gamma}{dr}.$$

Dies ergibt

$$\Delta\gamma = -\frac{1}{4\pi}\cdot 2r^{-3} - \frac{1}{4\pi}\cdot\frac{2}{r}\Big(-\frac{1}{r^2}\Big) = 0. \tag{19}$$

Nun wollen wir die zweite Greensche Formel aus dem Analysis-Grundkurs

$$\int\limits_B (\varphi\Delta\psi - \psi\Delta\varphi)\,dV = \int\limits_{\partial B}\Big(\varphi\frac{\partial\psi}{\partial n} - \psi\frac{\partial\varphi}{\partial n}\Big)\,d\sigma \tag{20}$$

mit $\psi = \gamma$ und einer Testfunktion $\varphi \in \mathscr{D}$ für $B = \mathbb{R}^3$ anwenden um (17) zu verifizieren. Aufgrund der Singularität von $\gamma$ dürfen wir (20) jedoch nicht direkt anwenden. Deshalb schneiden wir einen kleinen Ball $B_r$ mit Radius $r$ um 0 aus und erhalten mit (19) aus (20)

$$-\int\limits_{\mathbb{R}^3\setminus B_r}\gamma\Delta\varphi\,dV = \int\limits_{\partial B_r}\Big(\varphi\frac{\partial\gamma}{\partial n} - \gamma\frac{\partial\varphi}{\partial n}\Big)\,d\sigma. \tag{21}$$

Die Randterme im Unendlichen verschwinden dabei, weil $\varphi \in \mathscr{D}(\mathbb{R}^3)$. Der zweite Term rechts verschwindet im Limes $r \to 0$, denn es gilt

$$\Big|\int\limits_{\partial B_r}\gamma\frac{\partial\varphi}{\partial n}\,d\sigma\Big| = |\gamma(r)|\,\Big|\int\limits_{\partial B_r}\frac{\partial\varphi}{\partial n}\,d\sigma\Big| \leqslant r\max_{\mathbb{R}^3}|\operatorname{grad}\varphi| \to 0$$

für $r \to 0$ (man beachte, dass die Kugeloberfläche gleich $4\pi r^2$ ist). Der erste Term auf der rechten Seite von (21) ergibt für $r \to 0$

$$\int_{\partial B_r} \varphi \frac{\partial \gamma}{\partial n}\, d\sigma = -\gamma'(r) \int_{\partial B_r} \varphi\, d\sigma = -\frac{1}{4\pi r^2} \int_{\partial B_r} \varphi\, d\sigma$$

(man beachte, dass die Normale $n$ ins Innere von $B_r$ zeigt). Rechts steht nun gerade der negative Durchschnittswert von $\varphi$ auf $\partial B_r$ und wegen der Stetigkeit der Testfunktion $\varphi$ geht dieser Wert gegen $-\varphi(0)$ wenn $r$ gegen 0 geht. Damit ist die Bedingung (ii) nachgeprüft.

Aus Satz 2 ergibt sich nun die Lösung von

$$\begin{aligned} \Delta u &= f \quad \text{in } \mathbb{R}^3 \\ \lim_{|x|\to\infty} u(x) &= 0 \end{aligned}$$

für eine gegebene Ladungsverteilung $f$ im Raum:

$$u(x) = -\frac{1}{4\pi} \int_{\mathbb{R}^3} \frac{f(y)}{|x-y|}\, dy.$$

Diese Darstellung des Potentials $u$ wird **Poissonsche Formel** genannt.

### Beispiel 4: Greensche Funktion auf einem Halbraum

Wir suchen auf dem Halbraum $H := \{(x_1, x_2, x_3) \in \mathbb{R}^3 |\ x_3 \geqslant 0\}$ die Lösung des Problems

$$\Delta u = f \quad \text{in } H, \tag{22}$$

$$u(x) = 0 \quad \text{für } x_3 = 0, \tag{23}$$

$$\lim_{|x|\to\infty} u(x) = 0. \tag{24}$$

Wir bestimmen dazu die zugehörige Greensche Funktion: Die Funktion $\varphi_y(x) = -\frac{1}{4\pi|x-y|}$ erfüllt alle Forderungen bis auf (23). Doch auf der Ebene $x_3 = 0$ können wir die Randwerte leicht korrigieren, indem wir einen geeigneten Term addieren, nämlich eine harmonische Funktion, welche die Randwerte kompensiert (vergl. auch Aufgabe 2 am Ende des Kapitels):

$$\psi_y(x) := -\frac{1}{4\pi|x-y|} + \frac{1}{4\pi|x-\overline{y}|},$$

wobei für $y = (y_1, y_2, y_3)$, $\overline{y} := (y_1, y_2, -y_3)$ die Spiegelung an der Ebene $x_3 = 0$ bedeutet. Man beachte, dass der Korrekturterm in $H$ harmonisch ist (laut (19)). Damit ist $\psi_y(x)$ die gesuchte Greensche Funktion und Satz 2 liefert sofort die Lösung von (22)–(24).

Für ein Gebiet $B \subset \mathbb{R}^2$ konstruiert man die Greensche Funktion mithilfe der Funktion

$$\varphi_y(x) = \frac{1}{2\pi} \ln |x - y|.$$

Für diese gilt $\Delta\varphi_y = \delta_y$. Man macht dann den Ansatz

$$G_y(x) = \varphi_y(x) + h_y(x),$$

wobei $h$ eine auf $B$ harmonische Funktion ist, mit Randwerten

$$h_y(x) = -\varphi_y(x) \text{ für } x \in \partial B.$$

Dann gilt nämlich tatsächlich $\Delta G_y = \delta_y$ und $G_y = 0$ auf dem Rand $\partial B$. Man vergleiche dazu Aufgabe 2 am Ende des Kapitels.

## Übungsaufgaben zum Kapitel 9

1. Sei $K$ die Kreisscheibe in $\mathbb{R}^2$ mit Zentrum $(0,0)$ und Radius 1. Man bestimme die Lösungsfunktion $u(x,y)$ der folgenden Poissonschen Differentialgleichung auf $K$:

$$\begin{cases} \Delta u(x,y) &= 6x \quad \text{in } K \\ u(x,y) &= 0 \quad \text{auf } \partial K. \end{cases}$$

Dabei ist $\partial K$ der Rand des Kreises. Man schreibe die Lösung in cartesischen Koordinaten.

2. (a) Man bestimme die Greensche Funktion $G_y(x)$ des Laplace-Operators auf dem Intervall $[0,1]$.
**Hinweis:** Man beweise zunächst die Formel

$$\frac{d^2}{dx^2}|x| = 2\delta(x).$$

Dann bestimmt man die Funktion $G_y(x)$ in der Form

$$G_y(x) = g_y(x) + \tfrac{1}{2}|x - y|.$$

(b) Löse mit der in (a) gefundenen Greenschen Funktion das Randwertproblem

$$\begin{cases} u''(x) &= 2 \quad \text{für } 0 < x < 1 \\ u(0) &= 0 \\ u(1) &= 0. \end{cases}$$

(c) Bestimme die Greensche Funktion $G_y(x)$ des Laplace-Operators auf der Kreisscheibe $K = \{(u,v) \in \mathbb{R}^2\,;\, u^2 + v^2 < R^2\}$.
**Hinweis:** Man beweise zunächst die Formel

$$\Delta \ln |x| = 2\pi\, \delta(x).$$

Dann bestimmt man die Funktion $G_y(x)$ in der Form

$$G_y(x) = g_y(x) + \frac{1}{2\pi} \ln |x - y|$$

mithilfe des Poissonschen Integrals (im Rahmen der Residuenrechnung kann eine integralfreie Darstellung dieser Funktion gegeben werden).

(d) Wie muss sinnvollerweise eine Greensche Funktion des Operators

$$A(u) = -\frac{d^2u}{dx^2} + a^2u$$

auf einem Intervall $[0, 1]$ definiert werden?

(e) Man zeige, dass die Funktion

$$G_y(x) = \frac{1}{2a}e^{-a|x-y|}$$

die Greensche Funktion des Operators $A$ auf $\mathbb{R}$ ist, und löse dann die Differentialgleichung

$$A(u) = h(x), \qquad -\infty < x < \infty,$$

mit beliebig vorgegebenem $h(x)$.

3. Sei $B$ der Kreisring $\{(x, y) \in \mathbb{R}^2\,;\, 1 < x^2 + y^2 < 4\}$. Man löse das Poisson-Problem

$$\begin{cases} \Delta u(x,y) &= 3 & \text{in } B \\ u(x,y) &= (x+y)^2 & \text{für } x^2+y^2 = 1 \\ u(x,y) &= (x-y)^2 & \text{für } x^2+y^2 = 4. \end{cases}$$

**Hinweis:** Man benutze den Ansatz von Aufgabe 5 im Kapitel 6.

4. Es bezeichne $D$ den ebenen Bereich

$$B := \{(x, y) \,|\, x^2 + y^2 \leqslant a^2, y \geqslant 0\}.$$

Man bestimme diejenige Lösung der Poissonschen Gleichung

$$\Delta u = -2 \qquad \text{in } B,$$

die auf dem Rand $\partial B$ verschwindet.

**Hinweis:** Man bestimme zuerst eine Funktion $u_0(y)$ mit $\Delta u_0 = -2$ in $B$ und $u_0 = 0$ für $y = 0$.

5. In einem gleichseitigen Dreieck $D$ der Kantenlänge $s$ ist das Poisson-Problem

$$\Delta u = c$$

bei Randdaten $u = 0$ auf $\partial D$ zu lösen.

**Hinweis:** Man betrachte das Produkt der Gleichungen der drei Geraden, welche die Dreieckseiten bilden.

6. Sei $\gamma > 0$.

(a) Man berechne die Fourier-Transformierte der Funktion $e^{-\gamma|x|}$.

(b) Sei $\alpha \in \mathbb{R} \setminus \{0\}$, und $f(x)$ eine stückweise glatte Funktion, die ausserhalb eines genügend grossen Intervalls verschwindet. Man berechne die Lösung der Differentialgleichung

$$u''(x) - \alpha^2 u(x) + f(x) = 0 \qquad (*)$$

durch Darstellung von $u(x)$ als Fourier-Integral.

(c) Man berechne $u(x)$ für den Fall $\hat{f}(\lambda) \equiv \frac{1}{2\pi}$. Gibt es eine Lösung $w(x)$ mit $\lim\limits_{x\to\infty} w(x) = \infty$?

**Hinweis:** Verwende (a).

(d) Was für eine Differentialgleichung erfüllt

$$v(x) = (u * g)(x)$$

für die in (c) gefundene Lösung $u(x)$ und eine glatte Funktion $g(x)$, die ausserhalb eines genügend grossen Intervalls verschwindet?

**Hinweis:** Man betrachte $\hat{v}(\lambda)$ oder interpretiere die in (c) gefundene Lösung als Greensche Funktion der Differentialgleichung $(*)$: vergleiche Aufgabe 2(e).

7. In einem unendlich langen Stab herrsche zur Zeit $t = 0$ die Temperatur

$$u(x,0) = \begin{cases} 1 - |x| & \text{falls } |x| < 1, \\ 0 & \text{sonst,} \end{cases}$$

und es gelte für $t < 0$ die Wärmeleitungsgleichung

$$u_t = a^2 u_{xx}.$$

Man berechne die sich ergebende Temperaturverteilung $u(x,t)$

(a) durch Separation,

(b) durch Fourier-Transformation der Gleichung bezüglich der Variablen $x$,

(c) mithilfe des **heat kernel** $u(x,t)$ aus der Aufgabe 4 im Kapitel 3, der in geeigneter Weise als Greensche Funktion des Problems interpretiert werden soll.

# Kapitel 10

# Die Wellengleichung

Die partielle Differentialgleichung

$$u_{tt} = c^2 \Delta u$$

für $c > 0$ heisst Wellengleichung. Dabei ist $u(x, t)$ eine Funktion der Zeit $t$ und des Ortes $x \in \mathbb{R}^n$, $n = 1, 2, \ldots$. Der $\Delta$-Operator wirkt, wie bei der Wärmeleitungsgleichung, nur auf die Ortskoordinaten. Die Wellengleichung beschreibt Schwingungsvorgänge, z. B. Schwingungen eines elastischen homogenen Mediums (dann ist $u$ die Auslenkung eines Punktes aus seiner Ruhelage) oder elektromagnetische Schwingungen (dann ist $u$ ein Vektor: die elektrische Feldstärke oder das magnetische Feld).

Im Gegensatz zur Wärmeleitungsgleichung, die einen Ausgleich der Anregung herbeiführt, bewirkt die Wellengleichung eine Ausbreitung der Anregung, und zwar ist die Ausbreitungsgeschwindigkeit gerade $c$.

## 10.1 Die Methode von d'Alembert

Wir behandeln zunächst den Lösungsansatz von d'Alembert. Betrachten wir dazu ein beidseitig unendlich langes Rohr, das mit einem Gas der Temperatur $T$ gefüllt ist. Zur Zeit $t = 0$ erfolgt in einem auf das Intervall $[a, b]$ begrenzten Teil des Rohres eine Anregung, z. B. eine Explosion. Ist $u(x, t)$ die Abweichung vom Normaldruck, so genügt $u$ der eindimensionalen Wellengleichung

$$u_{tt} = c^2 u_{xx}, \quad x \in \mathbb{R},\ t > 0, \tag{1}$$

$c^2 = \gamma RT$, wobei $R$ die Gaskonstante und $\gamma$ den adiabatischen Exponenten bezeichnet. Gesucht ist nun eine Lösung von (1), die überdies den Anfangsbedingungen

$$u(x, 0) = \varphi(x), \quad u_t(x, 0) = \psi(x) \tag{2}$$

genügt. Randbedingungen gibt es nicht. Nach d'Alembert führen wir nun neue Koordinaten $\xi, \eta$ ein,

$$\begin{cases} \xi & := & x + ct, \\ \eta & := & x - ct, \end{cases} \tag{3}$$

bzw. umgekehrt

$$\begin{cases} x & = & \frac{1}{2}(\xi + \eta), \\ t & = & \frac{1}{2c}(\xi - \eta). \end{cases}$$

Auf diese Weise erhalten wir die neue unbekannte Funktion

$$\tilde{u}(\xi, \eta) := u\big(\tfrac{1}{2}(\xi + \eta), \tfrac{1}{2c}(\xi - \eta)\big).$$

Welche PDE erfüllt $\tilde{u}$? Es gilt

$$\begin{aligned} u_t &= c(\tilde{u}_\xi - \tilde{u}_\eta), & u_{tt} &= c^2(\tilde{u}_{\xi\xi} - 2\tilde{u}_{\xi\eta} + \tilde{u}_{\eta\eta}), \\ u_x &= \tilde{u}_\xi + \tilde{u}_\eta, & u_{xx} &= \tilde{u}_{\xi\xi} + 2\tilde{u}_{\xi\eta} + \tilde{u}_{\eta\eta}. \end{aligned}$$

Somit gilt

$$u_{tt} = c^2 u_{xx} \quad \Longleftrightarrow \quad \tilde{u}_{\xi\eta} = 0. \tag{4}$$

Aus $\frac{\partial}{\partial \xi}(\frac{\partial \tilde{u}}{\partial \eta}) = 0$ folgt, dass $\frac{\partial \tilde{u}}{\partial \eta}$ nicht von $\xi$ abhängen darf, also eine Funktion allein von $\eta$ sein muss, d.h.

$$\frac{\partial \tilde{u}}{\partial \eta} = G'(\eta) \tag{5}$$

für eine zu bestimmende Funktion $G$. Nun integrieren wir noch (5) und erhalten

$$\tilde{u}(\xi, \eta) = G(\eta) + F(\xi). \tag{6}$$

Man beachte, dass bei der Integration nach $\eta$ die Integrationskonstante von der Variablen $\xi$ abhängen darf. Wir setzen daher an ihre Stelle eine Funktion $F(\xi)$.

Damit haben wir die allgemeine Lösung von (1) gefunden:

$$u(x, t) = F(x + ct) + G(x - ct).$$

(Falls $F$ und $G$ nicht überall differenzierbar sind, so ist die Lösung im Sinne von Distributionen zu verstehen.) Wir müssen noch $F$ und $G$ so bestimmen, dass die Anfangsbedingungen (2) erfüllt sind:

$$F(x) + G(x) = \varphi(x), \tag{7}$$

$$c\,F'(x) - c\,G'(x) = \psi(x). \tag{8}$$

Integrieren wir (8) von 0 bis $x$, so ergibt sich

$$F(x) - G(x) - (F(0) - G(0)) = \frac{1}{c} \int_0^x \psi(y)\, dy.$$

Wir dürfen noch annehmen, dass $F(0) = G(0)$ ist und erhalten

$$F(x) - G(x) = \frac{1}{c} \int_0^x \psi(y)\, dy. \tag{9}$$

Aus (7) und (9) folgt nun

$$F(x) = \frac{1}{2}\Big(\varphi(x) + \frac{1}{c}\int\limits_0^x \psi(y)\,dy\Big),$$

$$G(x) = \frac{1}{2}\Big(\varphi(x) - \frac{1}{c}\int\limits_0^x \psi(y)\,dy\Big)$$

und somit

$$\begin{aligned} u(x,t) &= \frac{1}{2}\Big[\varphi(x+ct) + \varphi(x-ct) + \frac{1}{c}\Big(\int\limits_0^{x+ct} \psi(y)\,dy - \int\limits_0^{x-ct} \psi(y)\,dy\Big)\Big] \\ &= \frac{1}{2}\big(\varphi(x+ct) + \varphi(x-ct)\big) + \frac{1}{2c}\int\limits_{x-ct}^{x+ct} \psi(y)\,dy. \qquad (10) \end{aligned}$$

Um dieses Resultat zu diskutieren, betrachten wir zunächst den Fall $\psi \equiv 0$.

Für festes $t > 0$ stellt $x \mapsto \psi(x - ct)$ den um $ct$ verschobenen Graphen von $\varphi$ dar: Siehe die Abbildungen 1 und 2.

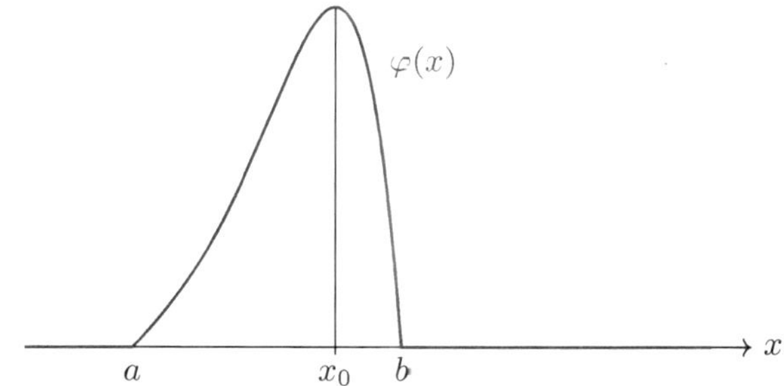


Abbildung 1: Anfangsbedingung bei $t = 0$

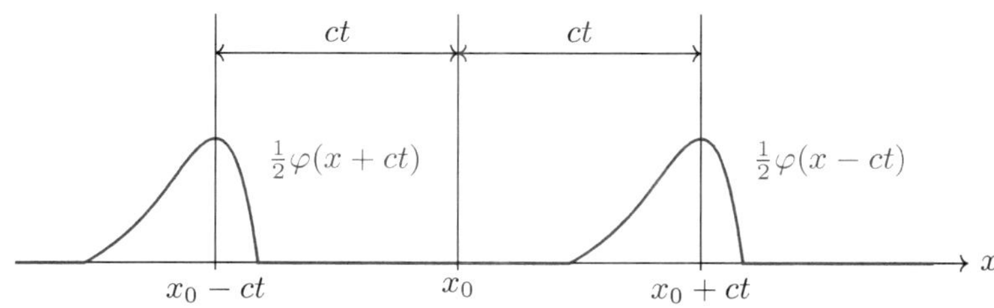


Abbildung 2: Lösung zur Zeit $t > 0$

Die Funktion $u(x,t)$ ist also die Superposition einer mit Geschwindigkeit $c$ nach links und einer mit derselben Geschwindigkeit nach rechts laufenden „Welle".

Die Ausbreitung der Anregung lässt sich noch besser in der $(x,t)$-Ebene verfolgen: In der Abbildung 3 ist die Menge der Punkte $(x,t)$ schraffiert, für die $u(x,t) \neq 0$ ist.

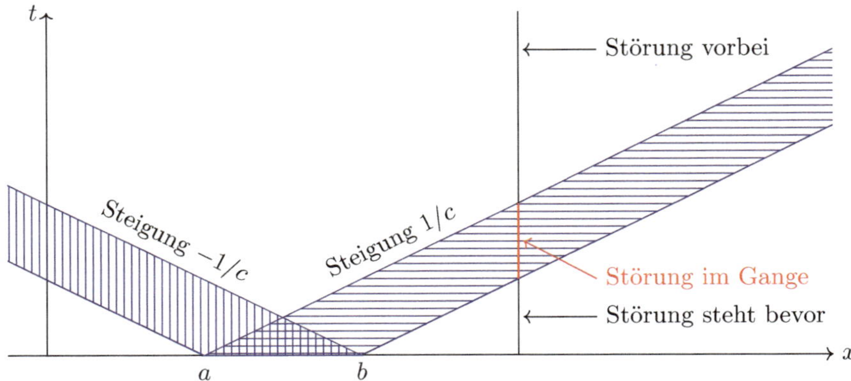


Abbildung 3: Einflussgebiet der Anregung im Fall $\psi \equiv 0$

Die Formel (10) lässt sich (immer noch im Fall $\psi \equiv 0$) auch folgendermassen schreiben:

$$u(x,t) = \frac{1}{2}\big(u(x+ct,0) + u(x-ct,0)\big).$$

In Worten: Die Störung an der Stelle $x$ zur Zeit $t$ ist gleich dem arithmetischen Mittel der Anregungen an den Stellen $x - ct$ und $x + ct$ zur Zeit 0.

Wir betrachten zweitens den Fall, wo die Anfangsgeschwindigkeit $u_t(x,0) = \psi(x)$ nicht identisch verschwindet. Wir setzen aber nach wie vor voraus, dass die Anregung zur Zeit $t = 0$ auf das Intervall $[a,b]$ beschränkt ist (siehe Abbildung 4):

$$\varphi(x) = \psi(x) = 0 \quad \text{für alle } x \notin [a,b]. \tag{11}$$

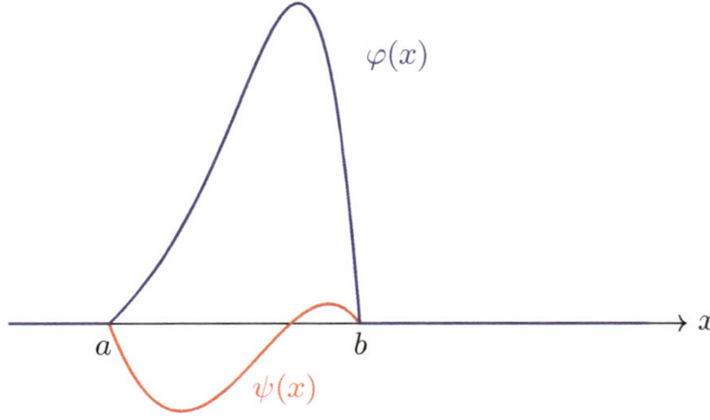


Abbildung 4: Anfangsbedingungen

Wir wollen auch hier das „Ausbreitungsdiagramm" zeichnen (vergleiche Abbildung 3). Dazu schraffieren wir das Gebiet in der $(x,t)$-Ebene, für das (möglicherweise) $u(x,t) \neq 0$ ist. Dabei ist $u(x,t)$ durch (10) gegeben: Ist $u(x,t) \neq 0$, so muss wegen (11) wenigstens eine der folgenden Bedingungen erfüllt sein:

(i) $x + ct \in [a,b]$,

(ii) $x - ct \in [a,b]$,

(iii) das Intervall $[x - ct, x + ct]$ (= Integrationsintervall in (10)) hat mit dem Intervall $[a,b]$ Punkte gemeinsam.

Die Punkte, die einer der ersten beiden Bedingungen genügen, bilden zusammen die schon in Abbildung 3 dargestellte Menge. Wir haben diese Menge in Abbildung 5 noch einmal eingetragen.

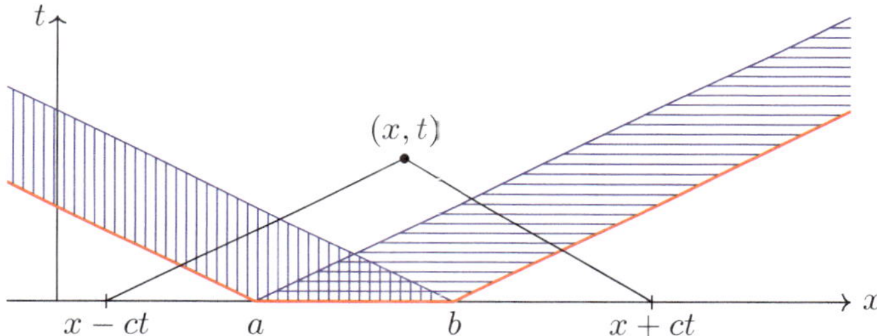


Abbildung 5: Durch $\varphi$ verursachte Störung

In der Abbildung ist ferner für einen fest gewählten Punkt $(x,t)$ das Intervall $[x - ct, x + ct]$ eingetragen. Man erkennt, dass man den Punkt $(x,t)$ beliebig oberhalb der roten Linie verschieben darf, ohne die Bedingung (iii) zu verletzen. Im Ganzen resultiert also der in Abbildung 6 dargestellte „Störungsbereich" in der $(x,t)$-Ebene.

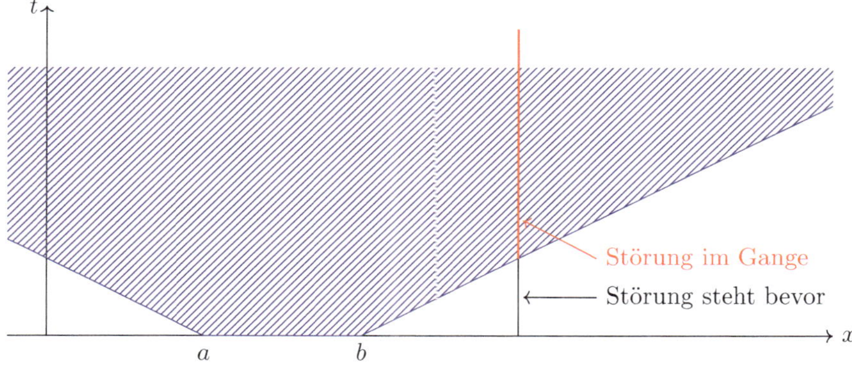


Abbildung 6: Störungsbereich

Allerdings hat die Störung für alle Punkte $(x,t)$ für die $t \geqslant \frac{x-a}{c}$ und $t \geqslant -\frac{x-b}{c}$ den konstanten Wert

$$u(x,t) = \int_a^b \psi(y)\,dy \tag{12}$$

und dieser Wert ist wegen der Impulserhaltung gleich null, wenn die Anregung z. B. durch eine Explosion zustande gekommen ist. D. h., in Wahrheit ist eine zeitabhängige Störung auch im Fall $\psi \not\equiv 0$ auf das in Abbildung 5 schraffierte Gebiet beschränkt. Nachdem diese Störung vorbei ist, hat die Lösung den in (12) angegebenen konstanten Wert. Diese Beobachtung gilt nicht nur in einer Raumdimension, sondern analog auch in allen ungeraden Raumdimensionen, insbesondere also im $\mathbb{R}^3$. Wenn uns nämlich jemand etwas zuruft, so hören wir dessen Stimme, doch sobald uns die Schallwellen passiert haben, herrscht wieder Ruhe. In geraden Raumdimensionen ist dies anders. Dort hält die zeitabhängige Störung für alle Zeiten an. In der Tat verursacht ein ins Wasser geworfener Stein auf der (zweidimensionalen) Wasseroberfläche anhaltende Wellen, die nur aufgrund der in Wirklichkeit vorhandenen Dämpfung schliesslich verschwinden. Dieses Phänomen wird gelegentlich **Huygenssches Prinzip** genannt.

Die Abbildungen 7 und 8 illustrieren das Verhalten von Wellen.

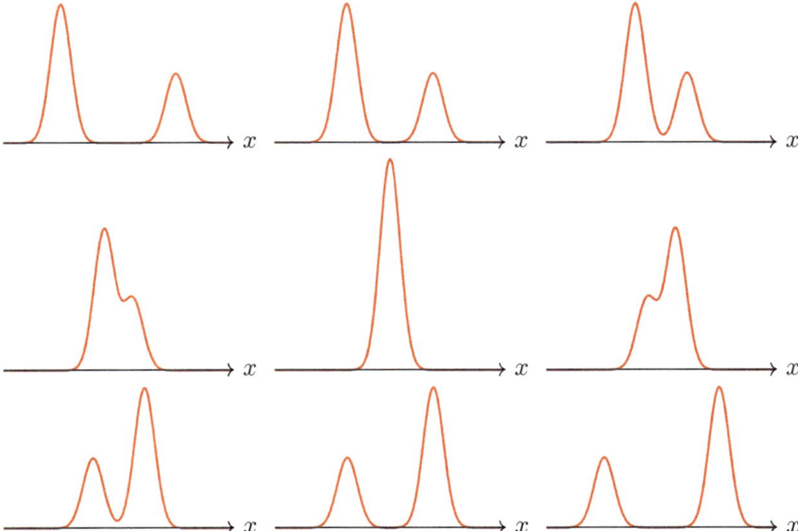


Abbildung 7: Die Bilder zeigen, zeilenweise gelesen, zwei gegeneinander laufende Wellen an neun aufeinanderfolgenden Zeitpunkten. Beim Aufeinandertreffen addieren sich die Wellen. Diese Eigenschaft von Wellen wird beim Nierensteinzertrümmerer genutzt: Wo sich der Stein befindet, werden starke Schallwellen geeigneter Frequenz aus verschiedenen Richtungen konzentriert.

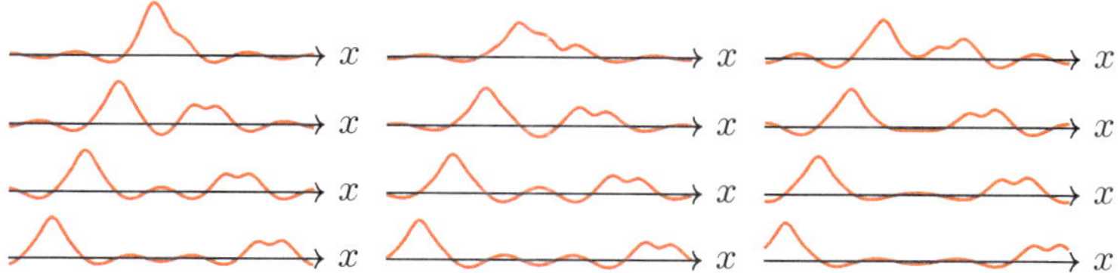


Abbildung 8: Die Bilderfolge zeigt, zeilenweise gelesen, eine zerfliessende Welle. Die Welle breitet sich nach beiden Seiten aus, während im Zentrum, wo sie startete, allmählich Ruhe einkehrt. Dies ist eine Eigenschaft, welche Wellen in allen ungeraden Dimensionen aufweisen.

## 10.2 Die Charakteristiken hyperbolischer PDEs

Wir wollen nun noch untersuchen, was eigentlich hinter der d'Alembertschen Idee der Koordinatentransformation (3) steckt. Sei

$$a(x,y)u_{xx} + 2b(x,y)u_{xy} + c(x,y)u_{yy} = e(x,y) \tag{13}$$

eine hyperbolische PDE. Um geeignete Koordinaten zu finden, betrachtet man ein Hilfsproblem. Dazu ordnet man zunächst der Gleichung (13) eine quadratische PDE zu, nämlich die Gleichung

$$a(x,y)z_x^2 + 2b(x,y)z_x z_y + c(x,y)z_y^2 = 0. \tag{14}$$

Die Gleichung (14) ist äquivalent zur Gleichung

$$(z_x - \lambda(x,y)z_y) \cdot (z_x - \mu(x,y)z_y) = 0, \tag{15}$$

wobei $\lambda$ und $\mu$ die Lösungen der Gleichung $ax^2 + 2bx + c = 0$ sind. Da (13) hyperbolisch ist, sind die Zahlen $\lambda$ und $\mu$ reell und verschieden. (15) zerfällt also in die beiden linearen PDEs 1. Ordnung

$$z_x - \lambda(x,y)z_y = 0, \tag{16}$$

$$z_x - \mu(x,y)z_y = 0. \tag{17}$$

Im Kapitel 1 haben wir solche Gleichungen allgemein gelöst: Man erhält in diesem Fall zwei Scharen von Charakteristiken (nämlich je eine von (16) und (17)), dargestellt, sagen wir, durch die Gleichungen $v(x,y) =$ konst. und $w(x,y) =$ konst. Nun führen wir diese Charakteristiken als neue Koordinaten ein:

$$\begin{cases} \xi := v(x,y), \\ \eta := w(x,y). \end{cases} \tag{18}$$

Wie sieht in diesen neuen Koordinaten die Gleichung (13) aus? Es bezeichne $\tilde{u}(\xi(x,y),\eta(x,y)) = u(x,y)$ die Funktion in den neuen Koordinaten. Wir erhalten:

$$\begin{aligned} u_x &= \tilde{u}_\xi v_x + \tilde{u}_\eta w_x, \quad u_y = \tilde{u}_\xi v_y + \tilde{u}_\eta w_y, \\ u_{xx} &= \tilde{u}_{\xi\xi} v_x^2 + \tilde{u}_{\xi\eta} v_x w_x + \tilde{u}_\xi v_{xx} + \tilde{u}_{\eta\xi} v_x w_x + \tilde{u}_{\eta\eta} w_x^2 + \tilde{u}_\eta w_{xx}, \\ u_{xy} &= \tilde{u}_{\xi\xi} v_x v_y + \tilde{u}_{\xi\eta} v_x w_y + \tilde{u}_\xi v_{xy} + \tilde{u}_{\eta\xi} v_y w_x + \tilde{u}_{\eta\eta} w_x w_y + \tilde{u}_\eta w_{xy}, \\ u_{yy} &= \tilde{u}_{\xi\xi} v_y^2 + \tilde{u}_{\xi\eta} v_y w_y + \tilde{u}_\xi v_{yy} + \tilde{u}_{\eta\xi} v_y w_y + \tilde{u}_{\eta\eta} w_y^2 + \tilde{u}_\eta w_{yy}. \end{aligned}$$

Diese Terme setzen wir nun in (13) ein und erhalten

$$\tilde{u}_{\xi\xi}\underbrace{(av_x^2 + 2bv_xv_y + cv_y^2)}_{=0 \text{ wegen } (14)} + \tilde{u}_{\eta\eta}\underbrace{(aw_x^2 + 2bw_xw_y + cw_y^2)}_{=0 \text{ wegen } (14)} +$$
$$+ 2\tilde{u}_{\eta\xi}(av_xw_x + b(v_xw_y + v_yw_x) + cv_yw_y) + \tilde{u}_\xi(av_{xx} + 2bv_{xy} + cv_{yy}) +$$
$$+ \tilde{u}_\eta(aw_{xx} + 2bw_{xy} + cw_{yy}) = e(x(\xi,\eta),\, y(\xi,\eta)).$$

Dies ist eine Gleichung der Form

$$f(\xi,\eta)\tilde{u}_{\xi\eta} + g(\xi,\eta)\tilde{u}_\xi + h(\xi,\eta)\tilde{u}_\eta = k(\xi,\eta). \tag{19}$$

Man nennt (19) **kanonische Form** der Gleichung (13).

Es würde zu weit führen, hier die allgemeine Theorie der kanonischen Form darzulegen (es existiert eine Lösungsformel, die sogenannte Riemannsche Integrationsmethode). Wir wollen immerhin zwei Beispiele lösen.

**Beispiel 1: Charkteristiken der Wellengleichung**

Die Wellengleichung in einer Raumdimension lautet

$$u_{tt} - c^2 u_{xx} = 0. \tag{20}$$

Die Gleichung (14) der Charakteristiken ist hier demnach

$$0 = v_t^2 - c^2 v_x^2 = (v_t + cv_x)(v_t - cv_x).$$

$v_t + cv_x = 0$ hat die Charakteristiken $v(x,t) = x - ct = \text{konst.}$
$v_t - cv_x = 0$ hat die Charakteristiken $w(x,t) = x + ct = \text{konst.}$
Laut (18) hat man die Variablentransformation

$$\xi = x - ct, \qquad \eta = x + ct$$

durchzuführen, um die Gleichung (20) auf ihre kanonische Form zu bringen. Und das war eben die Idee von d'Alembert!

Im nächsten Abschnitt berechnen wir ganz konkret die Charakteristiken einer gegebenen hyperbolischen Gleichung mit nicht konstanten Koeffizienten.

## 10.3 Beispiel einer hyperbolischen Gleichung

Wir suchen die Lösung der hyperbolischen PDE

$$xu_{xy} + yu_{yy} + \frac{y}{x}u_x + \Big(1 + \frac{y^2}{x^2}\Big)u_y = 0$$

unter der Nebenbedingung

$$\begin{cases} u(x,1) &= 1 & \text{für } 1 \leqslant x \leqslant 2, \\ u_y(x,1) &= -\dfrac{1}{x^2} & \text{für } 1 \leqslant x \leqslant 2. \end{cases}$$

Die Gleichung (14) der Charakteristiken lautet hier

$$0 = xv_xv_y + yv_y^2 = v_y(xv_x + yv_y).$$

Untersuchen wir die beiden Fälle $v_y = 0$ und $xv_x + yv_y = 0$ getrennt.

(i) $v_y = 0$: Im Kapitel 1 haben wir gelernt, diese Gleichung zu lösen. Die Charakteristiken erfüllen die gewöhnlichen Differentialgleichungen

$$\left.\begin{array}{rcl} \dot{x} &=& 0 \\ \dot{y} &=& 1 \\ \dot{z} &=& 0 \end{array}\right\} \Longleftrightarrow \left\{\begin{array}{rcl} x(t) &=& c_1 \\ y(t) &=& t + c_2 \\ z(t) &=& c_3. \end{array}\right.$$

Die Charakteristiken werden also beschrieben durch

$$v(x, y) := x = \text{konst.}$$

(ii) $xv_x + yv_y = 0$: Analog gilt

$$\left.\begin{array}{rcl} \dot{x} &=& x \\ \dot{y} &=& y \\ \dot{z} &=& 0 \end{array}\right\} \Longleftrightarrow \left\{\begin{array}{rcl} x(t) &=& c_1e^t \\ y(t) &=& c_2e^t \\ z(t) &=& c_3. \end{array}\right.$$

Die Charakteristiken werden nun beschrieben durch

$$w(x, y) := \frac{y}{x} = \text{konst.}$$

Eine mögliche Koordinatentransformation lautet also

$$\left.\begin{array}{rcl} \xi &=& x \\ \eta &=& \dfrac{y}{x} \end{array}\right\} \Longleftrightarrow \left\{\begin{array}{rcl} x &=& \xi \\ y &=& \xi\eta. \end{array}\right.$$

Wie lautet nun die PDE in den Koordinaten $\xi$ und $\eta$? Um diese Frage zu beantworten, setzen wir die gefundenen Transformation ein, das heisst, wir betrachten $u(x, y) = \tilde{u}\big(\xi(x, y), \eta(x, y)\big)$. Dann gilt

$$\begin{aligned} u_x &= \tilde{u}_\xi - \frac{\eta}{\xi}\tilde{u}_\eta, & u_y &= \frac{1}{\xi}\tilde{u}_\eta, \\ u_{xy} &= -\frac{1}{\xi^2}\tilde{u}_\eta + \frac{1}{\xi}\tilde{u}_{\eta\xi} - \frac{\eta}{\xi^2}\tilde{u}_{\eta\eta}, & u_{yy} &= \frac{1}{\xi^2}\tilde{u}_{\eta\eta}. \end{aligned}$$

Setzen wir diese Terme in die PDE ein, so erhalten wir

$$\begin{aligned} 0 &= \xi\Big(-\frac{1}{\xi^2}\tilde{u}_\eta\Big) + \tilde{u}_{\eta\xi} - \frac{\eta}{\xi}\tilde{u}_{\eta\eta} + \eta\xi\frac{1}{\xi^2}\tilde{u}_{\eta\eta} + \eta\tilde{u}_\xi - \frac{\eta^2}{\xi}\tilde{u}_\eta + (1 + \eta^2)\frac{1}{\xi}\tilde{u}_\eta \\ &= \tilde{u}_{\eta\xi} + \eta\tilde{u}_\xi \\ &= \frac{\partial}{\partial\xi}(\tilde{u}_\eta + \eta\tilde{u}). \end{aligned}$$

Da die $\xi$-Ableitung des Klammerausdrucks null ist, darf dieser Ausdruck nur von $\eta$ abhängen, d. h.

$$\tilde{u}_\eta + \eta\tilde{u} = f(\eta). \tag{21}$$

Die unbekannte Funktion $f$ lässt sich aus den Nebenbedingungen bestimmen. Dazu müssen wir erst einmal die Nebenbedingungen in die $(\xi,\eta)$-Koordinaten übersetzen:

$$\begin{aligned} u(x,1) &= 1 \quad \text{für } x\in[1,2] &\Leftrightarrow\quad \tilde{u}\Big(\xi,\frac{1}{\xi}\Big) &= 1 \quad \text{für } \xi\in[1,2], \\ u_y(x,1) &= -\frac{1}{x^2} \quad \text{für } x\in[1,2] &\Leftrightarrow\quad \tilde{u}_\eta\Big(\xi,\frac{1}{\xi}\Big) &= -\frac{1}{\xi} \quad \text{für } \xi\in[1,2]. \end{aligned} \tag{22}$$

Setzen wir also einen Punkt $(\xi,\frac{1}{\xi})$ in (21) ein und verwenden (22):

$$f\Big(\frac{1}{\xi}\Big) = \tilde{u}_\eta\Big(\xi,\frac{1}{\xi}\Big) + \frac{1}{\xi}\tilde{u}\Big(\xi,\frac{1}{\xi}\Big) = -\frac{1}{\xi} + \frac{1}{\xi}\cdot 1 = 0,$$

d. h. $f(\eta) = 0$ für $\eta\in[\frac{1}{2},1]$. Lösen wir nun (21). Die Charakteristiken der Gleichung (21) erfüllen

$$\left.\begin{aligned} \dot{\xi} &= 0 \\ \dot{\eta} &= 1 \\ \dot{\zeta} &= -\eta\zeta \end{aligned}\right\} \Longleftrightarrow \left\{\begin{aligned} \xi(t) &= c_1 \\ \eta(t) &= t + c_2 \\ \zeta(t) &= c_3\exp(-\tfrac{1}{2}(t+c_2)^2). \end{aligned}\right.$$

Die Anfangsbedingung ist laut (22)

$$\begin{aligned} \xi(0) &= c_1 \overset{!}{=} s \\ \eta(0) &= c_2 \overset{!}{=} \frac{1}{s} \\ \zeta(0) &= c_3\exp\Big(-\frac{c_2^2}{2}\Big) \overset{!}{=} 1. \end{aligned}$$

Also $c_1 = s$, $c_2 = \frac{1}{s}$, $c_3 = \exp(\frac{1}{2s^2})$. Daraus gewinnen wir die Parameterdarstellung der Lösungsfläche:

$$\begin{aligned} \xi &= s \\ \eta &= t + \frac{1}{s} \\ \zeta &= \exp\Big(\frac{1}{2}\Big(\frac{1}{s^2} - (t+\frac{1}{s})^2\Big)\Big). \end{aligned}$$

Durch Elimination von $s$ und $t$ gelangen wir schliesslich zu

$$\zeta = \exp\Big(\frac{1}{2}\Big(\frac{1}{\xi^2} - \eta^2\Big)\Big) = \tilde{u}(\xi,\eta).$$

Bevor wir dieses Resultat in die $(x,y)$-Koordinaten zurückrechnen, wollen wir uns noch überlegen, in welchem Gebiet der $(\xi,\eta)$-Ebene die gefundene Lösung überhaupt eindeutig festgelegt ist: Die Anfangsbedingungen haben $f(\eta)$ (und damit $\tilde{u}$) nur für $\eta\in[\frac{1}{2},1]$ festgelegt, d. h. in dem Gebiet, das von der Schar (ii) der Charakteristiken bedeckt wird. Anderseits legt die Schar (i) $x = \xi =$ konst. die Lösung nur für $\xi\in[1,2]$ fest. In der Ebene sieht das also so aus wie in der Abbildung 9. Die Nebenbedingung ist auf dem rot eingezeichneten Hyperbelstück gegeben. Die Charakteristiken sind die eingetragenen Linien $\eta =$ konst. und $\xi =$ konst.

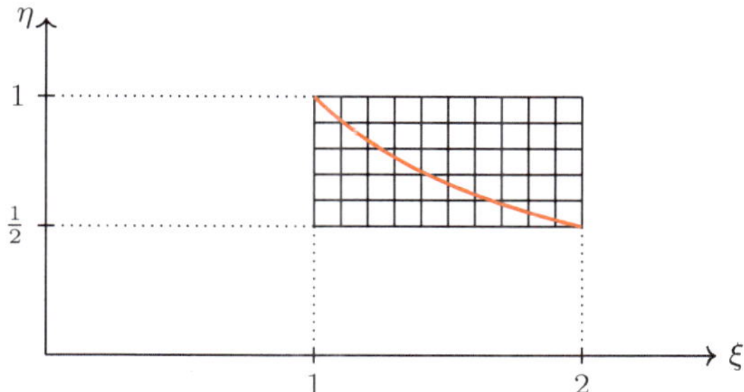


Abbildung 9: Lösungsgebiet in der $(\xi, \eta)$-Ebene

Nun übersetzen wir alles in die $(x, y)$-Ebene:

$$u(x, y) = \tilde{u}(x(\xi, \eta), y(\xi, \eta)) = \exp\Big(\frac{1 - y^2}{2x^2}\Big).$$

Die Abbildung 9 sieht in der $(x, y)$-Ebene dann so aus, wie in Abbildung 10 dargestellt.

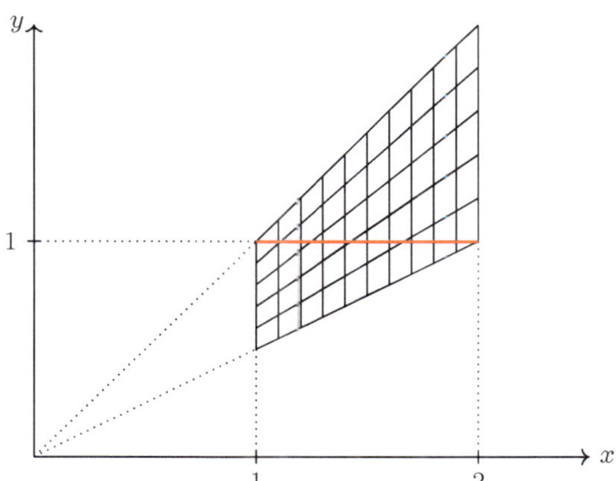


Abbildung 10: Lösungsgebiet in der $(x, y)$-Ebene

Die Lösung $u(x, y)$ wird also nur im Gebiet

$$G := \big\{(x, y) \,\big|\, 1 \leqslant x \leqslant 2,\ \frac{1}{2} \leqslant \frac{y}{x} \leqslant 1\big\},$$

das durch die beiden Scharen charakteristischer Kurven bestimmt ist, durch die Nebenbedingung eindeutig festgelegt.

## 10.4 Das Richardson-Verfahren für die Wellengleichung

Der Einflussbereich der Nebenbedingungen muss natürlich von einem numerischen Lösungsverfahren respektiert werden. Schauen wir uns einmal an, wie es in dieser Hinsicht um das Richardson-Verfahren bestellt ist. Betrachten wir also die Wellengleichung

$$u_{tt} = u_{xx} \quad \text{für } x \in \mathbb{R},\ t \geqslant 0, \tag{23}$$

$$u(x,0) = f(x) \quad \text{für } x \in \mathbb{R}, \tag{24}$$

$$u_t(x,0) = g(x) \quad \text{für } x \in \mathbb{R}. \tag{25}$$

Wir wählen ein Gitter mit Zeitschritt $k = t_{j+1} - t_j$ und Raumschritt $h = x_{i+1} - x_i$ (siehe Abbildung 11 und Kapitel 8).

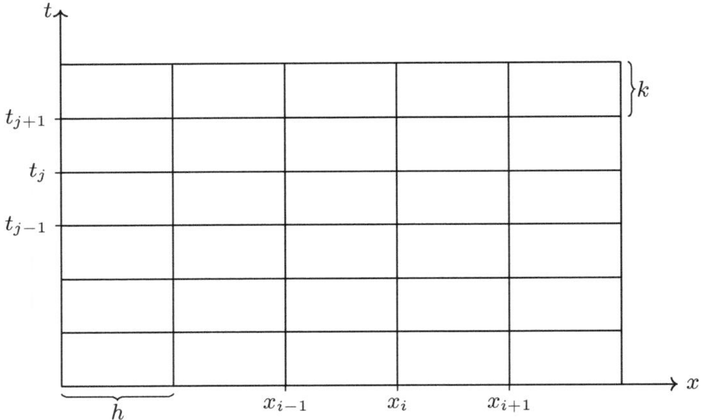


Abbildung 11: Gitter für das Richardson-Verfahren

Nun wird (24) diskretisiert durch

$$u_{i0} = f(x_i). \tag{26}$$

Um (25) zu diskretisieren, beachten wir

$$g(x_i) = u_t(x_i, 0) \approx \frac{1}{k}(u_{i1} - u_{i0}).$$

Wir verlangen also

$$u_{i1} = kg(x_i) + u_{i0} = kg(x_i) + f(x_i). \tag{27}$$

Um (23) zu diskretisieren, fordern wir Gleichheit der zweiten Differenzenquotienten,

$$\begin{aligned} u_{xx}(x_i, t_j) &\approx \frac{1}{h^2}(u_{i-1,j} - 2u_{ij} + u_{i+1,j}) \\ &\overset{!}{=} \frac{1}{k^2}(u_{i,j-1} - 2u_{ij} + u_{i,j+1}) \approx u_{tt}(x_i, t_j). \end{aligned}$$

Aufgelöst nach $u_{i,j+1}$ ergibt dies mit $r = \frac{k^2}{h^2}$

$$u_{i,j+1} = ru_{i+1,j} - 2(r-1)u_{ij} + ru_{i-1,j} - u_{i,j-1}. \tag{28}$$

Die Gleichungen (26)–(28) ergeben nun ein explizites Verfahren, um sukzessive die numerische Lösung zu berechnen. Die Charakteristiken der Gleichung (23) sind $x + t =$ konst und $x - t =$ konst. Vergleichen wir einmal das theoretische Einflussgebiet der Anfangsdaten in einem Intervall $[a, b]$ mit dem numerischen Einflussgebiet des oben beschriebenen Verfahrens. Dazu überlegen wir zunächst anhand der Abbildung 12, welche Daten in die Berechnung eines Punktes $u_{i,j+1}$ eingehen.

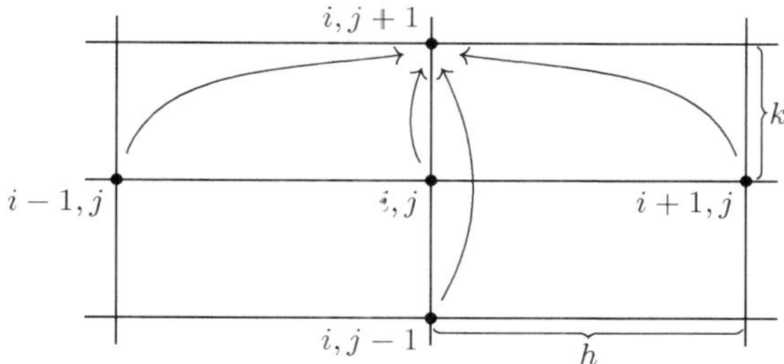


Abbildung 12: Rechenschema für das Richardson-Verfahren

Falls $\frac{k}{h} > 1$ gilt, so umfasst der theoretische Einflussbereich offenbar den numerischen. Das heisst, in den numerischen Wert der Lösung an einem Punkt gehen gar nicht alle Daten ein, von denen dieser Wert abhängt, das Verfahren *kann* also in diesem Fall keine guten Näherungen liefern. Wollen wir ein konvergentes Verfahren haben (vergleiche Abschnitt 8.1.1), müssen wir daher fordern

$$\frac{k}{h} \leqslant 1.$$

Diese Bedingung heisst **Courant-Friedrichs-Lewy-Bedingung**. Sind auf $[a, b]$ Anfangsdaten gegeben, so gestattet (28) bei einem Verhältnis von $\frac{k}{h} \leqslant 1$ nur die Berechnung der numerischen Lösung im schraffierten Gebiet, welches in Abbildung 13 dargestellt ist. So wird das Verfahren nicht erlauben, den Wert von $u$ in $P$ zu bestimmen, obwohl $P$ im theoretischen Einflussgebiet (gestrichelt) liegt. Umgekehrt gehen in den numerischen Wert von $u$ in $Q$ alle Daten im Intervall $[a, b]$ ein, obwohl der theoretische Wert nur von den Daten im kleineren Intervall $[a', b']$ abhängt.

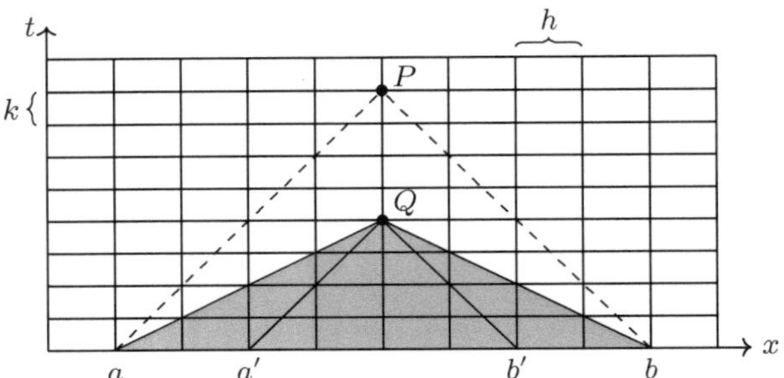


Abbildung 13: Numerisches vs. theoretisches Einflussgebiet

Erstaunlicherweise verschwindet dieser Fehler jedoch im Limes $h \to 0$ bei festgehaltenem Verhältnis $\frac{k}{h} \leqslant 1$, d. h. das Richardson-Verfahren ist unter der Courant-Friedrichs-Lewy-Bedingung konvergent. Der Einfluss der für $u(Q)$ irrelevanten Daten in $[a, a']$ und $[b', b]$ wird also durch das Richardson-Verfahren näherungsweise ausgeschaltet. Ist die Steigung der Charakteristiken nicht 1 wie in unserem Modellbeispiel, so lautet die Courant-Friedrichs-Lewy-Bedingung

$$\frac{k}{h} \leqslant \text{Steigung der Charakteristiken.}$$

## 10.5 Die Charakteristikenmethode (Numerik)

Was passiert aber, wenn, wie im Abschnitt 10.3, die Steigung der Charakteristiken nicht konstant ist?

Dazu geben wir ein numerisches Verfahren an, das sich automatisch den Charakteristiken anpasst, indem es diese gleich mitberechnet.

Zu lösen sei die PDE (13), wobei die Koeffizienten neben $x$ und $y$ auch noch von $u$, $u_x$ und $u_y$ abhängen dürfen (die Gleichung darf also **quasilinear** sein). In der Abbildung 14 sind zwei Punkte $P$ und $Q$ eingezeichnet, sowie für beide Punkte die beiden durch sie verlaufenden charakteristischen Kurven (dick).

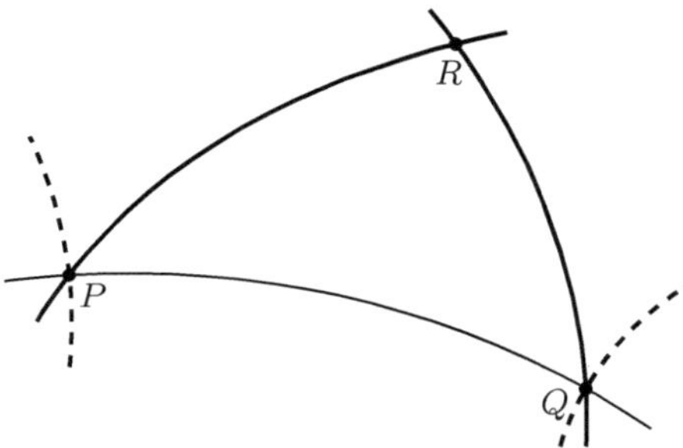


Abbildung 14: Charakteristikenmethode

Die zwei durchgezogenen Charkteristiken (die nicht zur selben Schar gehören) schneiden sich im Punkt $R$. Wir nehmen an, wir wüssten im Punkt $P$ die Daten $u(P)$, $u_x(P)$ und $u_y(P)$ sowie in $Q$ die Daten $u(Q)$, $u_x(Q)$ und $u_y(Q)$. Wir wollen im Punkt $R$ die Werte $u(R)$, $u_x(R)$ und $u_y(R)$ (näherungsweise) bestimmen. Das „Dreieck“ $PQR$ ist dabei klein zu denken. Zunächst lokalisieren wir den Punkt $R$. Die Gleichung der Charakteristiken durch $P$ ist

$$a(P)v_x^2 + 2b(P)v_xv_y + c(P)v_y^2 = 0.$$

Die Steigung der Charakteristiken, d. h. $m := -\frac{v_x}{v_y}$, erfüllt daher die Gleichung

$$a(P)m(P)^2 - 2b(P)m(P) + c(P) = 0 \tag{29}$$

und kann daraus berechnet werden. Analog kann die Steigung der Charakteristik $m(Q)$ in $Q$ berechnet werden. (Dabei muss man noch richtig buchhalten, um von den zwei Lösungen der quadratischen Gleichung jeweils die richtige zu wählen.) Für die Koordinaten $(x_R, y_R)$ von $R$ gilt daher (näherungsweise):

$$\begin{aligned} y_R - y_P &= m(P)(x_R - x_P) \\ y_R - y_Q &= m(Q)(x_R - x_Q). \end{aligned} \tag{30}$$

Die Beziehung $du = u_x dx + u_y dy$ diskretisieren wir wie folgt

$$u(R) - u(P) = u_x(P)(x_R - x_P) + u_y(P)(y_R - y_P). \tag{31}$$

Nun sind noch die Ableitungen $u_x(R)$ und $u_y(R)$ zu bestimmen. Es gilt

$$\begin{aligned} du_x &= u_{xx}dx + u_{xy}dy \\ du_y &= u_{xy}dx + u_{yy}dy. \end{aligned}$$

Multipliziert man die erste Gleichung mit $a\,dy$, die zweite mit $c\,dx$, und addiert alles, so erhält man

$$a\,du_xdy + c\,du_ydx = \underbrace{(au_{xx} + cu_{yy})}_{\underset{(13)}{=} e-2bu_{xy}}dx\,dy + \underbrace{(a\,dy^2 + c\,dx^2)}_{\underset{(29)}{=} 2b\,dx\,dy}u_{xy} = e \cdot dx\,dy.$$

Dies ergibt

$$a\,du_x\,m + c\,du_y - e\,dy = 0.$$

Ersetzen wir die Differentiale durch Differenzen, so erhalten wir

$$\begin{aligned} a(P)(u_x(R) - u_x(P))m(P) + c(P)(u_y(R) - u_y(P)) + e(P)(y_R - y_P) &= 0 \\ a(Q)(u_x(R) - u_x(Q))m(Q) + c(Q)(u_y(R) - u_y(Q)) + e(Q)(y_R - y_Q) &= 0. \end{aligned} \tag{32}$$

Aus den Formeln (29)–(32) sind alle gesuchten Grössen $u(R)$, $u_x(R)$, $u_y(R)$ und $R$ selber zu berechnen. Starten kann man das Verfahren mit den gegebenen Anfangsbedingungen

$$u(x,0) = f(x), \qquad u_y(x,0) = g(x).$$

Insbesondere benötigt man noch die Ableitung $u_x$ in den Startpunkten. Das ist aber kein Problem:

$$u_x(x,0) = f'(x).$$

Man wendet dann obiges Verfahren auf die Punkte $P = (x_i, 0)$, $Q = (x_{i+1}, 0)$ an und fährt dann in iterativer Weise fort (siehe Abbildung 15).

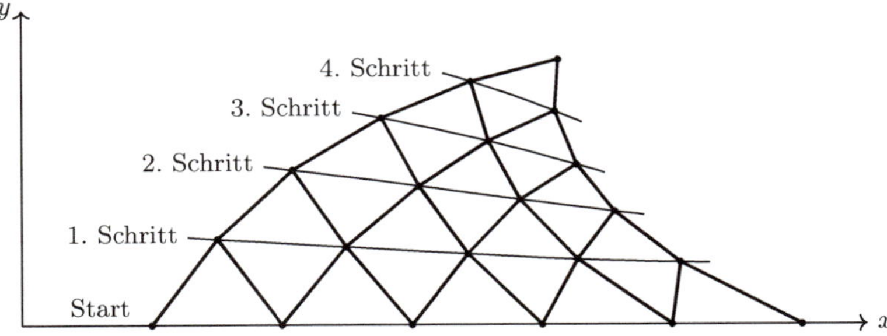


Abbildung 15: Berechnung mit der Charakteristikenmethode

Um die Theorie der Wellengleichung hier nicht ausufern zu lassen, verweisen wir auf die entsprechende Literatur (z. B. [9, 5, 12]). Stichworte sind etwa

- Riemannsche Integrationsmethode,
- Poissonsche Formel,
- Kirchhoffsche Formel,
- Prinzip von Duhamel,
- retardiertes Potential.

## Übungsaufgaben zum Kapitel 10

1. Man löse die Wellengleichung

$$\begin{cases} u_{tt} &= c^2 u_{xx} & \text{für } x \in \mathbb{R}, t > 0 \\ u(x,0) &= e^{-|x|} & \text{für } x \in \mathbb{R} \\ u_t(x,0) &= \delta(x) & \text{für } x \in \mathbb{R} \end{cases}$$

mithilfe der Methode von d'Alembert.

2. Man löse das Problem der gezupften Saite

$$\begin{cases} u_{tt} &= c^2 u_{xx} & \text{für } 0 < x < L, t > 0 \\ u(0,t) &= 0 & \text{für } t > 0 \\ u(L,t) &= 0 & \text{für } t > 0 \\ u(x,0) &= \frac{L}{2} - |x - \frac{L}{2}| & \text{für } 0 < x < L \\ u_t(x,0) &= 0 & \text{für } 0 < x < L \end{cases}$$

(a) mit der Methode von d'Alembert,

(b) mit der Fourierschen Methode.

3. Zur Zeit 0 findet eine Explosion statt, deren Herd sich im Inneren der Kugel vom Radius $R$ um den Ursprung befindet. Es ist die durch diese Explosion hervorgerufene Druckverteilung $p(x, y, z, t)$ zu bestimmen.

   **Mathematisches Problem:** Die gesuchte Funktion ist Lösung der dreidimensionalen Wellengleichung

$$p_{tt} = c^2 \Delta p,$$

   wobei $c$ die Schallgeschwindigkeit bezeichnet. Ferner erfüllt $p$ die Anfangsbedingungen

$$\begin{cases} p(x,y,z,0) &= 0 \quad \text{im ganzen Raum,} \\ p_t(x,y,z,0) &= a \quad \text{für } x^2+y^2+z^2 < R^2, \\ p_t(x,y,z,0) &= 0 \quad \text{für } x^2+y^2+z^2 \geqslant R^2. \end{cases}$$

   Dabei ist $a$ eine positive Konstante. Man skizziere die Lösung zu den Zeiten $t = 0, 1, 2$ und 3 für $R = 2$ und $a = c = 1$.

   **Hinweis:** Aus Symmetriegründen ist die gesuchte Druckverteilung nur vom Abstand $r$ vom Ursprung und der Zeit $t$ abhängig: $p(x, y, z, t) = f(r, t)$. Man zeige, dass dann die Funktion $g(r, t) = rf(r, t)$ der eindimensionalen Wellengleichung

$$c^2 g_{rr} = g_{tt}$$

   genügt, und löse diese nach der d'Alembertschen Methode.

4. Wir betrachten die partielle Differentialgleichung

$$u_{xx} - u_{tt} = xt.$$

   (a) Man bestimme eine (möglichst einfache) Lösung von der Form $u(x, t) = f(x)t$.

   (b) Man bestimme diejenige Lösung $u(x, t), x \in \mathbb{R}, t > 0$, welche für alle $x$ die Anfangsbedingungen

$$u(x, 0) = u_t(x, 0) = 0$$

   erfüllt.

   **Hinweis:** Man setze $u(x, t) = f(x)t + v(x, t)$ mit der Funktion $f(x)$ aus (a) und bestimme $v(x, t)$ nach der d'Alembertschen Methode.

5. Das physikalische Verhalten einer gedämpften Saite wird durch die partielle Differentialgleichung

$$u_{tt} + 2\pi c u_t = c^2 u_{xx}$$

   beschrieben. Man bestimme $u(x, t)$, $0 \leqslant x \leqslant 1, 0 \leqslant t$, für die folgenden Rand- und Anfangsbedingungen

$$\begin{cases} u(0,t) &= 0 \quad \text{für } t > 0 \\ u(1,t) &= 0 \quad \text{für } t > 0 \\ u(x,0) &= \sin(k\pi x) \quad \text{für } 0 < x < 1,\ k \in \mathbb{N} \\ u_t(x,0) &= 0 \quad \text{für } 0 < x < 1. \end{cases}$$

6. Gegeben sei die partielle Differentialgleichung

$$u_{xx} + (1-c)u_{xt} - cu_{tt} = 0 \tag{1}$$

mit den Nebenbedingungen

$$\begin{cases} u(x,0) &= \varphi(x) \quad \text{für } a \leqslant x \leqslant b \\ u_t(x,0) &= \psi(x) \quad \text{für } a \leqslant x \leqslant b. \end{cases} \tag{2}$$

   (a) Man zeige, dass die Gleichung (1) für jedes $c \neq -1$ für alle $(x, y)$ hyperbolisch ist.

   (b) Man bestimme die Charakteristiken der Gleichung (1).

   (c) Man skizziere das Gebiet, in dem die Lösung der Gleichung (1) für $c \neq 0$ durch die Nebenbedingung (2) eindeutig festgelegt ist.

   (d) Man führe die Transformation auf die kanonische Form durch und bestimme die allgemeine Lösung des transformierten Problems.

   (e) Bestimme die Lösung von (1) und (2) durch Zurücktransformieren.

   (f) Man bestimme die Lösung für $a = 0$, $b = 1$, $c = 2$, $\varphi(x) = x$, $\psi(x) = -1$.

   (g) Man diskutiere die Fälle $c = 0$ und $c = -1$.

7. Die Auslenkungsfunktion $u(x,t)$ einer schwingenden Saite der Länge $L$ unter dem Einfluss der Schwerkraft genüge den folgenden Bedingungen:

$$\begin{cases} u_{tt} &= u_{xx} + a \quad \text{mit } a = \text{konst.} \\ u(0,t) &= 0 \quad \text{für } t \geqslant 0 \\ u(L,t) &= 0 \quad \text{für } t \geqslant 0 \\ u(x,0) &= 0 \quad \text{für } 0 \leqslant x \leqslant L \\ u_t(x,0) &= 0 \quad \text{für } 0 \leqslant x \leqslant L. \end{cases}$$

   Man bestimme die Funktion $u$.

   **Hinweis:** Man bestimme zuerst eine stationäre Lösung $u^*(x)$.

8. Mit der Methode von d'Alembert ist die Bewegung einer unendlichen Saite zu bestimmen. Die Differentialgleichung lautet

$$u_{tt} = u_{xx}\,, \quad x \in \mathbb{R},\ t > 0.$$

   Die Anfangsbedingung ist

$$\begin{cases} u(x,0) &= 1 \quad \text{für } |x| \leqslant 1 \\ u(x,0) &= 2 - |x| \quad \text{für } 1 < |x| \leqslant 2 \\ u(x,0) &= 0 \quad \text{für } |x| > 2 \\ u_t(x,0) &= 0 \quad \text{für } x \in \mathbb{R}. \end{cases}$$

   Man zeichne den Graphen der Funktion $u$ zur Zeit $t = 1$.

9. Energieerhaltung bei der Wellengleichung: Betrachten Sie die Wellengleichung

$$u_{tt} = c^2 u_{xx}, \quad t \geqslant 0, x \in \mathbb{R}$$

mit Anfangsbedingungen $u(x,0) = \varphi(x), u_t(x,0) = \psi(x)$, die nur ausserhalb eines Intervalls $[a,b]$ gleich 0 sind. Beweisen Sie, dass die Wellenenergie

$$E(u,t) := \int_{-\infty}^{\infty} \frac{1}{2}u_t^2 + \frac{c^2}{2}u_x^2 dx$$

konstant ist, indem Sie zeigen, dass die Ableitung von $E(x,t)$ nach $t$ verschwindet.

**Bemerkung:** Die Welle transportiert diese erhaltene Energie also mit der Ausbreitungsgeschwindigkeit $c$ weg vom Intervall $[a,b]$.

# Kapitel 11

# Die Schwingungsgleichung

Wir unterwerfen die allgemeine Wellengleichung

$$\frac{\partial^2 u}{\partial t^2} = c^2 \Delta u \tag{1}$$

für eine Funktion $u(x, t)$ (mit $n = 1, 2$ oder 3 Raumkoordinaten) dem Separationsansatz

$$u(x, t) = U(x) \cdot T(t) \tag{2}$$

und erhalten nacheinander

$$U \cdot \ddot{T} = c^2 \Delta U \, T,$$

respektive

$$\frac{c^2 \Delta U}{U} = \frac{\ddot{T}}{T} = \pm\omega^2, \tag{3}$$

wobei wir, wie gewohnt, das obere Vorzeichen aus physikalischen Erwägungen heraus verwerfen. Wir haben damit

$$\ddot{T}(t) + \omega^2 T(t) = 0$$

mit der allgemeinen Lösung

$$T(t) = A\cos(\omega t) + B\sin(\omega t), \tag{4}$$

oder in komplexer Schreibweise

$$T(t) = Ce^{i\omega t} + De^{-i\omega t}.$$

Aus (3) folgt anderseits

$$c^2 \Delta U + \omega^2 U = 0$$

oder mit der Abkürzung

$$\lambda := \frac{\omega^2}{c^2} \geqslant 0 \tag{5}$$

die sogenannte **Schwingungsgleichung** oder **Helmholtz-Gleichung**:

$$\Delta U + \lambda U = 0. \tag{6}$$

Verknüpfen wir eine Lösung $U_\lambda(x)$ von (6) mit der zugehörigen Funktion (4), so erhalten wir die Basislösung

$$u_\lambda(x,t) = U_\lambda(x)(A\cos(\omega t) + B\sin(\omega t)), \tag{7}$$

wobei $\lambda$ und $\omega$ via (5) zusammenhängen. Eine Lösung der Wellengleichung der Gestalt (7) heisst **stehende Welle**. Hier sind die Ausschläge an allen Orten $x$ ständig in Phase (das heisst „im Takt"), sie nehmen gleichzeitig das Maximum an und nehmen gleichzeitig den Wert null an (siehe Abbildung 1).

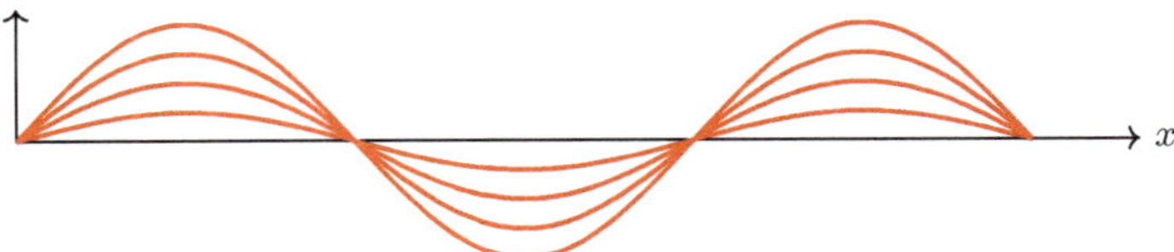


Abbildung 1: Stehende Welle

In den Punkten $x$, wo $U_\lambda(x) = 0$ ist, ist der Ausschlag für alle Zeiten gleich 0. Dies sind die sogenannten **Knoten** im eindimensionalen Fall (Saite) bzw. die **Knotenlinien** im zweidimensionalen Fall (Membran).

Um bei der Lösung von (6) eine gewisse Bestimmtheit zu erzielen, wird man Randbedingungen angeben müssen: z. B. $U(x) = 0$ auf dem Rand (homogene Dirichlet-Randdaten) oder $\frac{\partial U}{\partial n}(x) = 0$ auf dem Rand (homogene Neumann-Randdaten) oder $\alpha(x)U(x) + \beta(x)\frac{\partial U}{\partial n}(x) = 0$ auf dem Rand (gemischte Randdaten). Diese Randbedingungen entsprechen verschiedenen physikalischen Situationen: Bei eingespanntem Rand (der Saite oder der Membran) müssen wir homogene Dirichlet-Randdaten fordern; bei frei schwingendem Rand (z. B. das offene Ende einer Orgelpfeife) homogene Neumann-Daten.

## 11.1 Die eingespannte Saite

Wir betrachten noch einmal das Beispiel 2 vom Kapitel 1. In diesem Falle heisst die Wellengleichung auch Saitengleichung. Sie lautet

$$u_{tt} = c^2 u_{xx}, \quad 0 < x < L,\ t > 0, \tag{8}$$

mit der Konstanten $c^2 = \frac{T}{\rho}$ ($T$ ist die Spannung der Saite und $\rho$ die Masse pro Längeneinheit). Die Nebenbedingungen lauten hier

$$u(0,t) = u(L,t) = 0 \qquad \text{für } t > 0 \tag{9}$$

$$u(x,0) = f(x),\ u_t(x,0) = g(x) \quad \text{für } 0 \leqslant x \leqslant L. \tag{10}$$

Die gegebenen Funktionen $f$ und $g$ beschreiben die Anfangslage und die Anfangsgeschwindigkeit der Saite. Wir betrachten nun zuerst die stehenden Wellen

$$u(x,t) = U_\lambda(x)(A\cos(\omega t) + B\sin(\omega t))$$

auf unserer Saite. Die Funktion $U_\lambda$ genügt der eindimensionalen Schwingungsgleichung (vergleiche (6))

$$U''(x) + \lambda U(x) = 0$$

mit den Lösungen

$$U_\lambda(x) = a\cos(\sqrt{\lambda}\,x) + b\sin(\sqrt{\lambda}\,x),$$

die wir allerdings noch den Bedingungen (9) unterwerfen müssen:

$$U_\lambda(0) = a\cos 0 + b\sin 0 \stackrel{!}{=} 0\,;$$

dies liefert $a = 0$. Nun liefert die rechte Randbedingung

$$U_\lambda(L) = b\sin(\sqrt{\lambda}\,L) = 0. \tag{11}$$

die **Eigenwerte** unseres Problems: Es muss gelten

$$\sqrt{\lambda}\,L = k\pi, \quad k \in \mathbb{Z},$$

die Eigenwerte sind also die Zahlen

$$\lambda_k = \frac{k^2\pi^2}{L^2}, \quad k = 1, 2, 3, \ldots,$$

mit den zugehörigen **Eigenfunktionen**

$$U_k(x) = \sin\Big(\frac{k\pi x}{L}\Big), \quad k = 1, 2, 3, \ldots.$$

Damit haben wir als stehende Wellen auf unserer Saite die Funktionen

$$u_k(x,t) = U_k(x)T_k(t) = \sin\Big(\frac{k\pi x}{L}\Big)\Big(A_k\cos\Big(\frac{ck\pi t}{L}\Big) + B_k\sin\Big(\frac{ck\pi t}{L}\Big)\Big),$$

$k = 1, 2, 3, \ldots$. Zur Berechnung der zeitlichen Frequenzen kam (5) zur Anwendung

$$\omega_k = c\sqrt{\lambda_k} = \frac{ck\pi}{L}.$$

In den Abbildungen 2 und 3 sind die ersten beiden Eigenschwingungen dargestellt.

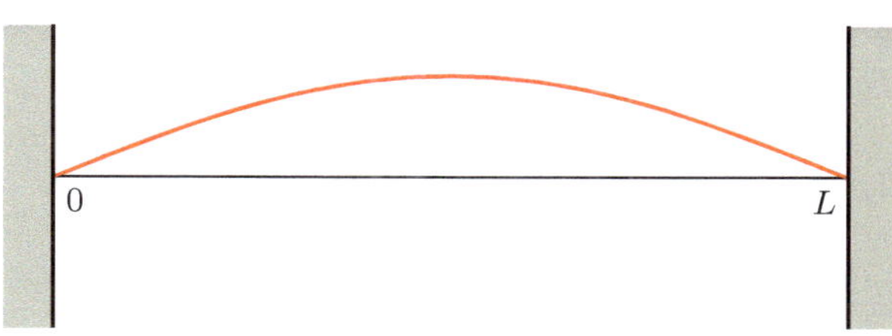


Abbildung 2: $k = 1$: Grundschwingung $\sin(\frac{\pi x}{L})$. Ein Bauch, keine Knoten.

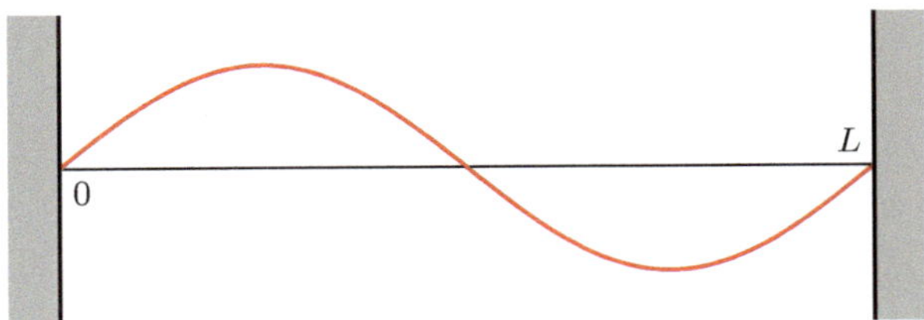


Abbildung 3: $k = 2$: Erste Oberschwingung $\sin\left(\frac{2\pi x}{L}\right)$. Zwei Bäuche, ein Knoten.

Als Frequenz in Hertz erhalten wir

$$\nu_k = \frac{\omega_k}{2\pi} = \frac{ck}{2L} = \frac{k}{2L}\sqrt{\frac{T}{\rho}}.$$

Nun wollen wir natürlich noch die gefundenen Eigenschwingungen derart superponieren, dass die Anfangsbedingung (10) erfüllt ist. Es ist eine fundamentale Eigenschaft der Schwingungsgleichung, dass sie hierfür genügend Eigenschwingungen liefert. Wir werden darauf zurückkommen. Die allgemeine Superposition unserer Eigenschwingungen lautet

$$u(x,t) = \sum_{k=1}^{\infty}\left(A_k \cos\left(\frac{ck\pi t}{L}\right) + B_k \sin\left(\frac{ck\pi t}{L}\right)\right)\sin\left(\frac{k\pi x}{L}\right). \tag{12}$$

Die Koeffizienten $A_k$ und $B_k$ sind nun so zu bestimmen, dass (10) erfüllt ist, d. h., für $x \in [0, L]$ muss gelten

$$u(x,0) = \sum_{k=1}^{\infty} A_k \sin\left(\frac{k\pi x}{L}\right) \stackrel{!}{=} f(x)$$
$$u_t(x,0) = \sum_{k=1}^{\infty} \frac{ck\pi}{L} B_k \sin\left(\frac{k\pi x}{L}\right) \stackrel{!}{=} g(x).$$

Wir beschränken uns der Einfachheit halber auf den Spezialfall „Anfangsgeschwindigkeit gleich 0“, d. h. $g(x) \equiv 0$, den wir mit $B_k = 0$ für alle $k$, schon zur Hälfte gelöst haben. Damit bleibt

$$u(x,0) = \sum_{k=1}^{\infty} A_k \sin\frac{2k\pi x}{2L} \stackrel{!}{=} f(x), \quad 0 \leqslant x \leqslant L.$$

Hier steht in der Mitte die allgemeinste $2L$-periodische ungerade Funktion zur Verfügung. Setzen wir daher die auf dem Intervall $[0, L]$ gegebenen Funktion $f(x)$ zunächst ungerade auf $[-L, 0]$ und dann $2L$-periodisch fort, so lässt sich (12) erfüllen, wenn man für die $A_k$ gerade die Fourier-Koeffizienten der fortgesetzten Funktion wählt: Mit Satz 6 und Satz 9 aus dem Kapitel 2 sind diese

$$A_k = \frac{2}{L}\int_0^L f(x)\sin\left(\frac{k\pi x}{L}\right)dx.$$

Durch Einsetzen dieser $A_k$ und $B_k = 0$ in (12) erhalten wir als Lösung der Saitenaufgabe (8)–(10) mit $g(x) \equiv 0$:

$$\begin{aligned} u(x,t) &= \sum_{k=1}^{\infty} A_k \cos\Big(\frac{ck\pi t}{L}\Big) \sin\Big(\frac{k\pi x}{L}\Big) \\ &= \sum_{k=1}^{\infty} \frac{A_k}{2} \sin\Big(\frac{k\pi}{L}(x+ct)\Big) + \sum_{k=1}^{\infty} \frac{A_k}{2} \sin\Big(\frac{k\pi}{L}(x-ct)\Big). \end{aligned}$$

Im letzten Schritt haben wir ein bekanntes Additionstheorem verwendet. Dadurch erscheint nun die Lösung als Superposition einer nach links und einer nach rechts laufenden Welle, die sich in $x = 0$ und $x = L$ zu jeder Zeit gerade auslöschen.

## 11.2 Schwingungen einer rechteckigen Membran

Es sei $B$ das in Abbildung 4 abgebildete Rechteck. Es sei der Grundriss einer dünnen, elastischen, am Rand eingespannten Membran (Trommel). Die Auslenkung

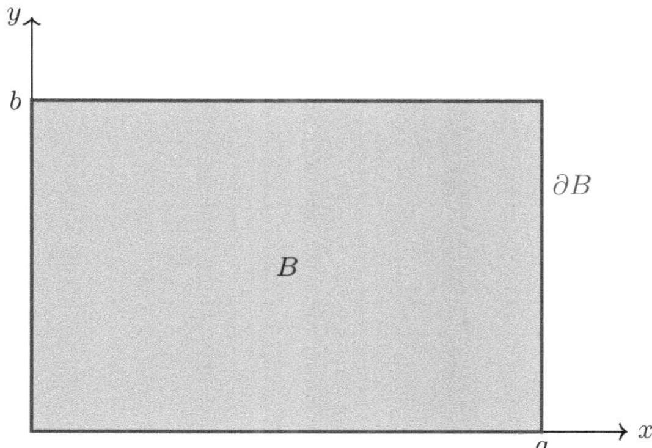


Abbildung 4: rechteckige Trommel

$u(x, y, t)$ der Membran genügt der Wellengleichung

$$\frac{\partial^2 u}{\partial t^2} = c^2 \Delta u.$$

Die stehenden Wellen sind

$$u(x,y,t) = U_\lambda(x,y)\big(A\cos(\omega t) + B\sin(\omega t)\big), \tag{13}$$

wobei die Funktion $U_\lambda(x, y)$ der Schwingungsgleichung

$$\Delta U + \lambda U = 0 \qquad \text{auf } B \tag{14}$$

und der Randbedingung $U(x,y) = 0$ für $(x,y) \in \partial B$ gehorcht, d. h.

$$U(x,0) = U(x,b) = 0 \qquad \text{für } 0 \leqslant x \leqslant a \tag{15}$$
$$U(0,y) = U(a,y) = 0 \qquad \text{für } 0 \leqslant y \leqslant b. \tag{16}$$

Um $U$ zu bestimmen, separieren wir die Variablen $x$ und $y$:

$$U(x,y) = X(x) \cdot Y(y). \tag{17}$$

Einsetzen in (14) liefert

$$X''Y + XY'' + \lambda XY = 0$$

und somit

$$\frac{X''}{X} + \lambda = -\frac{Y''}{Y} = \pm\mu^2.$$

Hier führt das untere Vorzeichen $(-\mu^2)$ auf

$$Y(y) = A\cosh(\mu y) + B\sinh(\mu y).$$

Aus (15) folgt dann $A = 0 = B$, also nichts Brauchbares. Damit haben wir endgültig die beiden Gleichungen

$$Y'' + \mu^2 Y = 0, \qquad X'' + (\lambda - \mu^2)X = 0. \tag{18}$$

Die erste Gleichung hat die allgemeine Lösung

$$Y(y) = A\cos(\mu y) + B\sin(\mu y),$$

und (15) liefert $Y(0) = A \overset{!}{=} 0$ und dann $Y(b) = B\sin(\mu b) \overset{!}{=} 0$. Dies verlangt $\mu b = n\pi$, $n \in \mathbb{Z}$. Es verbleiben die Werte

$$\mu_n = \frac{n\pi}{b}, \quad n = 1, 2, \ldots,$$

und die zugehörigen Funktionen

$$Y_n(y) = \sin\Big(\frac{n\pi y}{b}\Big), \quad n = 1, 2, \ldots.$$

Die zweite Gleichung in (18) lautet nunmehr

$$X'' + \Big(\lambda - \frac{n^2\pi^2}{b^2}\Big)X = 0.$$

Sie besitzt die allgemeine Lösung

$$X(x) = A\cos\Big(\sqrt{\lambda - \frac{n^2\pi^2}{b^2}}\,x\Big) + B\sin\Big(\sqrt{\lambda - \frac{n^2\pi^2}{b^2}}\,x\Big).$$

Aus (16) folgt dann $A = 0$, $B\sin\Big(\sqrt{\lambda - \frac{n^2\pi^2}{b^2}}\,a\Big) = 0$ und damit die Bedingung

$$a\sqrt{\lambda - \frac{n^2\pi^2}{b^2}} = m\pi, \quad m \in \mathbb{N}. \tag{19}$$

Für jedes $m$ ist dann die zugehörige Funktion $X_m(x)$ gegeben durch

$$X_m(x) = \sin\Big(\frac{m\pi x}{a}\Big).$$

Damit sind alle Lösungen der Schwingungsgleichung (14) gefunden, die sich in der Form (17) darstellen lassen:

$$U_{mn}(x,y) = X_m(x) \cdot Y_n(y) = \sin\Big(\frac{m\pi x}{a}\Big)\sin\Big(\frac{n\pi y}{b}\Big).$$

Die zugehörigen Eigenwerte $\lambda$ ergeben sich aus (19):

$$\lambda_{mn} = \Big(\frac{m^2}{c^2} + \frac{n^2}{b^2}\Big)\pi^2.$$

Dass wir mit den $U_{mn}$ tatsächlich alle Lösungen der Form (17) gefunden haben, werden wir später beweisen.

Schauen wir uns ein typisches $U_{mn}(x,y)$ in der Abbildung 5 einmal an (mit $a = 2, b = 3, m = 3, n = 4$):

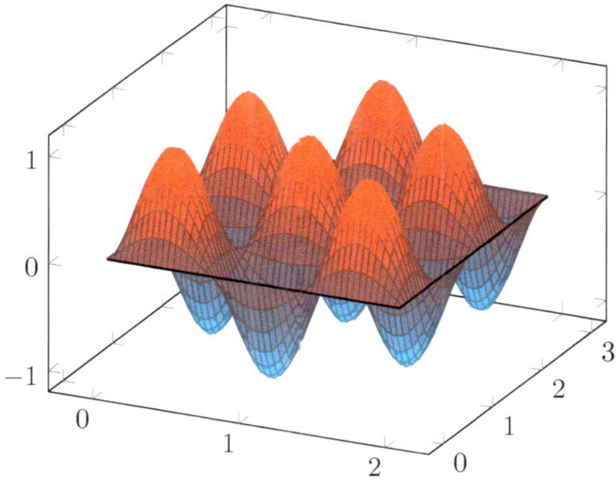


Abbildung 5: Stehende Welle auf einer rechteckigen Membran

Die allgemeinste Welle auf unserer Membran, die wir im Moment schreiben können, ist

$$u(x,y,t) = \sum_{m,n=1}^{\infty} \big(A_{mn}\cos(\omega_{mn}t) + B_{mn}\sin(\omega_{mn}t)\big)\sin\Big(\frac{m\pi x}{a}\Big)\sin\Big(\frac{n\pi y}{b}\Big),$$

wobei laut (5) gelten muss $\omega_{mn} = c\sqrt{\lambda_{mn}}$.

Nun wollen wir auch noch Anfangsbedingungen erfüllen: z. B.

$$u(x,y,0) \stackrel{!}{=} f(x,y), \;\; u_t(x,y,0) \equiv 0, \quad (x,y) \in B.$$

So stehen wir vor der Aufgabe, $A_{mn}$ zu finden, für die gilt

$$\sum_{m,n=1}^{\infty} A_{mn} \sin\Big(\frac{m\pi x}{a}\Big) \sin\Big(\frac{n\pi y}{b}\Big) \stackrel{!}{=} f(x,y), \quad (x,y) \in B$$

(die Bedingung $u_t(x,y,0) = 0$ wird durch $B_{mn} = 0$ befriedigt). Um die $A_{mn}$ zu finden, entwickeln wir zunächst $f(x,y)$ für festes $y$ in eine Sinusreihe bezüglich $x$; deren Koeffizienten hängen dann natürlich von $y$ ab:

$$f(x,y) = \sum_{m=1}^{\infty} A_m(y) \sin\Big(\frac{m\pi x}{a}\Big) \tag{20}$$

$$A_m(y) = \frac{2}{a} \int_0^a f(x,y) \sin\Big(\frac{m\pi x}{a}\Big) dx, \quad m = 1, 2, \ldots . \tag{21}$$

Nun entwickeln wir noch jede Funktion $A_m(y)$ in eine Sinusreihe in $y$:

$$A_m(y) = \sum_{n=1}^{\infty} A_{mn} \sin\Big(\frac{n\pi y}{b}\Big), \quad m = 1, 2, \ldots,$$

wobei nun die Koeffizienten zwei Indizes bekommen. Die $A_{mn}$ berechnen wir wieder in gewohnter Weise

$$A_{mn} = \frac{2}{b} \int_0^b A_m(y) \sin\Big(\frac{n\pi y}{b}\Big) dy. \tag{22}$$

Tragen wir nun noch (20)–(22) zusammen, so erhalten wir, wie gewünscht, die Doppelsumme:

$$f(x,y) = \sum_{m,n=1}^{\infty} A_{mn} \sin\Big(\frac{m\pi x}{a}\Big) \sin\Big(\frac{n\pi y}{b}\Big)$$

mit Koeffizienten

$$A_{mn} = \frac{4}{ab} \int_0^a \int_0^b f(x,y) \sin\Big(\frac{m\pi x}{a}\Big) \sin\Big(\frac{n\pi y}{b}\Big) dx\, dy.$$

Auf diese Weise können wir jede auf $B$ gegebene Funktion $f(x,y)$ als Linearkombination der Eigenfunktion

$$U_{mn}(x,y) = \sin\Big(\frac{m\pi x}{a}\Big) \sin\Big(\frac{n\pi y}{b}\Big)$$

darstellen.

Nun können wir auch die Frage beantworten, ob die $U_{mn}(x,y)$ alle Eigenfunktionen der Rechteckmembran sind: Es sei $U_\lambda(x,y)$ irgendeine Eigenfunktion zu einem gewissen $\lambda$, d. h., es gelte

$$\Delta U_\lambda + \lambda U_\lambda = 0, \quad U_\lambda(x,y) \not\equiv 0,$$

und $U_\lambda$ erfülle die Randbedingungen (15) und (16). Dann lässt sich auch $U_\lambda$ als Linearkombination der $U_{mn}$ darstellen:

$$U_\lambda(x,y) = \sum_{m,n=1}^{\infty} B_{mn} U_{mn}(x,y). \tag{23}$$

Aufgrund der Eigenschaften der $U_{mn}$ folgt

$$\Delta U_\lambda = \sum_{m,n=1}^{\infty} B_{mn} \Delta U_{mn} = \sum_{m,n=1}^{\infty} B_{mn}(-\lambda_{mn}) U_{mn}. \tag{24}$$

Tragen wir (23) und (24) in $\Delta U_\lambda + \lambda U_\lambda = 0$ ein, so folgt

$$\sum_{m,n=1}^{\infty} B_{mn}(\lambda - \lambda_{mn}) U_{mn}(x,y) = 0,$$

das heisst aber

$$B_{mn}(\lambda - \lambda_{mn}) = 0, \quad \text{für alle } m \text{ und } n.$$

Wenigstens ein $B_{mn}$, etwa $B_{m'n'}$, ist $\neq 0$, also muss $\lambda = \lambda_{m'n'}$ sein, und dann sind notwendigerweise alle übrigen $B_{mn} = 0$ (wobei wir der Einfachheit halber annehmen, dass alle $\lambda_{mn}$ voneinander verschieden sind). Das heisst aber: Unser $U_\lambda$ ist ein konstantes Vielfaches der Funktion $U_{m'n'}$. Damit ist gezeigt, dass es ausser den $U_{mn}$ keine weiteren Eigenfunktionen gibt!

## 11.3 Fundamentalsatz über Schwingungsprobleme

Die Beispiele der schwingenden Saite und der schwingenden Membran illustrieren den folgenden allgemeinen Satz, der in der ganzen mathematischen Physik von fundamentaler Bedeutung ist.

**Satz 1: Fundamentalsatz über Schwingungsprobleme**

Sei $B$ ein $r$-dimensionaler zusammenhängender, beschränkter Bereich mit dem $(r-1)$-dimensionalen Rand $\partial B$. Weiter sei $\partial B_1$ eine Teilmenge des Randes $\partial B$ und $\partial B_2 := \partial B \backslash \partial B_1$. Auf $B$ sei folgendes Schwingungsproblem gegeben:

$$\left.\begin{array}{rcll} \Delta U + \lambda U &=& 0 & \text{in B} \\ U &=& 0 & \text{auf } \partial B_1 \\ \frac{\partial U}{\partial n} &=& 0 & \text{auf } \partial B_2 \end{array}\right\} \tag{$*$}$$

Dann gibt es eine aufsteigende Folge

$$0 \leqslant \lambda_1 \leqslant \lambda_2 \leqslant \lambda_3 \leqslant \ldots \longrightarrow \infty$$

von Eigenwerten $\lambda_k$ und zugehörige Eigenfunktionen $U_k(x)$ mit folgenden Eigenschaften:

(a) Falls $\partial B_1$ nicht leer ist, so gilt $0 < \lambda_1$, sonst $\lambda_1 = 0$.

(b) $U_k(x)$ ist Lösung von $(*)$ für $\lambda := \lambda_k$.

(c) Jede Lösung von $(*)$ ist Vielfaches eines gewissen $U_k$ (bzw. Linearkombination von endlich vielen $U_k$, die zum gleichen mehrfachen Eigenwert gehören).

(d) Ist $\lambda_k \neq \lambda_n$, so sind $U_k$ und $U_n$ orthogonal, d. h.

$$\int_B U_k(x)U_n(x)\,dx = 0.$$

(e) Jede (hinreichend glatte) auf $B$ definierte Funktion $f(x)$ lässt sich in eine Reihe nach den $U_k(x)$ entwickeln: Für $x \in B$ gilt

$$f(x) = \sum_{k=1}^{\infty} c_k U_k(x),$$

wobei die Koeffizienten $c_k$ gegeben sind durch

$$c_k = \int_B f(x)U_k(x)\,dx$$

sofern man die $U_k$ orthonormal gewählt hat.

Wir weisen hier noch darauf hin, dass durch

$$\langle f, g\rangle := \int_B f(x)g(x)\,dx$$

auf dem Vektorraum der stetigen Funktionen auf $B$ ein Skalarprodukt definiert ist (vergleiche Übungsaufgabe 4 im Kapitel 2). Gemäss (c) sind Eigenfunktionen zu verschiedenen Eigenwerten automatisch orthogonal bezüglich dieses Skalarproduktes. Eigenfunktionen zum selben Eigenwert kann man dann noch mithilfe des aus der Linearen Algebra bekannten Gram-Schmidtschen Verfahrens orthonormalisieren so, dass gilt

$$\langle U_k, U_n\rangle = \delta_{kn}$$

und dann gilt die Formel für die Koeffizienten in (d).

Bevor wir wenigstens Teile dieses Monstersatzes beweisen, bemerken wir hier noch, dass die im Kapitel 2 behandelte Theorie der Fourier-Reihen (bis auf Satz 20) als Spezialfall im obigen Satz enthalten ist! Dies kann man einsehen, wenn man etwa die Schwingungsgleichung in einer Dimension auf dem Intervall $[0, \pi]$ betrachtet:

$$\begin{cases} U'' + \lambda U = 0 \\ U(0) = U(\pi) = 0. \end{cases}$$

Wir erhalten die Eigenwerte $\lambda_k = k$, $k = 1, 2, \ldots$, und die Eigenfunktionen $U_k = \sin(kx)$. Wir haben einzig im Kapitel 2 auf $\pi$ statt auf 1 (wie in (d) gefordert) normiert (vergleiche Lemma 4 im Kapitel 2). Letzten Endes aber ist die in (d) beschriebene Reihe genau die Fourier-Reihe einer (ungeraden) Funktion $f(x)$.

*Beweis von Satz 1 (teilweise):* (d) Es seien $U_k$ und $U_l$ Eigenfunktionen zu verschiedenen Eigenwerten $\lambda_k \neq \lambda_l$. Dann gilt

$$\begin{aligned}\int_B U_k U_l \, dx &= \frac{1}{\lambda_k - \lambda_l}\Big(\int_B \lambda_k U_k U_l \, dx - \int_B \lambda_l U_k U_l \, dx\Big) \\ &\overset{(*)}{=} \frac{1}{\lambda_k - \lambda_l}\Big(-\int_B \Delta U_k \cdot U_l \, dx + \int_B \Delta U_l \cdot U_k \, dx\Big) \\ &\overset{\text{Green}}{=} \frac{1}{\lambda_k - \lambda_l}\Big(-\int_{\partial B} \frac{\partial U_k}{\partial n} \cdot U_l \, d\sigma + \int_{\partial B} U_k \cdot \frac{\partial U_l}{\partial n} \, d\sigma\Big) = 0,\end{aligned}$$

denn auf $\partial B$ ist immer entweder $U$ oder $\frac{\partial U}{\partial n}$ gleich 0.

(d) Sei $f(x) = \sum_{k=1}^{\infty} c_k U_k(x)$, so folgt durch Integration über $B$

$$\int_B f(x) U_l(x) \, dx = \sum_{k=1}^{\infty} c_k \underbrace{\int_B U_k(x) U_l(x) \, dx}_{=\delta_{kl}} = c_k$$

und die Formel für die Koeffizienten ist gezeigt. □

## 11.4 Diffusionsprobleme

Es sei $Q$ das Quadrat $\{0 \leqslant x \leqslant 1,\ 0 \leqslant y \leqslant 1\}$. Man berechne die Lösung des Diffusionsproblems

$$\left\{\begin{array}{rcll} u_t &=& \Delta u & \text{in } Q,\ t > 0 \\ \dfrac{\partial u}{\partial n} &=& 0 & \text{auf } \partial Q,\ t > 0 \\ u(x, y, 0) &=& 1 + xy & \text{in } Q \end{array}\right. \tag{25}$$

sowie $\lim\limits_{t \to \infty} u(x, y, t)$.

**Lösung:** Wir machen zunächst den üblichen Separationsansatz

$$u(x, y, t) = f(t) g(x, y).$$

Einsetzen in die PDE liefert $\dot{f} g = f \Delta g$, oder

$$\frac{\dot{f}}{f} = \frac{\Delta g}{g} =: -\lambda = \text{konst.}$$

Für $g$ erhält man die Schwingungsgleichung

$$\Delta g + \lambda g = 0 \quad \text{in } Q \tag{26}$$

$$\frac{\partial g}{\partial n} = 0 \quad \text{auf } \partial Q. \tag{27}$$

Auch $g$ bestimmen wir mit einem Separationsansatz:

$$g(x,y) = X(x)Y(y).$$

Wie auf Seite 184 führt dies auf die Gleichungen

$$Y'' + \mu^2 Y = 0 \quad \text{und} \quad X'' + (\lambda - \mu^2)X = 0.$$

Die erste Gleichung hat die allgemeine Lösung

$$Y(y) = A\cos(\mu y) + B\sin(\mu y).$$

Die Bedingung (27) besagt, dass für $y = 0$ und für $y = 1$ die Ableitung $\frac{\partial u}{\partial y} = 0$ sein muss. Für die Funktion $Y$ bedeutet dies $Y'(0) = Y'(1) \stackrel{!}{=} 0$. Daraus folgt nacheinander

$$B = 0 \quad \text{und} \quad \sin\mu = 0.$$

Dies lässt für $\mu$ nur noch die Werte $\mu_n = n\pi$ $(n = 0, 1, 2, \ldots)$ übrig, und für jedes $n$ haben wir die Lösung

$$Y_n(y) = \cos(n\pi y).$$

Für $X$ folgt die Gleichung

$$X'' + (\lambda - n^2\pi^2)X = 0$$
$$X'(0) = X'(1) \stackrel{!}{=} 0$$

mit der Lösung

$$X(x) = A\cos(\sqrt{\lambda - n^2\pi^2}\,x) + B\sin(\sqrt{\lambda - n^2\pi^2}\,x)$$

und $B \stackrel{!}{=} 0$ sowie $\sin\sqrt{\lambda - n^2\pi^2} \stackrel{!}{=} 0$, woraus die Bedingung

$$\sqrt{\lambda - n^2\pi^2} = m\pi \quad , m = 0, 1, 2, \ldots, \tag{28}$$

folgt. Für jedes $m$ erhält man so die Lösung

$$X_m(x) = \cos(m\pi x).$$

Damit sind die Eigenfunktionen der Schwingungsgleichung (26) und (27)

$$g_{mn}(x,y) = X_m(x)Y_n(y) = \cos(m\pi x)\cdot\cos(n\pi y).$$

Die Eigenwerte ergeben sich aus (28):

$$\lambda_{mn} = \pi^2(m^2 + n^2).$$

Die Gleichung für die Funktion $f(t)$ lautet somit

$$\dot{f}(t) = -\lambda_{mn} f(t)$$

mit der Lösung

$$f_{mn}(t) = e^{-\lambda_{mn}t}.$$

Im Hinblick auf den Satz 1 wollen wir nun zunächst die Eigenfunktionen $g_{mn}$ normieren: vergleiche Satz 1(e). Dazu setzen wir $G_{mn}(x,y) := \alpha_{mn} g_{mn}(x,y)$. Wir haben nun die $\alpha_{mn}$ so zu bestimmen, dass gilt

$$\int_Q G_{mn}^2(x,y)\,dx\,dy \stackrel{!}{=} 1.$$

Also muss gelten

$$\begin{aligned}\int_0^1\int_0^1 \alpha_{mn}^2 g_{mn}^2(x,y)\,dx\,dy &= \alpha_{mn}^2 \int_0^1\int_0^1 \cos^2(m\pi x)\cos^2(n\pi y)\,dx\,dy\\ &= \alpha_{mn}^2 \int_0^1 \cos^2(m\pi x)\,dx \cdot \int_0^1 \cos^2(n\pi y)\,dy\\ &= \begin{cases} \alpha_{00}^2 & \text{falls } m=n=0\\ \frac{1}{2}\alpha_{mn}^2 & m=0,\ n>0 \text{ oder } m>0,\ n=0\\ \frac{1}{4}\alpha_{mn}^2 & \text{falls } m>0 \text{ und } n>0.\end{cases}\end{aligned}$$

Damit erhalten wir die normierten Eigenfunktionen

$$\begin{cases} G_{00}=1 & & \\ G_{m0}(x,y) &=& \sqrt{2}\cos(m\pi x) & \text{für } m>0\\ G_{0n}(x,y) &=& \sqrt{2}\cos(n\pi y) & \text{für } n>0\\ G_{mn}(x,y) &=& 2\cos(m\pi x)\cos(n\pi y) & \text{für } n>0 \text{ und } m>0.\end{cases}$$

Mithilfe dieser Funktionen können wir nun die allgemeine Lösung des Diffusionsproblems angeben:

$$u(x,y,t) = \sum_{m,n=0}^{\infty} c_{mn} G_{mn}(x,y)\cdot e^{-\lambda_{mn}t}.$$

Um die Anfangsbedingung

$$u(x,y,0) = \sum_{m,n=0}^{\infty} c_{mn} G_{mn}(x,y) \stackrel{!}{=} 1+xy$$

zu erfüllen, bestimmen wir mit Satz 1(e) noch die $c_{mn}$:

$$\begin{aligned} c_{00} &= \int_0^1\int_0^1 (1+xy)\underbrace{G_{00}(x,y)}_{=1}\,dx\,dy = \frac{5}{4}\\ c_{m0} &= \int_0^1\int_0^1 (1+xy)G_{m0}(x,y)\,dx\,dy = \sqrt{2}\int_0^1\int_0^1 (1+xy)\cos(m\pi x)\,dx\,dy\\ &= \frac{(-1)^m-1}{\sqrt{2}\,m^2\pi^2}\end{aligned}$$

(für $m > 0$) und aus Symmetriegründen $c_{0n} = c_{n0}$. Zu guter Letzt gilt für $m > 0$ und $n > 0$:

$$\begin{aligned} c_{mn} &= \int_0^1 \int_0^1 (1 + xy) G_{mn}(x, y)\, dx\, dy \\ &= 2 \int_0^1 \int_0^1 (1 + xy) \cos(m\pi x)\, \cos(n\pi y)\, dx\, dy \\ &= \frac{2}{m^2 n^2 \pi^4} \big((-1)^m - 1\big)\big((-1)^n - 1\big). \end{aligned}$$

Damit lautet die Lösung des Diffusionsproblems

$$u(x, y, t) = \frac{5}{4} + \sum_{k=1}^{\infty} \frac{1}{k^2\pi^2} \big((-1)^k - 1\big)(\cos(\pi k x) + \cos(\pi k y)\,) e^{-k^2\pi^2 t} +$$
$$+ \sum_{m,n=1}^{\infty} \frac{4}{m^2 n^2 \pi^4} \big((-1)^m - 1\big)\big((-1)^n - 1\big) \cos(m\pi x) \cdot \cos(n\pi y) e^{-\pi^2(m^2+n^2)t}.$$

Insbesondere gilt (wegen $\lim_{t\to\infty} e^{-\lambda t} = 0$)

$$\lim_{t\to\infty} u(x, y, t) = \frac{5}{4}\, (= c_{00}).$$

Dieses Resultat ist physikalisch plausibel: Die Randbedingung $\frac{\partial u}{\partial n} = 0$ bedeutet nämlich „Wärmefluss durch den Rand gleich 0“. Die Platte $Q$ ist also wärmeisoliert. Da keine Wärme abfliessen kann, muss sich mit der Zeit der Mittelwert der Anfangstemperaturverteilung einstellen – und nichts anderes ist ja $c_{00}$.

## Übungsaufgaben zum Kapitel 11

1. Man bestimme die Eigenwerte $\lambda$ und alle zugehörigen Eigenfunktionen $y$ der folgenden Randwertprobleme:

(a) $\left\{ \begin{array}{rcl} y'' + \lambda y &=& 0 \quad \text{auf } [0, 1] \\ y(0) - y(1) &=& 0 \\ y'(0) - y'(1) &=& 0 \end{array} \right.$

(b) $\left\{ \begin{array}{rcl} y'' + 2y' + \lambda y &=& 0 \quad \text{auf } [0, 1] \\ y'(0) &=& 0 \\ y(1) &=& 0 \end{array} \right.$

**Hinweis:** Man diskutiere die entstehenden (transzendenten) Gleichungen graphisch.

2. Man berechne die ersten drei Eigenwerte (der Grösse nach geordnet) und die zugehörigen Eigenfunktionen des folgenden Problems:

$$\Delta u + \lambda u = 0 \qquad \text{in } B.$$

Dabei ist $B$ ein Quadrat mit Seitenlänge $L$, und es gelten die nebenstehenden Randbedingungen.

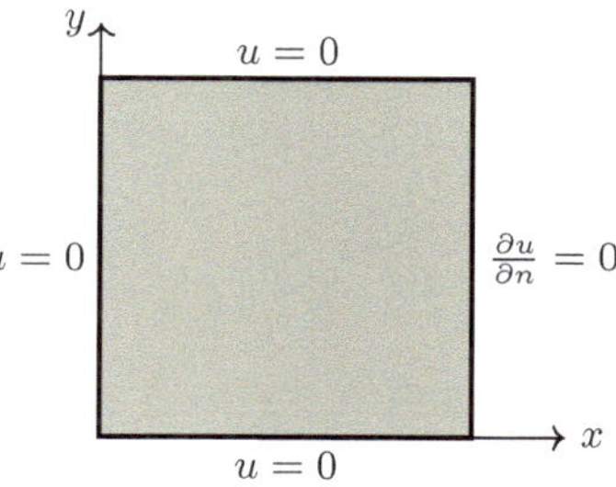


3. Es sei $B$ ein Quader mit den Kanten $a, b = \frac{a}{2}, c = \frac{a}{2}$. Man berechne die ersten fünf Eigenwerte (der Grösse nach geordnet) des Problems

$$\begin{cases} \Delta u + \lambda u &= 0 \quad \text{in } B \\ u &= 0 \quad \text{auf } \partial B_1 \\ \frac{\partial u}{\partial n} &= 0 \quad \text{auf } \partial B_2. \end{cases}$$

Dabei bezeichnet $\partial B_1$ die zwei kleinsten und $\partial B_2$ die übrigen Seitenflächen von $B$.

4. Man löse das unten stehende Schwingungsproblem für die rechteckige Membran

$$B = \{(x, y) \,:\, 0 < x < a \text{ und } 0 < y < b\}$$

mit $a > b$. Gesucht ist die Lösungsfunktion $u(x, y, t)$ für

$$\begin{cases} \Delta u &= \frac{1}{c^2} u_{tt} \quad \text{in } B \\ u &= 0 \quad \text{auf den Längsseiten von } B \\ \frac{\partial u}{\partial n} &= 0 \quad \text{auf den Breitseiten von } B \\ u(x, y, 0) &= 0 \quad \text{in } B \\ u_t(x, y, 0) &= x \quad \text{in } B. \end{cases}$$

5. Sei $Q$ das unten skizzierte Quadrat mit dem roten Randstücken $\Gamma_1$ und dem blauen Randstück $\Gamma_2$.

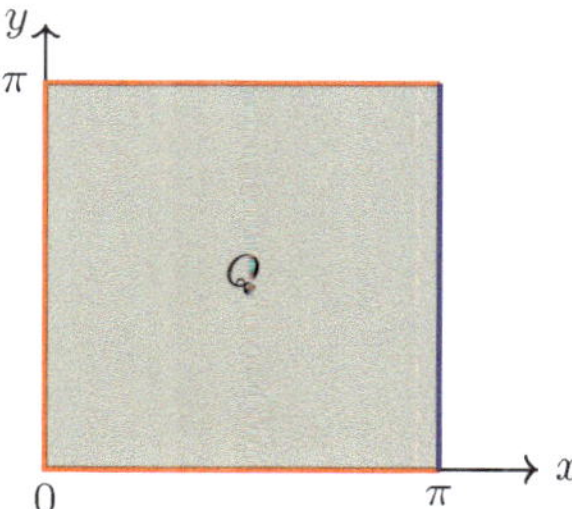


Wir betrachten das folgende Wärmeleitungsproblem:

$$(P) \qquad \begin{cases} u_t - \Delta u &= 0 \quad \text{in } Q,\ t > 0, \\ u &= 0 \quad \text{auf } \Gamma_1,\ t > 0, \\ u &= 1 \quad \text{auf } \Gamma_2,\ t > 0, \\ u &= 0 \quad \text{in } Q,\ t = 0. \end{cases}$$

(a) Man berechne zuerst die stationären Lösungen $u_0(x,y)$ des Problems $(P)$, d. h. die Lösungen von

$$(P_0) \qquad \begin{cases} \Delta u_0 &= 0 \quad \text{in } Q, \\ u_0 &= 0 \quad \text{auf } \Gamma_1, \\ u_0 &= 1 \quad \text{auf } \Gamma_2. \end{cases}$$

(b) Sei $u(x,y,t)$ die Lösung von $(P)$, $u_0(x,y)$ die Lösung von $(P_0)$, und es sei $u(x,y,t) = u_0(x,y) + v(x,y,t)$. Welcher partiellen Differentialgleichung mit welchen Rand- und Anfangsbedingungen genügt dann $v$? Man bestimme $v$.

(c) Man berechne $u_\infty(x,y) = \lim\limits_{t\to\infty} u(x,y,t)$.

(d) Man berechne das Minimum sowie das Maximum von $u_\infty$ auf $Q$.

**Hinweis:** Die einzelnen Teilaufgaben können weitgehend unabhängig voneinander gelöst werden. Folgende Formel ist bei der Lösung nützlich:

$$\int_0^\pi \sinh(mx)\sin(nx)dx = (-1)^{n+1}\frac{n\sinh(m\pi)}{m^2+n^2}.$$

6. Für festes $n \in \mathbb{N}_0$ ist

$$J''(t) + \frac{1}{t}J'(t) + \left(1 - \frac{n^2}{t^2}\right)J(t) = 0$$

die sogenannte **Besselsche Differentialgleichung**. Sie kann nicht elementar gelöst werden. Ihre Lösungen $J_n(t)$ heissen **Bessel-Funktionen** erster Gattung der Ordnung $n$.

(a) Man zeige, dass die Besselschen Funktionen die folgende Potenzreihenentwicklung besitzen:

$$J_n(t) = \left(\frac{t}{2}\right)^n \sum_{j=0}^\infty \left(\frac{-t^2}{4}\right)^j \frac{1}{j!(n+j)!}.$$

(b) Man skizziere die Funktionen $J_n(t)$ für kleine Werte von $t$. Dazu betrachte man die führenden Terme in der Taylor-Entwicklung.

(c) Man beschreibe das Verhalten der $J_n(t)$ für grosse Werte von $t$.
**Hinweis:** Man führe eine neue Funktion $y(t) = \sqrt{t}\,J_n(t)$ ein und zeige

$$y''(t) + \left(1 - \frac{n^2 - \frac{1}{4}}{t^2}\right)y(t) = 0,$$

d. h., $y(t)$ erfüllt für grosse $t$ näherungsweise die Differentialgleichung einer harmonischen Schwingung.

(d) (Mit Matlab, Maple, Mathematica oder einem anderen geeigneten System.) Man erzeuge auf dem Computer Bilder der Bessel-Funktionen.

7. Man löse auf der Kreisscheibe $K = \{(x,y) : x^2 + y^2 < a^2\}$ das folgende Schwingungsproblem:

$$\begin{cases} \Delta u + \lambda u &= 0 \quad \text{in } K, \\ u &= 0 \quad \text{auf } \partial K. \end{cases}$$

**Hinweis:** Man leite mit dem Separationsansatz $u(r,\varphi) = R(r)f(\varphi)$ in Polarkoordinaten für $R$ die Differentialgleichung

$$R''(r) + \frac{1}{r}R'(r) + \left(\lambda - \frac{n^2}{r^2}\right)R(r) = 0$$

her, welche durch die Substitution $t = r\sqrt{\lambda}$ in eine Besselsche Differentialgleichung verwandelt werden kann.

8. Man löse auf der Kreisscheibe $K = \{(x,y) : x^2+y^2 < a^2\}$ die Wellengleichung:

$$\begin{cases} u_{tt} &= c^2\Delta u \quad \text{in } K, \\ u &= 0 \quad \text{auf } \partial K, \\ u(x,y,0) &= f(x,y) \quad \text{in } K, \\ u_t(x,y,0) &= 0 \quad \text{in } K. \end{cases}$$

**Hinweis:** Man nutze aus, dass in Aufgabe 7 alle Eigenfunktionen des zugehörigen Schwingungsproblems gefunden wurden.

9. Man löse auf dem Rechteck $R = \{(x,y) : 0 < x < \pi, 0 < y < 2\pi\}$ das folgende Problem:

$$\begin{cases} u_{tt} &= \Delta u \quad \text{in } R, \\ u &= 0 \quad \text{auf den Achsen}, \\ \frac{\partial u}{\partial n} &= 0 \quad \text{auf den übrigen Seiten von } R, \\ u &= 0 \quad \text{für } t = 0, \\ u_t &= 1 \quad \text{für } t = 0. \end{cases}$$

Man überlege sich prinzipiell das Vorgehen bei inhomogenen Randbedingungen.

# Lösungen der Übungsaufgaben

## Lösungen zum Kapitel 1

1. Die Charakteristiken sind gegeben durch

$$\gamma_s(t) = \begin{pmatrix} \frac{t^2}{2} + s \\ t \\ 2t + h(s) \end{pmatrix}.$$

   Die Lösungsfunktion

$$u(x, y) = 2y + h(x - \tfrac{1}{2}y^2)$$

   ist dann auf dem Gebiet

$$\{(x, y) \,:\, \tfrac{1}{2}y^2 < x < 1 + \tfrac{1}{2}y^2\}$$

   eindeutig bestimmt.

2. Die Charakteristiken sind gegeben durch

$$\gamma_s(t) = \begin{pmatrix} \frac{t^3}{6} + st \\ \frac{t^2}{2} + s \\ t \end{pmatrix}.$$

   Mit

$$F(x, y, z) = zy - \frac{z^3}{3} - x$$

   gilt für die Lösungsfunktion $u(x, y)$ die Gleichung $F(x, y, u(x, y)) = 0$. Das Gebiet, in dem die Lösung durch die Nebenbedingung eindeutig bestimmt wird, ist

$$\Big\{(x, y) \,:\, y > \frac{1}{2}\Big(6|x|\Big)^{\frac{2}{3}}\Big\}.$$

# Lösungen zum Kapitel 2

1. (a) Ja, die Fundamentalperiode ist 2.

   (b) Nein.

   (c) Ja, die Fundamentalperiode ist $\frac{\pi}{2}$.

   (d) Ja, die Fundamentalperiode ist $\pi$.

2. Ist $\frac{p}{q} \in \mathbb{Q}$, so gibt es $m, n \in \mathbb{Z} \setminus \{0\}$ mit $mp = nq$. Ist dann $k \in \mathbb{Z}$ und $t \in \mathbb{R}$ mit $kt = mp = nq$, so ist $t$ eine Periode von $f + g$ und $f \cdot g$. Die Fundamentalperioden sind nicht ohne Weiteres zu bestimmen: Ist etwa $f(x) = \sin(x)$, $g(x) = -\sin(x)$, so hat $f \cdot g$ die Fundamentalperiode $\pi$ (nicht etwa $2\pi$) und $f + g$ hat jede reelle Zahl als Periode.

3. $f(x) = \dfrac{\pi^2}{3} + \sum\limits_{n=1}^{\infty} \dfrac{4}{n^2} \cos(nx)$.

5. Man sieht leicht, dass

$$\langle f, g\rangle = \frac{1}{2\pi} \int_0^{2\pi} f(x)\, g(x)\, dx$$

für stetige Funktionen $f$ und $g$ ein Skalarprodukt ist, und es gilt $\langle s_n, s_m\rangle = \langle c_n, c_m\rangle = \delta_{mn}$ ($\delta_{mn}$ bezeichnet wie üblich das Kronecker-Symbol) und ausserdem $\langle s_n, c_m\rangle = 0$ für alle $m, n$. Damit gilt $a_m = \langle f, c_m\rangle$ und $b_m = \langle f, s_m\rangle$.

6. (a) Dies ist genau dann der Fall, wenn $f$ eine gerade Funktion ist und zusätzlich die folgende Symmetrie aufweist: $f(x) = f(\pi - x)$.

   (b) Dies ist genau dann der Fall, wenn $f$ eine gerade Funktion ist und zusätzlich die folgende Symmetrie aufweist: $f(x) = -f(\pi - x)$.

   (c) Dies ist genau dann der Fall, wenn $f$ eine ungerade Funktion ist und zusätzlich die folgende Symmetrie aufweist: $f(x) = -f(\pi - x)$.

   (d) Dies ist genau dann der Fall, wenn $f$ eine ungerade Funktion ist und zusätzlich die folgende Symmetrie aufweist: $f(x) = f(\pi - x)$.

7. (a) Setzt man $g(x) = \cosh(x)$ auf $[-T, T]$ zu einer geraden $2T$-periodischen Funktion auf $\mathbb{R}$ fort, so gilt

$$g(x) = \frac{a_0}{2} + \sum_{k=1}^{\infty} a_k \cos\Big(\frac{\pi k}{T} x\Big)$$

   mit

$$a_k = \frac{T}{T^2 + \pi^2 k^2}\, 2(-1)^k \sinh(T)$$

für $k = 0, 1, 2, \ldots$.

Setzt man andererseits

$$u(x) = \begin{cases} \cosh(x) & \text{falls } 0 \leqslant x \leqslant T, \\ -\cosh(x) & \text{falls } -T < x < 0 \end{cases}$$

zu einer ungeraden $2T$-periodischen Funktion auf $\mathbb{R}$ fort, dann gilt (ausser in den Sprungstellen)

$$g(x) = \sum_{k=1}^{\infty} b_k \sin\Big(\frac{\pi k}{T} x\Big)$$

mit

$$b_k = \frac{2\pi k}{T^2 + \pi^2 k^2}\big(1 - (-1)^k \cosh(T)\big).$$

(b) Man verwende die Formeln

$$\begin{aligned} \sin^2(x) &= \tfrac{1}{2}\big(1 - \cos(2x)\big), \\ \cos^2(x) &= \tfrac{1}{2}\big(1 + \cos(2x)\big). \end{aligned}$$

Dies ergibt

$$\sin^4(x) = \tfrac{1}{8}\big(\cos(4x) - 4\cos(2x) + 3\big).$$

(c) Man hat für die gerade $2\pi$-periodische Funktion $f$ (ausserhalb der Sprungstellen) $f(x) = \sum_{k=-\infty}^{\infty} c_k e^{ikx}$ mit

$$c_0 = \frac{1}{2\pi}, \quad c_k = \frac{1}{4\pi i d k}\big(e^{ikd} - e^{-ikd}\big) = c_{-k} \text{ für } k \neq 0.$$

Fasst man die Glieder zum Index $k$ und $-k$ zusammen, so erhält man (ausserhalb der Sprungstellen) $f(x) = \frac{a_0}{2} + \sum_{k=1}^{\infty} a_k \cos(kx)$ mit

$$\begin{aligned} a_0 &= \frac{1}{\pi}, \\ a_k &= 2c_k = \frac{1}{\pi}\frac{\sin(kd)}{kd}. \end{aligned}$$

8. (a) Der periodische Ansatz

$$y(x) = \frac{a_0}{2} + \sum_{k=1}^{\infty}\big(a_k \cos(kx) + b_k \sin(kx)\big)$$

ergibt (nach Einsetzen und Koeffizientenvergleich)

$$\begin{aligned} a_0 &= \frac{1}{\pi\omega^2}, \\ b_k &= 0 && \text{für alle } k, \\ a_k &= \frac{1}{\pi(\omega^2 - k^2)}\frac{\sin(kd)}{kd} && \text{für } k \geqslant 1 \end{aligned}$$

(man beachte, dass $\omega^2 \neq k^2$ für alle $k$).

(b) $y_{d=0}(x) = \dfrac{1}{\pi\omega^2} + \displaystyle\sum_{k=1}^{\infty} \dfrac{\cos(kx)}{\pi(\omega^2 - k^2)}.$

9. $y(x) = \dfrac{2}{\pi} + \displaystyle\sum_{k=1}^{\infty} \dfrac{(-1)^{k+1}}{\pi} \dfrac{4}{(4k^2-1)(k^2+1)} \cos(kx).$

10. $U' = a(\delta_0 - \delta_{-1}) - \delta_1 + H_0 + H_1$. Die Notation richtet sich nach den im Kapitel 2 eingeführten Koordinatentransformationen, siehe Definition 16.

11. $\displaystyle\sum_{n=1}^{\infty} \dfrac{\sin^2(n\alpha)}{n^2} = \dfrac{\alpha\pi}{2}\Big(1 - \dfrac{\alpha}{\pi}\Big).$

15. (b) Ist $u_0(\varphi) = \frac{a_0}{2} + \sum_{k=1}^{\infty}\big(a_k \cos(k\varphi) + b_k \sin(k\varphi)\big)$, so ist die Lösung gegeben durch

$$u(r, \varphi) = \frac{a_0}{2} + \sum_{k=1}^{\infty} \big(a_k c_k(r, \varphi) + b_k s_k(r, \varphi)\big).$$

16. Die Lösungsschritte sind wie folgt:

- Man sucht eine stationäre Lösung $u^*(x)$, welche die partielle Differentialgleichung (PDE) mit den Randwerten (RW) löst:

$$u^*(x) = \sqrt{2}\cos(x)$$

- Man macht den Ansatz $u(x,t) = v(x,t) + u^*(x)$, wobei für $v$ dann gelten muss

$$\begin{aligned} v_{xx} &= v_t - v && \text{auf } -\tfrac{\pi}{4} \leqslant x \leqslant \tfrac{\pi}{4}, \text{ für } t \geqslant 0, && \text{(PDE')}\\ v(-\tfrac{\pi}{4}, t) &= v(\tfrac{\pi}{4}, t) = 0 && \text{für } t \geqslant 0, && \text{(RW')}\\ v(x, 0) &= -\sqrt{2}\cos(x) && \text{auf } -\tfrac{\pi}{4} \leqslant x \leqslant \tfrac{\pi}{4}. && \text{(AW')} \end{aligned}$$

- Basislösungen (durch Separationsansatz) für $k = 0, 1, 2, \ldots$:

$$v_k(x,t) = \cos(2(2k+1)x)e^{(1-4(2k+1)^2)t}.$$

- Superposition:

$$v(x,t) = \sum_{k=0}^{\infty} A_k v_k(x,t)$$

wobei

$$\begin{aligned} A_k &= 0 && \text{falls } k \text{ gerade,}\\ A_k &= \frac{(-1)^{\frac{k+3}{2}}}{\pi} \frac{16k}{1-4k^2} && \text{falls } k \text{ ungerade.} \end{aligned}$$

# Lösungen zum Kapitel 3

1. (a) $u(s,t) = T_0 \cos\Big(\frac{s}{\rho}\Big) \exp\Big(-\frac{a^2}{\rho^2}t\Big)$.

   (b) $t = \frac{\rho^2}{a^2}$.

2. $u(\varphi, t) = \frac{1}{2}e^{-kt} + \frac{1}{2}e^{-(k+4)t}\cos(2\varphi)$.

3. Man findet zunächst $u^*(x) = \frac{t}{2c^2}x(L-x)$. Dem Hinweis folgend, ergibt sich zum Schluss als Lösung für $u(x,t)$ die Formel

$$u^*(x) - \frac{2bL^2}{a^2\pi^3}\sum_{j=0}^{\infty}\frac{1}{(2j+1)^3}\exp\Big(-a^2\Big(\frac{(2j+1)\pi}{L}\Big)^2 t\Big)\sin\Big(\frac{2j+1}{L}\pi x\Big).$$

4. (b) $t = \frac{1}{2}a^2x^2$.

5. Als Lösung für $u(x,t)$ erhält man

$$\frac{1}{4}\sin(2x) - \frac{1}{4}\sin(2x)e^{-4t} + \sum_{j=1}^{\infty}\frac{4}{(2j-1)\pi}\sin\big((2j-1)x\big)\,e^{-(2j-1)^2 t}.$$

6. Als Lösung erhält man

$$u(x,t) = A\exp\Big(-\frac{\sqrt{\omega}}{a\sqrt{2}}\,x\Big)\sin\Big(\omega\Big(t - \frac{x}{a\sqrt{2\omega}}\Big)\Big).$$

   (b) Sei $\omega_T$ die Kreisfrequenz der täglichen Schwankungen und $\omega_J$ die Kreisfrequenz der jährlichen Schwankungen. Dann ist also $\omega_T = 365\omega_J$. Somit gilt für die entsprechenden Dämpfungskonstanten $\alpha_T$ und $\alpha_J$ im Exponenten:

$$\alpha_T = \sqrt{365}\,\alpha_J \approx 19\,\alpha_J.$$

   Die jährlichen Schwankungen sind demnach weit weniger gedämpft als die täglichen.

   (c) Für $x = 1\,\mathrm{m}$ ergibt sich eine Amplitude von etwa 32.4 K, für $x = 10\,\mathrm{m}$ ist der entsprechende Wert etwa 4.9 K.

# Lösungen zum Kapitel 4

1. (a) $\hat{f}(t) = \begin{cases} 0 & \text{falls } t = 0, \\ \frac{i}{\pi t^2}\big(t\cos(t) - \sin(t)\big) & \text{sonst.} \end{cases}$

   **Bemerkung:** $\hat{f}$ ist an der Stelle 0 stetig, sogar analytisch.

(b) Das Integral hat den Wert $-\frac{\pi}{2}$.

**Fazit:** Wenn man ein kniffliges Integral der Form $\int\limits_{-\infty}^{\infty} \sin(t)F(t)dt$ zu berechnen hat, kann man versuchen, eine Funktion $f$ mit $\hat{f} = F$ zu finden und dann wie oben vorzugehen.

2. Man setzt $f$ ungerade fort und erhält dann

$$f(x) = \int\limits_0^\infty \frac{2}{\pi}\frac{2\sin(t) - \sin(2t)}{t^2}\sin(xt)dt.$$

Man kann leicht nachprüfen, dass dieses Integral für jeden Wert $x \in \mathbb{R}^+$ existiert.

3. $u(x,t) = \sqrt{2\pi}\int\limits_{\mathbb{R}} e^{-i\lambda^3 t - \frac{1}{2}\lambda^2} e^{i\lambda x} d\lambda.$

4. $u(x,t) = \dfrac{\alpha}{\sqrt{\alpha^2 + 4k^2 t}} \exp(-\dfrac{x^2}{\alpha^2 + 4k^2 t}).$

# Lösungen zum Kapitel 5

1. (a) $\mathscr{L}[t^2\cos(2t)] = \dfrac{2s^3 - 24s}{(s^2+4)^3}.$

(b) Dies ist eine Originalfunktion mit Wachstumskoeffizient 0.

(c) $\mathscr{L}[(t-1)^2] = \dfrac{2}{s^3} - \dfrac{2}{s^2} + \dfrac{1}{s}.$

(d) $t^t$ ist keine Originalfunktion.

(e) $\mathscr{L}\Big[\int\limits_0^t e^{-2s}(s-1)^2\, ds\Big] = \dfrac{s^2 + 2s + 2}{s(s+2)^3}.$

(f) $\mathscr{L}[A|\sin(\omega t)|e^{-\varphi t}] = \dfrac{A\omega}{(s+\varphi)^2 + \omega^2}\dfrac{1 + e^{-(s+\varphi)\frac{\pi}{\omega}}}{1 - e^{-(s+\varphi)\frac{\pi}{\omega}}}.$

2. (a) $\mathscr{L}^{-1}\Big[\dfrac{s-1}{s^2+s+1}\Big] = e^{-\frac{t}{2}}\Big(\cos\Big(\dfrac{\sqrt{3}}{2}t\Big) - \sqrt{3}\sin\Big(\dfrac{\sqrt{3}}{2}t\Big)\Big).$

(b) $\mathscr{L}^{-1}\Big[\dfrac{se^{-s}}{(s+1)^2}\Big] = \begin{cases} e^{1-t}(2-t) & \text{falls } t > 1, \\ 0 & \text{sonst.} \end{cases}$

(c) Die formale Rechnung ergibt

$$\mathscr{L}^{-1}\Big[\frac{1}{2}\ln\frac{\sqrt{s^2+4}}{2}\Big] = -\frac{\cos(2t)}{2t}.$$

Allerdings ist dies keine Originalfunktion, man kann die Funktion auch nicht als Distribution auffassen, da sie nicht integrierbar ist.

3. $x(t) = e^{-t}\Big(\frac{t^3}{6} - \frac{t}{2} + \frac{3}{4}\Big) + \frac{1}{4}e^t.$

4. $I_{mn} = F(1) = \frac{m!n!}{(m+n+1)!}.$

5. (d) $I_1(t) = \frac{L_2 I_2(t)}{M} + \frac{R_2}{M}\int\limits_0^t I_2(\tau)d\tau.$

   Bemerkung: Aus (c) folgt, dass $I_2$ integrierbar ist.

6. $y(t) = \int\limits_0^t f(\tau)\sin(t-\tau)d\tau = (f * \sin)(t).$

# Lösungen zum Kapitel 6

1. $u(r,\varphi) = \sum_{n=1}^{\infty} \sin(2n\varphi)\frac{(1-(-1)^n)r_1^{2n+1}}{n^2\pi(r_0^{4n}+r_1^{4n})}(r^{2n} - r_0^{4n}r^{-2n}).$

3. (a) Aus der Mittelwerteigenschaft bekommt man $u(0,0) = \frac{1}{2}$.

   (b) Aus dem Maximumprinzip bekommt man

$$\begin{aligned}\min\{u(x,y) : (x,y)\in K\} &= u(\pm 1, 0) = 0,\\ \max\{u(x,y) : (x,y)\in K\} &= u(0,\pm 1) = 1.\end{aligned}$$

5. $u(r,\varphi) = \Big(\frac{r\,r_0}{r_0^2 - r_1^2} + \frac{r_0 r_1^2 r^{-1}}{r_1^2 - r_0^2}\Big)\cos(\varphi) + \\ + \Bigg(\frac{r_0^{-2}r^2}{(\frac{r_0}{r_1})^2 - (\frac{r_1}{r_0})^2} + \frac{r_0^2 r^{-2}}{(\frac{r_1}{r_0})^2 - (\frac{r_0}{r_1})^2}\Bigg)\cos(2\varphi) + \frac{\log(\frac{r}{r_0})}{\log(\frac{r_1}{r_0})}.$

6. Superposition der Basislösungen ergibt

$$u(r,\varphi) = A_0 + \sum_{n=1}^{\infty}\big(A_n r^n\cos(n\varphi) + B_n r^n \sin(n\varphi)\big).$$

   Aus den Rand- und Nebenbedingungen gewinnt man:

$$\begin{aligned} A_n &= 0 && \text{für } n = 0,1,2,\ldots,\\ B_n &= 0 && \text{für gerade } n,\\ B_n &= \frac{4r_0^{1-n}}{\pi n^2} && \text{für ungerade } n.\end{aligned}$$

7. (a) $u(x,y) = \dfrac{4a}{\pi} \sum_{k=0}^{\infty} \dfrac{\sin((2k+1)\pi x)\sinh((2k+1)\pi y)}{(2k+1)\sinh((2k+1)\pi)}$.

   (b) Durch Symmetrieüberlegungen gelangt man zu

$$u(x,y) = \frac{8}{\pi} \sum_{k=0}^{\infty} \Big( \frac{\sin((2k+1)\pi x)\sinh((2k+1)\pi y)}{(2k+1)\sinh((2k+1)\pi)} + \\ + \frac{\sinh((2k+1)\pi x)\sin((2k+1)\pi y)}{(2k+1)\sinh((2k+1)\pi)} \Big).$$

8. $u(r,\varphi) = \dfrac{8}{\pi} \sum_{n=0}^{\infty} \dfrac{(-1)^n}{(2n+1)^2} r^{n+\frac{1}{2}} \sin((n+\tfrac{1}{2})\varphi)$.

9. (a) Aus der Mittelwerteigenschaft ergibt sich $u(0,0) = -\frac{1}{2}$.

   (b) Aus dem Maximumprinzip folgt, dass Maximum und Minimum von $u$ in Punkten $(1,\varphi)$ (in Polarkoordinaten) angenommen werden. Durch Betrachten der Randfunktion findet man, dass in $(1,-\frac{\pi}{8})$ und $(1,\frac{7\pi}{8})$ Minima, und in $(1,\frac{3\pi}{8})$ und $(1,\frac{11\pi}{8})$ Maxima vorliegen.

# Lösungen zum Kapitel 7

1. $\dfrac{\sin(\varepsilon_1)}{\sin(\varepsilon_2)} = \dfrac{v_1}{v_2} = n.$

   Zur Zusatzfrage: Das Fermatsche Prinzip müsste richtig so lauten: Ein Lichtstrahl, der zwei Punkte des Raumes verbindet, läuft auf einem Weg dessen Durchlaufungszeit stationär ist, d. h. die erste Variation verschwindet (Maximum, Minimum, Sattel). Es gibt nämlich Situationen, wo die Laufzeit z. B. maximal und nicht minimal ist (man betrachte etwa die Spiegelung im Innern einer hohlen Dose).

2. (a) $\ddot{\varphi} + \dfrac{g}{l}\sin(\varphi) = 0.$

   (b) Das Gleichungssystem lautet:

$$\begin{aligned} 0 &= (m_1+m_2)(-gl_1\sin(\varphi_1) - l_1^2\ddot{\varphi}_1) + \\ &\quad + m_2 l_1 l_2\big(-\ddot{\varphi}_2\cos(\varphi_1-\varphi_2) - \dot{\varphi}_2^2\sin(\varphi_1-\varphi_2)\big) \\ 0 &= m_2(-gl_2\sin(\varphi_2) - l_2^2\ddot{\varphi}_2) + \\ &\quad + m_2 l_1 l_2\big(-\ddot{\varphi}_1\cos(\varphi_1-\varphi_2) + \dot{\varphi}_1^2\sin(\varphi_1-\varphi_2)\big). \end{aligned}$$

3. Mithilfe des Energiesatzes erhält man folgenden Ausdruck für die Laufzeit, den es zu minimieren gilt:

$$T(y) = \frac{1}{\sqrt{2g}} \int_0^{x_0} \sqrt{\frac{1+(y'(x))^2}{y(x)}}\,dx.$$

Die Lösungskurve ist die Zykloide:

$$\begin{aligned} x &= b(\varphi - \sin(\varphi)), \\ y &= b(1 - \cos(\varphi)), \end{aligned}$$

wobei $b$ so zu wählen ist, dass die Kurve durch $P_2$ geht.

**Hinweis:** Hier ist der Ausdruck für die zu extremierende Grösse von der Form

$$E(y) = \int_{x_1}^{x_2} f(y(x), y'(x))dx,$$

wobei nun der Integrand nur von $y$ und $y'$, nicht aber explizit von $x$ abhängt. Diese Tatsache führt dazu, dass die Euler-Lagrange Gleichung ein erstes Integral sozusagen gratis liefert: In der Tat folgt aus der Euler-Lagrange Gleichung $f_y - (f_{y'})_x = 0$ durch Multiplikation mit $y'$, dass $(f - f_{y'}y')_x = 0$ und somit $f - f_{y'}y' =$ konst. Dies ist ein Spezialfall des viel allgemeineren Noetherschen Satzes.

4. Die Nebenbedingung (gegebenes eingeschlossenes Volumen) wird als Lagrange-Multiplikator in die Lagrange-Funktion eingebaut: $L(u) = E(u) + \lambda V(u)$, wobei $V(u) = \int u\,dx\,dy$ eben das Volumen ist. Man erhält die folgende Euler-Lagrange Gleichung:

$$\begin{aligned} \Delta u &= \lambda \\ u &= 0 \quad \text{auf dem Rand,} \end{aligned}$$

wobei $\lambda$ so zu wählen ist, dass $V(u) = V_0$.

5. (a) $yu_{xx} + u_{yy} = 0$.

   (b) $2\lambda u = \Delta u$, wobei sich $\lambda$ aus der Nebenbedingung bestimmt.

   (c) Man erhält

$$\frac{\partial F}{\partial u} - \frac{d}{dx}\frac{\partial F}{\partial u'} + \frac{d^2}{dx^2}\frac{\partial F}{\partial u''} = 0 \quad \text{auf } ]x_1, x_2[, \tag{1}$$

$$\frac{\partial F}{\partial u'} - \frac{d}{dx}\frac{\partial F}{\partial u''} = 0 \quad \text{in } x_2, \tag{2}$$

$$\frac{\partial F}{\partial u''} = 0 \quad \text{in } x_1 \text{ und } x_2. \tag{3}$$

   Zur Anwendung: Aus (1) folgt wie in Aufgabe 3, dass die Bahn eine Zykloide ist. Aus (3) ergibt sich keine weitere Bedingung, weil das Funktional in diesem Fall nicht von $u''$ abhängt. Aus (2) folgt schliesslich, dass $y'(x_2) = 0$ ist, d. h., die Lösungskurve ist die (eindeutig bestimmte) Zykloide mit horizontaler Tangente bei $x_2$.

6. Die potentielle Energie der Kette ist gegeben durch

$$E(y) = \int_{x_1}^{x_2} y(x)\sqrt{1 + (y'(x))^2}dx,$$

und die Nebenbedingung lautet

$$N(y) = \int_{x_1}^{x_2} \sqrt{1 + (y'(x))^2} dx = l.$$

Die Integration der Euler-Lagrange Gleichung liefert als Lösung in der Tat

$$y(x) = c \cosh\Big(\frac{x - \alpha}{c}\Big) - \lambda,$$

wobei $c, \alpha$ und $\lambda$ entsprechend der Nebenbedingungen $y(x_1) = y_1$, $y(x_2) = y_2$, $N(y) = l$ zu wählen sind.

Bei der Lösung der Differentialgleichung beachte man den Hinweis in der Lösung zur Aufgabe 3.

# Lösungen zum Kapitel 8

1. Man hat

$$u_{yy} = \frac{2 - u_x}{1 + y^2}, \quad u(x, 0) = e^x, \quad u_y(x, 0) = \sin(x).$$

Daraus bestimmt man folgende Ableitungen:

$$\begin{aligned}
u(0,0) &= 1 \\
u_x(0,0) &= 1 \\
u_y(0,0) &= 0 \\
u_{xx}(0,0) &= 1 \\
u_{yx}(0,0) &= 1 \\
u_{yy}(0,0) &= 1 \\
u_{xxx}(0,0) &= 1 \\
u_{yxx}(0,0) &= 0 \\
u_{yyx}(0,0) &= -1 \\
u_{yyy}(0,0) &= -1
\end{aligned}$$

Taylor-Entwicklung von $u$ in $(0, 0)$ bis zum Grade 3 ergibt

$$\begin{aligned}
u(x, y) \approx u + (u_x x + u_y y) + \tfrac{1}{2}(u_{xx}x^2 + 2u_{yx}xy + u_{yy}y^2) + \\
+ \tfrac{1}{6}(u_{xxx}x^3 + 3u_{yxx}x^2 y + 3u_{yyx}xy^2 + u_{yyy}y^3)\big|_{(0,0)}.
\end{aligned}$$

Einsetzen von $(x, y) = (\frac{1}{3}, \frac{1}{2})$ ergibt $u(\frac{1}{3}, \frac{1}{2}) \approx 1.62423$.

2. (a) Der Gauss-Seidel-Algorithmus liefert nach 10 Iterationen die Werte

$$u_{\text{diskr.}}\Big(\frac{1}{3}, \frac{1}{3}\Big) \approx 0.1249 \text{ und } u_{\text{diskr.}}\Big(\frac{1}{3}, \frac{2}{3}\Big) \approx 0.3749.$$

Die beiden anderen Punkte $(\frac{2}{3}, \frac{2}{3})$ und $(\frac{2}{3}, \frac{2}{3})$ ergeben wegen der Symmetrie des Problems dasselbe. Diese Symmetrie kann man natürlich zur Rechenersparnis in den Algorithmus einbauen.

(b) Die (exakt berechneten) Lösungen des diskretisierten Problems lauten

$$u_{\text{diskr.}}\Big(\frac{1}{3},\frac{1}{3}\Big) = 0.125 \text{ und } u_{\text{diskr.}}\Big(\frac{1}{3},\frac{2}{3}\Big) = 0.375$$

und entsprechend symmetrisch in den anderen beiden Punkten.

(c) Der numerische Wert der exakten Lösung des Problems ist (aus Aufgabe 7(a), Kapitel 6):

$$u\Big(\frac{1}{3},\frac{1}{3}\Big) = 0.1192816\ldots \text{ und } u\Big(\frac{1}{3},\frac{2}{3}\Big) = 0.3807183\ldots$$

# Lösungen zum Kapitel 9

1. $u(x,y) = \frac{3}{4}x(x^2-y^2-1)$.

2. (a) $G_y(x) = (y-\frac{1}{2})x - \frac{1}{2}y + \frac{1}{2}|x-y|$.

   (b) $u(x) = \int\limits_0^1 2G_y(x)dy = x^2 - x$.

   (c) Ansatz: $G_y(x) = g_y(x) + \frac{1}{2\pi}\log|x-y|$. Aus der Poissonschen Formel ergibt sich dann in Polarkoordinaten:

$$g_y(r,\varphi) = -\frac{1}{4\pi^2}\int\limits_0^{2\pi} \log|x-y|\frac{R^2-r^2}{R^2-2Rr\cos(t-\varphi)+r^2}\,dt.$$

   (d) Man definiert die Greensche Funktion $G_y(x)$ für dieses Problem durch

$$\begin{aligned} A(G_y(x)) &= \delta(x-y) && \text{für } x,y \in ]0,1[, \\ G_y(0) &= 0 && \text{für } y \in ]0,1[, \\ G_y(1) &= 1 && \text{für } y \in ]0,1[. \end{aligned}$$

   (e) Die Lösung von $A(u) = h$ auf $\mathbb{R}$ ist gegeben durch die Faltung

$$\begin{aligned} u(x) &= (h * G_0)(x) = \int\limits_{-\infty}^{\infty} h(y)G_y(x)dy = \\ &= \frac{1}{2a}\int\limits_{-\infty}^{\infty} h(y)e^{-a|x-y|}dy. \end{aligned}$$

3. $u(r,\varphi) = \dfrac{3}{4}r^2 + \dfrac{1}{4} + \dfrac{4}{3}\dfrac{\log(r)}{\log(2)} + \Big(\dfrac{32}{15}r^{-2} - \dfrac{17}{15}r^2\Big)\sin(2\varphi)$.

4. $u(r,\varphi) = -r^2\sin^2(\varphi) + \sum\limits_{n=1(2)}^{\infty} \dfrac{8r^n}{n\pi a^n(4-n^2)}\sin(n\varphi)$, wobei wie üblich die Schreibweise andeutet, dass nur über ungerade $n$ summiert wird.

5. Wir wählen das Koordinatensystem so, dass eine Seite auf der $x$-Achse und die gegenüberliegende Ecke auf der $y$-Achse liegt, d.h. unser Dreieck wird durch die drei Geraden $F_i(x,y)=0$, $i=1,2,3$, begrenzt, wobei

$$\begin{aligned} F_1(x,y) &= y+\sqrt{3}\,x-h, \\ F_2(x,y) &= y-\sqrt{3}\,x-h, \\ F_1(x,y) &= y, \end{aligned}$$

und $h$ die Höhe des Dreiecks bezeichnet: $h = s\,\frac{\sqrt{3}}{2}$. Dann ist die Lösung des Poisson-Problems

$$u(x,y) = -\frac{c}{s\sqrt{12}}\,F_1(x,y)\,F_2(x,y)\,F_3(x,y).$$

6. (a) $\hat{f}(t) = \dfrac{1}{\pi}\dfrac{\gamma}{\gamma^2+t^2}$.

   (b) Man erhält

   $$\hat{u}(t) = \frac{\hat{f}(t)}{t^2+\alpha^2}.$$

   Dies ist eine für die Rücktransformation erlaubte Funktion, und man bekommt als Lösung

   $$u(x) = \int_{-\infty}^{\infty} \frac{\hat{f}(t)}{t^2+\alpha^2} e^{itx}\,dt.$$

   (c) $u(x) = \frac{1}{2|\alpha|}e^{-|\alpha||x|}$.

   (d) Wegen der Rechenregeln $(u_1+u_2)*g = u_1*g+u_2*g$ und $\frac{d}{dx}(u*g) = (\frac{d}{dx}u)*g$ erfüllt $v$ die Differentialgleichung

   $$v''(x) - \alpha^2 v(x) + g(x) = 0.$$

7. (a) $u(x,t) = \dfrac{2}{\pi}\displaystyle\int_0^{\infty} \frac{1}{\lambda^2}\big(1-\cos(\lambda)\big)e^{-(\lambda a)^2 t}\cos(\lambda x)\,d\lambda$. Man kann leicht beweisen, dass dieses Integral für alle $(x,t)$ mit $t \geqslant 0$ existiert.

   (c) Die Idee beim „heat kernel“ (Wärmeleitungskern)

   $$k(x,t) = \frac{1}{2a\sqrt{t\pi}}\exp\Big(-\frac{x^2}{4ta^2}\Big)$$

   ist, dass er die Wärmeleitungsgleichung mit Anfangsbedingung $k(x,0^+) = \delta(x)$ und Randbedingung $\lim_{x\to\pm\infty} k(x,t) = 0$ (für alle $t>0$) lösen soll. In der Tat gilt im distributionellen Sinn

   $$\lim_{t\searrow 0} k(x,t) = \delta(x).$$

Man bekommt daher die Lösung $u(x,t)$ der Wärmeleitungsgleichung mit gegebenen Anfangsdaten $u(x,0) = \varphi(x)$ durch Falten (bezüglich $x$) des „heat kernel" $k$ mit den Anfangsdaten $\varphi$:

$$u(x,t) = (k * \varphi)(x,t) = \int_{\mathbb{R}} k(x-y,t)\varphi(y)dy.$$

**Bemerkung:** Auf den Wärmeleitungskern kommt man, wenn man in Teilaufgabe (b) als Anfangsdaten $u(x,0) \equiv \delta(x)$ einsetzt und beachtet, dass $\hat{\delta}(\lambda) = \frac{1}{2\pi}$. Das zu lösende Integral erfordert aber Methoden der Residuenrechnung.

## Lösungen zum Kapitel 10

1. Die Lösung ist gegeben durch

$$u(x,t) = \frac{1}{2}\left(e^{-|x+ct|} + e^{-|x-ct|}\right) + \frac{1}{2c}g(x,t),$$

wobei

$$g(x,t) = \begin{cases} 1 & \text{falls } 0 \in [x-ct, x+ct] \\ 0 & \text{sonst.} \end{cases}$$

2. (a) Es bezeichne $\varphi(x)$ die ungerade $2L$-periodische Fortsetzung der auf dem Intervall $[0,L]$ definierten Funktion $\frac{L}{2} - |x - \frac{L}{2}|$. Dann lautet die Lösung nach d'Alembert

$$u(x,t) = \tfrac{1}{2}(\varphi(x+ct) + \varphi(x-ct))$$

(man verifiziert leicht, dass die Randbedingungen erfüllt sind).

(b) Die Fourier-Darstellung der Lösung lautet

$$u(x,t) = \sum_{k=1(2)}^{\infty} \frac{4L}{k^2a^2}(-1)^{\frac{n-1}{2}} \sin\Big(\frac{k\pi x}{L}\Big)\cos\Big(\frac{k\pi ct}{L}\Big).$$

3. Die Lösung lautet

$$f(r,t) = \frac{1}{r}\big(F(r+ct) - F(r-ct)\big),$$

wobei die Funktion $F$ gegeben ist durch

$$F(\xi) = \begin{cases} \frac{a\xi^2}{4c} & \text{für } |\xi| < R \\ \frac{aR^2}{4c} & \text{sonst.} \end{cases}$$

4. (a) $u(x,t) = \frac{1}{6}x^3t$.

(b) $u(x,t) = -\frac{1}{6}xt^3$.

5. Für $k = 1$ lautet die Lösung

$$u(x,t) = e^{-\pi a t}(1 + \pi a t)\sin(\pi x).$$

Für $k \geqslant 2$ lautet die Lösung für $u(x,t)$

$$e^{-\pi a t}\big(\cos\big(t\pi a\sqrt{k^2-1}\big) + \frac{1}{\sqrt{k^2-1}}\sin\big(t\pi a\sqrt{k^2-1}\big)\big)\sin(k\pi x).$$

6. (b) Die Charakteristiken sind gegeben durch

$$\begin{aligned} v(x,t) = x - t &= \text{konst.} \\ w(x,t) = cx + t &= \text{konst.} \end{aligned}$$

(d) Die kanonischen Koordinaten sind

$$\begin{aligned} \tau &= x - t \\ \xi &= cx + t, \end{aligned}$$

und man setzt $\tilde{u}(\xi,\tau) := u(x,y)$. Die Gleichung lautet dann

$$(1+c)^2\tilde{u}_{\xi\tau} = 0,$$

und die Lösung kann dargestellt werden als $\tilde{u}(\xi,\tau) = F(\xi) + G(\tau)$.

(e) Rücktransformation und Bestimmung von $F$ und $G$ ergibt

$$u(x,t) = \frac{c}{c+1}\varphi\Big(x + \frac{t}{c}\Big) + \frac{1}{c+1}\varphi(x-t) + \frac{c}{c+1}\int\limits_{x-t}^{x+\frac{t}{c}}\psi(s)ds.$$

Die Lösung ist dabei eindeutig bestimmt in dem Gebiet, das durch die Charakteristiken begrenzt ist.

(f) $u(x,t) = x - t$.

(g) **1. Fall:** $c = 0$. Als notwendige Bedingung für die Lösbarkeit ergibt sich

$$\varphi'(x) + \psi(x) = \text{konst.} \qquad (*)$$

Falls die Anfangsbedingungen $(*)$ nicht erfüllt sind, gibt es keine Lösung. Falls $(*)$ gilt, so gibt es unendlich viele Lösungen:

$$u(x,t) = \varphi(x-t) + f(t) - f(0).$$

Dabei ist $f$ eine beliebige Funktion mit $f'(0) = \varphi'(x) + \psi(x)$ (dieser Wert ist ja wegen $(*)$ nicht von $x$ abhängig).

**2. Fall:** $c = -1$. Die Lösung lautet hier

$$u(x,t) = \varphi(x-t) + t\varphi'(x-t) + t\psi(x-t).$$

Die Charakteristiken begrenzen in diesem Fall ein unbeschränktes Gebiet.

7. $u(x,t) = \sum_{n=1}^{\infty} \frac{2aL^2}{\pi^3} \frac{(-1)^n - 1}{n^3} \cos\Big(\frac{n\pi t}{L}\Big) \sin\Big(\frac{n\pi x}{L}\Big) + \frac{a}{2} x(L-x).$

8. Sei $\psi(x) \equiv 0$ und

$$\varphi(x) = \begin{cases} 1 & \text{falls } |x| < 1, \\ 2 - |x| & \text{falls } |x| \in [1,2], \\ 0 & \text{sonst.} \end{cases}$$

Somit ist die Lösung $u(x,t) = \frac{1}{2}(\varphi(x+t) + \varphi(x-t))$. Zur Zeit $t = 1$ ist dies also der Mittelwert der Funktionen $\varphi(x \pm 1)$.

# Lösungen zum Kapitel 11

1. (a) Eigenwerte: $\omega_n = 2\pi n$, $n = 0, 1, 2, \ldots$.
Eigenfunktionen: $y_n(x) = c_1 \cos(2\pi n x) + c_2 \sin(2\pi n x)$.
Die Eigenräume zu $\omega_n$, $n \geqslant 1$, sind zweidimensional.

(b) Die Eigenwerte sind die (unendlich vielen) Lösungen $\lambda \geqslant 1$ der Gleichung

$$\sqrt{\lambda - 1} + \tan\big(\sqrt{\lambda - 1}\big) = 0.$$

Die zugehörigen Eigenfunktionen sind

$$y(x) = ce^{-x}\Big(\cos(x\sqrt{\lambda - 1}) + \frac{1}{\sqrt{\lambda - 1}} \sin\big(x\sqrt{\lambda - 1}\big)\Big).$$

2. Die Eigenwerte sind $\lambda_{m,n} = \big((2n+1)\frac{\pi}{2L}\big)^2 + \big(\frac{m\pi}{L}\big)^2$ für $m = 1, 2, \ldots$ und $n = 0, 1, 2, \ldots$.

Die entsprechenden Eigenfunktionen sind

$$u_{m,n}(x,y) = \sin\big((2n+1)\tfrac{\pi}{2L} x\big) \sin\big(\tfrac{m\pi}{L} y\big).$$

Die drei kleinsten Eigenwerte sind somit

$$\begin{aligned} \lambda_{1,0} &= \frac{5\pi^2}{4L^2}, \\ \lambda_{1,1} &= \frac{13\pi^2}{4L^2}, \\ \lambda_{2,0} &= \frac{17\pi^2}{4L^2}. \end{aligned}$$

3. Eigenwerte: $\lambda_{k,l,m} = \frac{\pi^2}{a^2}(k^2 + 4l^2 + 4m^2)$, für $k = 1, 2, \ldots$, $l, m = 0, 1, 2, \ldots$.

Eigenfunktionen: $u_{k,l,m}(x,y,z) = \sin(\frac{k\pi}{a} x) \cos(\frac{2l\pi}{a} y) \cos(\frac{2m\pi}{a} z)$. Die fünf kleinsten Eigenwerte sind somit

$$\begin{aligned}
\lambda_{1,0,0} &= \frac{\pi^2}{a^2}, \\
\lambda_{2,0,0} &= \frac{4\pi^2}{a^2}, \\
\lambda_{1,1,0} &= \lambda_{1,0,1} = \frac{5\pi^2}{a^2}, \\
\lambda_{2,1,0} &= \lambda_{2,0,1} = \frac{8\pi^2}{a^2}, \\
\lambda_{3,0,0} &= \lambda_{1,1,1} = \frac{9\pi^2}{a^2}.
\end{aligned}$$

4. Die Lösung lautet

$$\begin{aligned}
u(x,y,t) = \sum_{n=1(2)}^{\infty} \frac{2ab}{cn^2\pi} \sin\Big(\frac{n\pi}{b}y\Big) \sin\Big(\frac{cn\pi}{b}t\Big) + \\
\sum_{n,m=1(2)}^{\infty} -\frac{16a}{\pi^3\omega_{mn}nm^2} \sin\Big(\frac{n\pi}{b}y\Big) \cos\Big(\frac{m\pi}{a}x\Big) \sin(\omega_{mn}t).
\end{aligned}$$

Hierbei ist $\omega_{mn} = c\pi\sqrt{\frac{m^2}{a^2} + \frac{n^2}{b^2}}$.

5. (a) $u_0(x,y) = \dfrac{4}{\pi} \displaystyle\sum_{k=1(2)}^{\infty} \frac{\sinh(kx)\sin(ky)}{k\sinh(k\pi)}$.

   (b) $v$ erfüllt

$$\begin{cases} v_t - \Delta v = 0 & \text{in } Q,\ t > 0, \\ v = 0 & \text{auf } \partial Q,\ t > 0, \\ v = -u_0 & \text{in } Q,\ t = 0. \end{cases}$$

   Die Lösung ist

$$v(x,y,t) = \sum_{m,n=1}^{\infty} \alpha_{mn} e^{-(m^2+n^2)t} \sin(nx)\sin(my),$$

   wobei

$$\alpha_{mn} = \begin{cases} 0 & \text{falls } m \text{ gerade} \\ \frac{8n(-1)^n}{m\pi^2(m^2+n^2)} & \text{sonst.} \end{cases}$$

   Die Lösung für $u$ folgt sofort durch Einsetzen in

$$u(x,y,t) = u_0(x,y) + v(x,y,t).$$

   (c) Es erfolgt „Wärmeausgleich“: $u_\infty = u_0$.

   (d) $u_\infty = u_0$ ist harmonisch, nimmt also Maximum und Minimum auf $\partial Q$ an: Das Maximum ist folglich 1, das Minimum 0.

6. (c) Für grosse $t$ gilt

$$J_n(t) = \sqrt{\tfrac{2}{\pi t}}\,(\cos(t - \tfrac{\pi n}{2} - \tfrac{\pi}{4}) + O(\tfrac{1}{t})),$$

wobei $O$ das Landausche $O$-Symbol bezeichnet.

7. Sei $c_{mn}$ die $m$-te Nullstelle ($> 0$) von $J_n$, dann sind die Eigenwerte des Problems gegeben durch

$$\lambda_{mn} = \left(\frac{c_{mn}}{a}\right)^2.$$

und die Eigenschwingungen werden in Polarkoordinaten beschrieben durch

$$u_{mn}(r,\varphi) = \big(A\cos(n\varphi) + B\sin(n\varphi)\big)\,J_n(\tfrac{r}{a}c_{mn}).$$

8. Die Lösung in Polarkoordinaten lautet

$$u(r,\varphi,t) = \sum_{m,n=1}^{\infty}\sum_{i=1}^{2} A_{mni}U_{mni}(r,\varphi)\cos\Big(\frac{c\,c_{mn}t}{a}\Big).$$

Dabei sind die Konstanten $c_{mn}$ die in der Lösung der Aufgabe 7 definierten Zahlen und

$$\begin{aligned} U_{mn1}(r,\varphi) &= \cos(n\varphi)J_n(\tfrac{r}{a}c_{mn}),\\ U_{mn2}(r,\varphi) &= \sin(n\varphi)J_n(\tfrac{r}{a}c_{mn}),\\ A_{mni} &= \frac{\int\limits_K f(r,\varphi)U_{mni}(r,\varphi)d(r,\varphi)}{\int\limits_K U_{mni}^2(r,\varphi)d(r,\varphi)}. \end{aligned}$$

9. Also Lösung findet man für $u(x,y,t)$ die Formel

$$\sum_{k,n=0}^{\infty} \alpha_{kn}\sin\Big(x(k+\frac{1}{2})\Big)\sin\Big(y(n+\frac{1}{4})\Big)\sin\Big(t\sqrt{(k+\frac{1}{2})^2+(n+\tfrac{1}{4})^2}\Big),$$

wobei

$$\alpha_{kn} = \frac{2}{\pi^2(k+\frac{1}{2})(n+\frac{1}{4})\sqrt{(k+\frac{1}{2})^2+(n+\frac{1}{4})^2}}.$$

# Literaturverzeichnis


## Nachschlagewerke

[1] W. Gellert, H. Kastner, M. Hellwich (Hrsg.). *Kleine Enzyklopädie Mathematik.* Frankfurt: Harri Deutsch GmbH, 1971.

[2] Siegfried Gottwald, Herbert Kästner, Helmut Rudolph (Hrsg.). *Meyers kleine Enzyklopädie Mathematik.* Mannheim: Meyers Lexikonverlag, 1995

[3] Eberhard Zeidler (Hrsg.). *Springer-Taschenbuch der Mathematik.* Heidelberg: Springer Spektrum, 2013.

## Bücher über partielle Differentialgleichungen

[4] Klemens Burg, Herbert Haf, Friedrich Wille. *Partielle Differentialgleichungen. Höhere Mathematik für Ingenieure, Naturwissenschaftler und Mathematiker.* Stuttgart: B. G. Teubner, 2004.

[5] Erhard Meister. *Partielle Differentialgleichungen. Eine Einführung für Physiker und Ingenieure in die klassische Theorie.* Berlin: Akademie Verlag, 1996.

[6] Yehuda Pinchover, Jacob Rubinstein. *An introduction to partial differential equations.* Cambridge: Cambridge University Press, 2005.

[7] Walter A. Strauss. *Partielle Differentialgleichungen: Eine Einführung.* Wiesbaden: Vieweg+Teubner Verlag, 2013.

[8] Richard Haberman. *Elementary applied partial differential equations.* Englewood Cliffs, NJ: Prentice Hall, 1987.

[9] Fritz John. *Partial differential equations*, volume 1 of *Applied Mathematical Sciences.* New York: Springer-Verlag, 1991.

[10] Stig Larsson, Vidar Thomée. *Partielle Differentialgleichungen und numerische Methoden.* Berlin: Springer, 2005.

[11] Ben Schweizer. *Partielle Differentialgleichungen. Eine anwendungsorientierte Einführung.* Heidelberg: Springer Spektrum, 2018.

## Bücher zur Numerik

[12] Gerhard Dziuk. *Theorie und Numerik partieller Differentialgleichungen.* Berlin: Walter de Gruyter, 2010.

[13] Josef Stoer, Roland Bulirsch. *Numerische Mathematik 2.* Springer-Lehrbuch. Berlin: Springer-Verlag, 1990.

[14] Hans Rudolf Schwarz. *Methode der finiten Elemente. Eine Einführung unter besonderer Berücksichtigung der Rechenpraxis.* Stuttgart: B. G. Teubner, 1991.

[15] Christian Großmann, Hans-Görg Roos. *Numerische Behandlung partieller Differentialgleichungen.* Wiesbaden: Vieweg+Teubner Verlag, 2005.

[16] Aslak Tveito, Ragnar Winther. *Einführung in partielle Differentialgleichungen. Ein numerischer Zugang.* Berlin: Springer, 2002.

## Literatur zur Fourier-Theorie

[17] Lennart Carleson. On convergence and growth of partial sums of Fourier series. *Acta Math.*, 116:135–157, 1966.

[18] Robert E. Edwards. *Fourier series. A modern introduction. Vol. 1*, volume 64 of *Graduate Texts in Mathematics.* New York-Berlin: Springer-Verlag, 1979.

[19] Robert E. Edwards. *Fourier series. A modern introduction. Vol. 2*, volume 85 of *Graduate Texts in Mathematics.* New York-Berlin: Springer-Verlag, 1982.

[20] Charles Sparks Rees, S. M. Shah, Č. V. Stanojević. *Theory and applications of Fourier analysis*, volume 59 of *Monographs and Textbooks in Pure and Applied Mathematics.* New York: Marcel Dekker, Inc., 1981.

[21] Antoni Zygmund. *Trigonometric series. Vol. I, II.* Cambridge: Cambridge Mathematical Library. Cambridge University Press, 2002.

## Übrige Referenzen

[22] Norbert Hungerbühler. Numerical analysis of singular weighted integrals. *Computing,* 53(2):195–203, 1994.

[23] Otto Forster. *Analysis 2.* Grundkurs Mathematik. Wiesbaden: Vieweg+Teubner; Springer Spektrum, 2017.

[24] Otto Forster. *Analysis 3.* Vieweg Studium: Aufbaukurs Mathematik. Integralrechnung im $\mathbb{R}^n$ mit Anwendungen. Wiesbaden: Vieweg+Teubner, 2009.

[25] Gilbert Strang. *Introduction to applied mathematics.* Wellesley, MA: Wellesley-Cambridge Press, 1986.

[26] Peter Henrici, Rita Jeltsch. *Komplexe Analysis für Ingenieure. Band 1.*. Birkhäuser Skripten, Bd. 6. Basel-Boston-Stuttgart: Birkhäuser Verlag, 1987.

[27] Peter Henrici, Rita Jeltsch. *Komplexe Analysis für Ingenieure. Band 2.*. Birkhäuser Skripten, Bd. 7. Basel-Boston-Stuttgart: Birkhäuser Verlag, 1987.

[28] Klaus Jänich. *Analysis für Physiker und Ingenieure. Funktionentheorie, Differentialgleichungen, Spezielle Funktionen. Ein Lehrbuch für das zweite Studienjahr.* Berlin-Heidelberg-New York: Springer-Verlag, 1983.

# Symbolverzeichnis

In dieser Liste sind die im Text verwendeten mathematischen Symbole aufgeführt. Falls nötig, wird auf die Seite verwiesen, auf der das entsprechende Symbol zum ersten Mal vorkommt.

| **Symbol** | **Bedeutung** | **Seite** |
|---|---|---|
| $\mathbb{R}$ | reelle Zahlen | |
| $\mathbb{R}_+$ | nicht-negative reelle Zahlen | |
| $\mathbb{R}^n$ | reeller $n$-dimensionaler Vektorraum | |
| $\mathbb{C}$ | komplexe Zahlen | |
| $\mathbb{C}^n$ | komplexer $n$-dimensionaler Vektorraum | |
| $\mathbb{N}$ | natürliche Zahlen | |
| $\mathbb{Z}$ | ganze Zahlen | |
| $[a,b]$ | abgeschlossenes Intervall in $\mathbb{R}$ | |
| $]a,b[$ | offenes Intervall in $\mathbb{R}$ | |
| $\infty$ | Unendlich | |
| Re | Realteil | |
| Im | Imaginärteil | |
| $C([a,b])$ | Stetige Funktionen auf dem Intervall $[a,b]$ | 40 |
| $D_N(x)$ | Dirichletscher Kern | 30 |
| $G_y$, $G_y(x)$ | Greensche Funktion | 152 |
| $J_n$ | Besselsche Funktionen | 194 |
| $O$ | Landausche $O$-Symbole | 213 |
| $D_+, D_-$ | Vorwärts und Rückwärtsdifferenzen Operatoren | 44 |
| $\mathscr{D}$ | Testfunktionenraum | 25 |
| $\mathscr{S}$ | Schwartz-Raum | 25 |
| $H$ | Heaviside-Distribution | 25 |
| $h$ | Heaviside-Funktion | 25 |
| $\delta$ | Diracsche $\delta$-Distribution | 25, 152 |
| $\delta_a$ | Dirac-Masse an der Stelle $a$ | 28 |
| $\delta_{kn}$ | Kronecker-Symbol | 16 |

| | | |
|---|---|---|
| $\|\cdot\|$ | Norm | 41 |
| $\langle\cdot,\cdot\rangle$ | Skalarprodukt | 41 |
| $\partial P$ | Rand der Menge $P$ | 3 |
| $\sum_{n=1(2)}^{\infty}$ | Summation über die ungeraden Zahlen | 150 |
| $\dot{x}$ | Zeitableitung von $x$ | |
| $\ddot{x}$ | zweite Zeitableitung von $x$ | |
| $\frac{\partial u}{\partial x}$, $u_x$ | partielle Ableitung von $u$ nach $x$ | |
| $\frac{\partial u}{\partial n}$ | Normalenableitung von $u$ | 5 |
| $\nabla u$ | Gradient $\operatorname{grad} u$ | 125 |
| $\Delta$ | Laplace-Operator | 44, 45, 49 |
| $\hat{f}$ | Fourier-Transformierte der Funktion $f$ | 64 |
| $\mathscr{L}[F]$ | Laplace-Transformierte der Funktion $F$ | 82 |
| klein $f$ | Bildfunktion bei der Laplace-Transformation | 82 |
| gross $F$ | Originalfunktion bei der Laplace-Transformation | 82 |
| $\bullet\!\!-\!\!\!-\!\!\circ$ | Doetsch-Symbol | 82 |
| $\circ\!\!-\!\!\!-\!\!\bullet$ | Doetsch-Symbol | 82 |
| $(T,\varphi)$ | Distribution $T$ angewandt auf die Testfunktion $\varphi$ | 24 |

# Stichwortverzeichnis

A priori Aussagen, 53
Ableitung der Heaviside-Distribution, 29
Ableitung nach einem Parameter, 71
Ableitung von Distributionen, 28
adiabatischer Exponent, 159
Ähnlichkeitssatz, 86
affine Basisfunktionen, 143
allgemeine PDE 1. Ordnung, 9
allgemeine Periodenlänge, 19
Amplitude, 62
Anfangsbedingungen, 1
angeregter Oszillator, 42
Approximation, 13, 41
Approximation von Distributionen, 26, 27
Approximation von Fourier-Koeffizienten, 35
Ausbreitungsdiagramm, 163
Ausbreitungsgeschwindigkeit, 67, 159, 177
Ausfallswinkel, 132
Ausnahmepunkte, 31
AW (Anfangswerte), 45

Band-beschränkt, 74
Bandmatrizen, 143
Basisfunktionen, 142
Basislösungen, 12
Bernoullis Brachystochronen-Problem, 133
Besselsche Differentialgleichung, 194
Besselsche Funktionen, 194
Bewegungsgleichungen, 1
Bildfunktion, 82
Bildraum, 82
Bildwiderstand, 98
bilinear (Skalarprodukt), 41, 44
Brachystochronen-Problem, 133
Brechungsgesetz von Snellius, 132
Brechzahl, 132

Charakteristik, 7
Charakteristiken hyperbolischer PDEs, 165
Charakteristikenmethode, 172
charakteristische Koordinaten, 165
Courant-Friedrichs-Lewy-Bedingung, 171

d'Alembertsche Methode, 159
Dämpfungssatz, 90
Dauerzustand, 97
Delta-Distribution, 25, 152
DFT, 32, 36
Dichte, 49
Differentialgleichung, Besselsche, 194
Differentiationsregel, 69
Differentiationssatz, 86
Differenzengleichung, 85, 136
Differenzenoperator, 44
Differenzenquotient, 136
Differenzenverfahren, 135
Diffusionsgleichung, 49
Diffusionskoeffizient, 49
Diffusionsprobleme, 189
Diffusionsprozesse, 49
Dirac-Folge, 27
Diracsche $\delta$-Distribution, 25, 152
Dirichlet-Kern, 30
Dirichlet-Problem, 112, 147
Dirichlet-Problem auf dem Kreis, 116
Dirichlet-Randdaten, 5
Dirichletscher Satz, 31, 32
diskrete Fourier-Transformation, 32, 36
diskrete Mittelwerteigenschaft, 140
diskreter Laplace-Operator, 44, 138
diskretes Spektrum, 65
Diskretisierung, 136, 138
distributionelle Fourier-Transformierte, 65
Distributionen, 24
Distributionen, Approximation von, 26
Distributionen, Faltung von, 105
Distributionen, Laplace-Transformation, 100
Distributionsableitung, 28, 153
Distributionslösung, 160
Divergenzsatz, 49
Divisionssatz, 88
Doetsch-Symbol, 82

Doppelpendel, 133

Eigenfunktionen, 51, 181
Eigenwerte, 51, 181
Eindeutigkeit der Laplace-Transformation, 84
Eindeutigkeitssatz, 121
Einfallswinkel, 132
eingespannte Saite, 180
Einschwingvorgang, 97
einseitige Grenzwerte, 31
elektrischer Schwingkreis, 131
elektromagnetische Schwingungen, 159
Elektrostatik, 147
elektrostatisches Potential, 3
elliptische PDE, 10
Energieerhaltung bei der Wellengleichung, 176
Entropie, 54
Erdwärme, 62
erste Variation, 126
Euler-Formel, 40
Euler-Lagrange-Gleichung, 126
Eulersche Differentialgleichung, 114, 117
Eulersches Integral, 107
explizite Verfahren, 137
Explosion, 175

Faltung, 72, 77, 102
Faltung von Distributionen, 105
Faltungsregel, 103
fast $b$-Band-beschränkt, 75
fast Fourier-transformation, 37
Federpendel, 1
Fermat, Prinzip von, 132, 204
FFT, 37
Filter, 77
finite Elemente, 135, 141, 142
Fixpunktgleichung, 145
Flächenformel, 134
Formel von Green, 154
Fourier-Integral, 63
Fourier-Koeffizienten, 18
Fourier-Reihe, 13, 17
Fourier-Transformation, 63
Fourier-Transformation von Distributionen, 65
Fourier-Transformation, diskrete, 32
Fourier-Transformation, schnelle, 37
Fourier-Transformierte, 64
Fourierscher Integralsatz, 64
Freiheitsgrade, 1
Frequenz, 67
Fundamentalperiode, 13
Fundamentalsatz über Schwingungsprobleme, 187
Funktional, 24
Funktionalgleichung, 85
Funktionaltransformation, 82

Galerkin-Verfahren, 144
Gamma-Funktion, 107
Gaskonstante, 159
Gauss-Seidel-Relaxationsverfahren, 138
Gauss-Seidel-Verfahren, 145
Gaußsche Glockenkurve, 25
gedämpfte Saite, 175
gekoppelte Pendel, 93
gekoppelte Stromkreise, 108
gemischte Randdaten, 5
gerade Fortsetzung, 21
gerade Funktion, 18
geschlitztes Gebiet, 124
gewöhnliche Differentialgleichungen, 1
gewichteter Fehler, 144
gezupfte Saite, 174
Gibbs-Phänomen, 39
Gibbs-tower, 39
Gitter, 138
Gram-Schmidtsches Verfahren, 188
Greensche Formel, 154
Greensche Funktion, 152, 156
Greensche Funktion auf der Kreisscheibe, 207
Grenzwertsatz, 83
Grundschwingung, 181
Gummiband, 131

Halbraum, 155
harmonische Funktion, 111
Hauptwert, 106
heat kernel, 158, 208
Heaviside-Distribution, 25
Heaviside-Funktion, 25, 83
Helmholtz-Gleichung, 180
hermitisch (Skalarprodukt), 44
Hertz, 182
Hitzewelle, 61
Hochpassfilter, 77
homogene lineare PDE, 4
Hopfsches Randpunktlemma, 113
Huygenssches Prinzip, 164
hyperbolische PDE, 10, 165

Im, 122
Impedanz, 98
implizite Verfahren, 137
Impulserhaltung, 164

Indexpolynom, 114, 117
Induktanz, 108
Induktivität, 95
Inhomogene lineare PDE, 4
Input, 96
Integralfläche, 6
Integralformel, Poissonsche, 119
Integralgleichung, 85
Integralkurve, 7
Integralsatz von Fourier, 64
Integrationssatz, 88
Integrodifferentialgleichung, 96
Interpolation, 13
Interpolation, trigonometrische, 36
inverse Laplace-Transformation, 85
isoperimetrisches Problem, 128

Jacobi-Verfahren, 145

kanonische Form, 166
Kapazität, 95
Kelvin-Skala, 54
Kern, Dirichletscher, 30
Kettenlinie, 134
Kirchhoffsche Formel, 174
Kirchhoffsches Gesetz, 96
Klassifikation von linearen PDEs 2. Ordnung, 9
Klassifizierung, 4
Knoten, 180
Knotenlinie, 180
Kollokationsmethode, 144
Kollokationspunkte, 144
komplexe Fourier-Reihen, 22
komplexe Polynome, 122
kontinuierliches System, 2
Konvergenz eines numerischen Verfahrens, 137
Konvergenz von Distibutionen, 27
Konvergenzbedingung, 137
Konzentration, 49
Koordinaten, 41
Koordinatentransformation, 28
Krümmungsradius, 129
Kraftstoss, 27
Kronecker-Symbol, 16, 198
Kugelkondensator, 115, 125

Lösung durch Taylor-Entwicklung, 145
Lösungsstrategie, 12, 147
Ladungsverteilung, 147
Lagrange-Funktion, 128, 131
Lagrange-Interpolation, 13
Lagrange-Multiplikator, 128, 205
Landausche $O$-Symbole, 213
Laplace-Gleichung, 10
Laplace-Operator, 3, 49
Laplace-Operator in Polarkoordinaten, 45, 116
Laplace-Operator, diskreter, 44
Laplace-Transformation, 79, 82
Laplace-Transformation von Distributionen, 100
Laplace-Transformierte, 82
Laplacesche Gleichung, 111
Leibniz-Regel für Parameterintegrale, 71
linear, 25
lineare Systeme, 97

mathematisches Pendel, 130, 133
Maximumprinzip, 120, 123
    Wärmeleitungsgleichung, 54
Maximumprobleme, 125
Maxwellsche Gleichungen, 129
Membran, rechteckige, 193
Membran, runde, 195
Membran, schwingende, 193
Methode der kleinsten Quadrate, 144
Methode von d'Alembert, 159
Minimalfläche, 133
Minimumprinzip
    Wärmeleitungsgleichung, 54
Minimumprobleme, 125
Mittelwerteigenschaft, diskrete, 140
Mittelwertsatz, 120
Momentanzustand, 1
Momentensatz, 84
Multiplikationssatz, 87

Neumann-Problem, 112
Neumann-Randdaten, 5
Neutralelement der Faltung, 105
Newtonsche Gesetze, 129
nichtlineare PDE, 4
Nierensteinzertrümmerung, 54, 164
Noetherscher Satz, 205
Norm, 41
Normalenableitung, 112
notwendige Bedingung, 127
Numerik, 135

Oberschwingungen, 182
Ohmsches Gesetz, 98
Operationen auf Distributionen, 27
Ordnung einer PDE, 4
Originalfunktion, 79
Originalraum, 79
orthogonal, 41

Orthogonalisierungsmethode, 144
Orthogonalitätsrelationen, 15
Orthonormalbasis, 41
Oszillator, angeregter, 42
Output, 96

P.I., 18
parabolische PDE, 10
Parallelschaltung, 98
Parsevalsche Formel, 43
Partialbrüche, 92
Partialbruchzerlegung, 101
partielle Differentialgleichungen, 1
partielle Integration, 127
partikuläre Lösung, 147
PDE, 1
Pendel, 93, 130, 133
Periode, 13
periodische Fortsetzung, 13
periodische Funktion, 13
Phänomen, Gibbssches, 39
Phasendifferenz, 62
Poisson-Gleichung, 10, 147
Poissonsche Formel, 155, 174
Poissonsche Integralformel, 119
Poissonsche Summenformel, 75, 77
Polarkoordinaten, Δ-Operator, 116
Polstelle, 101
Polynom, komplexes, 122
Polynom, trigonometrisches, 14
positiv definit (Skalarprodukt), 41, 44
Potential, 111
Potential einer rechteckigen Platte, 148
Potentialfeld, 147
Potentialgleichung, 3, 111
Prandtlsches Seifenhautproblem, 152
Prinzip der kleinsten Wirkung, 129
Prinzip minimaler Energie, 125
Prinzip von Duhamel, 174
Prinzip von Fermat, 132, 204
Punktladung, 27
Punktladungspotential, 154

quadratische PDE, 165
quasilineare PDE, 5, 172
quellenfrei, 112

Rückkopplung, 99
Rücktransformation, 85, 105
Rückwärtsdifferenzenoperator, 44
Randbedingungen, 2
Randpunktlemma, Hopfsches, 113
Rauschen, 77
Re, 122
Rechenregeln für die Faltung, 104
Rechenregeln für die Fourier-Transformation, 68, 71
Rechenregeln für die Laplace-Transformation, 79, 82, 86–90, 103
rechteckige Membran, 183, 193
reguläre Distribution, 26
Reihe, trigonometrische, 14
Residuensatz, 107
retardiertes Potential, 174
reziproke Quadrate, Summe der, 40
Richardson-Verfahren, 136
Richardson-Verfahren für die Wellengleichung, 170
Riemannsche Integrationsmethode, 166, 174
Ringgebiet, 123
Ritzsches Verfahren, 141
runde Membran, 195
RW (Randwerte), 45

Sägezahnfunktion, 18
Saite, gedämpfte, 175
Saite, gezupfte, 174
Saite, schwere, 176
Saite, unendliche, 176
Saitengleichung, 180
Sampling-Theorem, 73
Satz
  von Gauss, 49
  zweiter Hauptsatz der Thermodynamik, 48, 54
Satz über periodische Funktionen, 90
Satz vom Superpositionsprinzip, 11
Satz von Dirichlet, 31, 32
Satz von Noether, 205
schnelle Fourier-Transformation, 37
Schwartz-Raum, 25
Schwebung, 94
schwere Saite, 176
schwingende Membran, 193
schwingende Saite, 2
Schwingkreis, 96, 131
Schwingungen einer rechteckigen Membran, 183
Schwingungen im Quader, 193
Schwingungsgleichung, 179, 180
Seifenhaut, 133, 152
Serienschaltung, 98
Shannons Sampling-Theorem, 73
sign, 42
Signum-Funktion, 42
singuläre Distribution, 26
Skalarprodukt, 41, 48

Snelliussches Brechungsgesetz, 132
span, 41
Spannungsabfall, 96
Spannungsstoss, 24
Spektralfunktion, 65
Spektrum, 65
spezifische Dichte, 49
spezifische Wärmekapazität, 48, 49
Störungsgebiet, 161
stückweise glatt, 31
Stabilität, 101
Stammdreiecke, 143
stationäre Lösung, 53, 55
stehende Welle, 180
Stetigkeit von Distributionen, 25
Steuerung, 99
Stossantwort, 100, 101
Strömungspotential, 112
Stromkreise, gekoppelte, 108
Summe der reziproken Quadrate, 40
Summenformel von Poisson, 75, 77
Superposition von Wellen, 161
Superpositionsprinzip, 11
Symmetrieeigenschaften, 17, 42
symmetrisch (Skalarprodukt), 41
symmetrische Koeffizienten, 10
System von gewöhnlichen Differentialgleichungen, 1

Taylor-Approximation, 13
Taylor-Entwicklung, 145
Taylor-Methoden, 135, 144
Temperaturleitfähigkeit, 49
Testfunktionen, 24
Thermodynamik
  zweiter Hauptsatz, 48, 54
Tiefpassfilter, 77
transversale Charakteristik, 7
Trapezregel, 32, 34
Trennung der Variablen, 12
Tricomische Gleichung, 10
trigonometrische Interpolation, 36
trigonometrische Reihe, 14
trigonometrisches Polynom, 14

Überrelaxationsverfahren, 145
Übertragungsfunktion, 95, 96
unendliche Saite, 176
ungerade Fortsetzung, 21
ungerade Funktion, 18
unitär, 36, 44

Variablentrennung, 12
Variation der Konstanten, 104
Variationsprinzip, 129
Variationsrechnung, 125
Variationssatz, 125
Vektorraum, 40
verallgemeinerte Funktionen, 24
Verfahren des gewichteten Fehlers, 144
Verfahren von Galerkin, 144
Verfahren von Gauss-Seidel, 145
Verfahren von Jacobi, 145
Verfahren von Richardson, 136
Verfahren von Ritz, 141
Verschiebungssatz, 89
Verstärkungsfaktor, 99
Vorwärtsdifferenzenoperator, 44

Wärmeausgleich, 212
Wärmebad, 50
Wärmeerzeugung, 61
Wärmeexplosion, 61
Wärmefluss, 48
Wärmekapazität, 48, 49, 62
Wärmeleitfähigkeit, 47
Wärmeleitung im geschlossenen Draht, 50
Wärmeleitung in einer Kugel, 57
Wärmeleitung in einer Platte, 3
Wärmeleitung in einer Wand, 55
Wärmeleitungsgleichung, 11, 49
Wärmeleitungskern, 208
Wärmeleitungsproblem mittels Laplace-Transformation, 94
Wärmeleitzahl, 49, 62
Wärmemenge, 47, 48, 53
Wärmeschwankung im Erdboden, 62
Wachstumskoeffizient, 80
Walsh-Funktionen, 42
Welle, 161
Wellen im Gummiband, 131
Wellengleichung, 10, 159
  Energieerhaltung, 176
Wellengleichung mit Fourier-Integral, 66
Wellengleichung mit Fourier-Transformation, 70
Wellenlänge, 67
Widerstand, 95
Wirkungsintegral, 129

Zener-Diode, 43
zentraler Differenzenquotient, 136
zweiter Hauptsatz der Thermodynamik, 48, 54
Zykloide, 205